ゲノムで
教育・所得格差から人種問題、国家の盛衰まで
社会の謎を

THE GENOME FACTOR:
What the Social Genomics Revolution Reveals about
Ourselves, Our History, and the Future

解く

ダルトン・コンリー＆ジェイソン・フレッチャー
Dalton Conley & Jason Fletcher
松浦俊輔［訳］

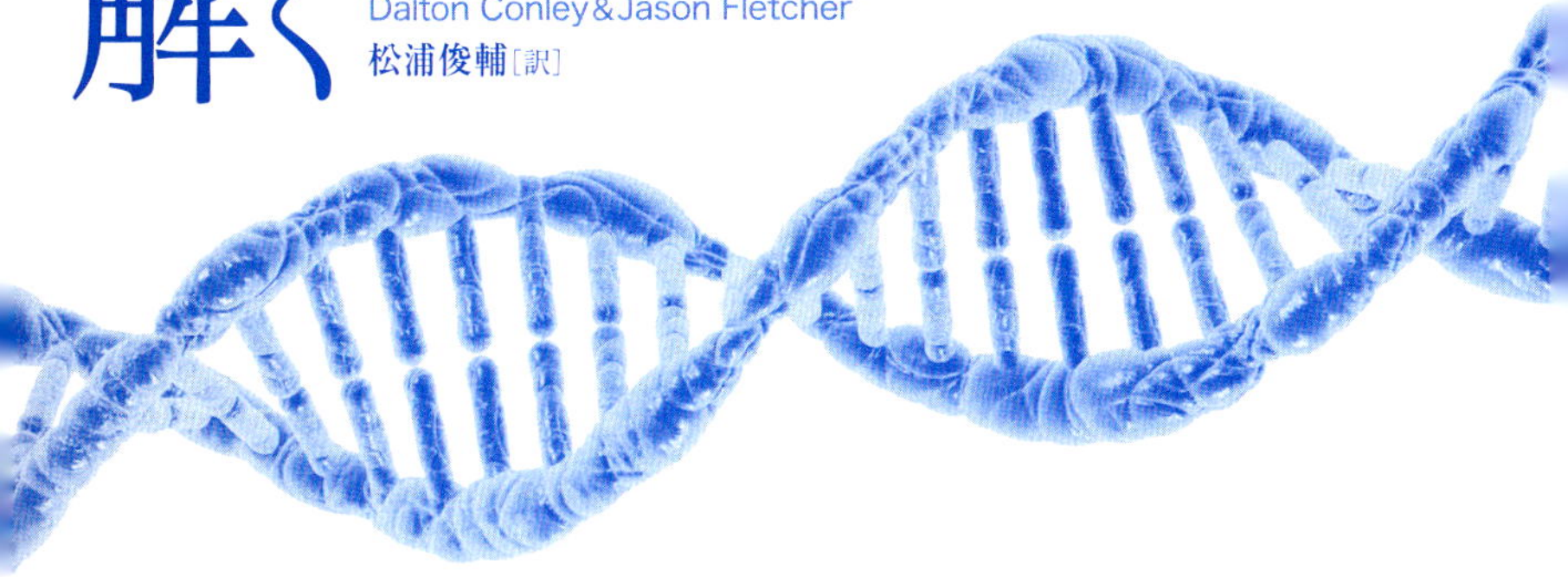

作品社

ゲノムで社会の謎を解く＊目次

ゲノムで社会の謎を解く——教育・所得格差から人種問題、国家の盛衰まで

第1章　分子でできた私――来たるべき社会ゲノミクス革命

社会ゲノム科学《ゲノミクス》革命が迫っている。一〇〇年ちょっとの間に、遺伝子――遺伝の個々の単位――は、少数の科学者間にある漠然とした概念から、ほとんどどこにでも見られるニュースの題材となり、商品へと変貌した。ゲノムというブラックボックスの中身は、ほんの一〇〇ドルほどで塩基対《つい》にある一〇〇万ほどの個人差を測定できるようにする安価なDNA遺伝子型判定《ジェノタイピング》によって解読されている。私たちは今や、人間の健康や福祉の根底にある遺伝子構造の記述を目指して、新しいデータや研究成果を大量に取り入れることができる。この方面で仕事をする多数の生物学者や医学者に加え、まだ少数ながら増えつつある社会学者、政治学者、経済学者が、統計遺伝学者と力を合わせて、人間の社会的な力関係や不平等という、もっと広い領域での遺伝子の役割について、真剣な議論をしている。

ゲノミクス革命のこの部分は、遺伝学者と社会科学者が重要な科学的論点について協同しようとしてこなかった長い歴史をふまえると、いささか異例なことだ。実際、ダーウィンが『人間の由来』――『種の起源』を承けて人間どうしの違いに的を絞った一八七一年の続編――を執筆してからこの方、生物学者と社会科学者の間に論争があり、学際的なやりとりが社会には困惑するような打撃をもたらす例も多かった。ハーバート・スペンサーは自然淘汰を人間社会にもあてはまるメタファーと見て、社会悪や不平等について手出ししないことをよしとする「社会ダーウィニズム」というイデオロギーをもたらした。またダーウィンのいとこ、フランシス・ゴルトンは優生学の先駆者となった。ダーウィン自身も黒人と白人が別々の種をなすかどうかの論争に巻き込まれた。[★1]

人間行動に遺伝学がどう関係するかを検証しようというとき、社会科学者が心配した理由の一端は、遺伝学を見ることで得られる答えが決定論的で、これは社会科学の企ての大半には合わないと広く想定されていたことにある。さらに、遺伝子が社会的な現象を説明すればするほど、その事実は結果として表れること《アウトカム》の不平等を「自然化」した。言い換えると、人々の間のＩＱ（や身長）の差が遺伝に影響される程度は、そうした結果としての表れが生得で変わらないものだと信じる根拠になるかもしれない。人々の間のこうした「自然な」差異が教育水準や所得（所得格差）に拡張されるなら、そうした格差は自然で変えようがなく、政策的介入が及ぶ範囲外ということになる――格差を「自然化」あるいは合理化することになる。[★2]

社会的／経済的不平等を自然化した重要な例の一つは、ベストセラーになった *The Bell Curve: Intelligence and Class Structure in American Life*〔『ベルカーブ――アメリカ人の生活における知能と階級構造』〕に見ることができる。そこで著者のリチャード・ハーンスタインとチャールズ・マレーは、能力主義《メリトクラシー》のおかげで今日の階級層別化は生得の（つまり遺伝による）資質に基づいていると論じた。[★3] 遺伝子的に似たものどうしを選択して交配することによって、親の有利なところも不利なところも子で強化される。こうした論者によれば、機会均等を促す社会政策は、個人が生得の能力に最適の社会的地位の水準に達してしまっているので、生産性に反することになる。この結論は進歩的な社会科学者からするととんでもないことで、そうした人々がたいてい遺伝子データを回避する第一の理由でもある。★4

しかしわれわれ〔本書の著者二人〕は目を見開いてこの探究の領域に入り込む。実際、不平等の遺伝学がこの本の主なテーマだ。具体的には、分子遺伝学の情報を社会科学的探求に組み込むことが、不平等や社会経済的成果（個人でも国全体でも）についての議論にどう役立つかを考える。それには主として三通りあることを論じる。

第一に、生得の、受け継がれた差異が社会的不平等の第一の駆動力であるという主張を正面から取り上げると、いくつかの遺伝子マーカー〔遺伝的性質の目印となる、その個体に特徴的なＤＮＡ配列〕を取り入れることによって、なお残る社会的不平等が鮮明に浮かび上がる。ＩＱ、教育、所得について、遺伝子が占める部分を積極的に明らかにすることによって、人生において、環境からの入力やそれが個人の機会に及ぼす作用の不平等なところが、もっと明瞭に見えてくる。

次に、遺伝子型がプリズムのように作用し、平均的作用という白色光を屈折させ、虹のように色を分けて、相異なる効果や結果としての表れの違いを明瞭に観察できるようにすることを示す。われわれは直観的に、遺伝子型は、たとえば子ども時代の貧困が害になる人もいれば、そのような作用に柔軟に対応できる人もいる理由を理解する役に立つ道具になると見ている。あるいは、社会科学に遺伝子に関する情報を明示的に組み込むことによって、攻撃性の遺伝子が貧民街出身者を監獄に送り、裕福な生まれなら重役室に送るというような俗説から、環境と遺伝、それぞれの作用が相互依存する様子を明らかにする学術的研究へと進むことができる。

第三にわれわれは、一般の人々が自身の（あるいは他人の）遺伝子データを把握するようになると、公共政策は前述のような新たな情報を取り上げなければならなくなると考える。プライバシー、「ジェノイズム」（保険会社などによる遺伝子差別）、オーダーメイド医療については多くのことが書かれている。われわれはそうした話題から、教育、所得補助、経済成長、労働市場といった伝統的な社会政策の領域に取り組む方へと移り、そうした領域にとっての遺伝子型の意味を問う。われわれは、『ベルカーブ』の主張とは逆に、まだ遺伝子支配《ジェノトクラシー》（遺伝子的に有利な人々が支配する社会）にはなってはいないことを論じるが、権力と資源を有する人々が自分たちの遺伝子情報を掌握してそれを自身の配偶者選択に用いるようになると、それもあながちありえないことではないということも論じる。社会ゲノミクス革命は、遺伝子型だけでなく、個人が自分の遺伝子型を（あるいは周囲の人々の遺伝子型を）知り、その情報に基づいて行動できるかどうかによって、新しい形の不平等が生じるかもしれないということを意味しているのだ。

しかしこの革命は、早くからいくつかの躓《つまず》きの石に行き当たった。当初ほんのいくつかの「Xの遺伝子」（加齢に伴う黄斑《おうはん》変性など）が見つかったことで、ありふれた病気や、社会経済的な表れについてさえ、遺伝子的基礎がまもなく解明されるという誤った希望や楽観論を生んだ。[★5] こうした成功の後には失敗があった。成果がなかったり、（後から見れば）間違った見通しだったりした。この成長中の分野は、そうした苦い経験を通して、統計学的研究の教訓——適切なサンプルサイズや明瞭な仮説——を、あらためて学習した。あれやこれやの異論が出された結果、測定された遺伝子マーカーは、前世代の研究によれば、遺伝子によるものと予想された結果的表れ——統合失調症でもＩＱの高さでも——に見られる変動量を説明しているようには見えなかった。たとえば、以前の統合失調症についての遺伝しやすさの推定は八〇パーセントを超えていたが、★6 DNAデータを使った研究には、むしろ三パーセントのような推定を出すものもあった――そのため、一部の科学者はこの問題を「足りない遺伝率《ミッシング・ヘリタビリティ》」★7と呼んだほどだ（遺伝率については第2章で取り上げ、足りない遺伝率の謎については第3章で取り上げる）。

最近、遺伝学者は遺伝率が足りない理由を見直すようになっている。たぶん、以前の研究は双子や家族のデータを用いていて、実際のDNAデータを使っていなかったので、まずもって、遺伝子の役割が過大評価されていたのだろう。あるいは研究者のゲノムの見どころが間違っていたのかもしれない。遺伝子型判定を行なう企業は従来、珍しい遺伝子多様体《バリアント》よりありふれた遺伝子多様体に注目していた。もしかすると、集団の中では稀少で、手に入るDNAデータでは一般には測定はされないためにまだ発見されていない「X」（たとえば統合失調症）の遺伝子が、やはりあるのかもしれない。統計遺伝学者は様々な新開発の道具を使い、徐々に、しかし確実に、この「足りない遺伝率」の謎の解決に向かって相当の前進をしている。

この不足についての、現行の広く受け入れられている答えは、あるパラダイムシフトに基づく――「Xの遺伝子」という考え方から、「小さな作用の多様体が多数」という考え方への移行だ。しかじかの表れの変動に寄与する多様体（対立遺伝子《アレル》）は、重要なものが一個というのではなく、しばしば何百、何千とある。しかしこのパラダイムの「小さな作用」の面を見ようとすれば、遺伝子の大海の中に一滴を探すために必要とするデータ集合はますます大きくなった。今や求める一滴は当初考えられていたよりもずっと小さいと考えられているからだ。

この移行に伴い、全国的な調査がさらに行なわれ、回答者に唾液を提供するよう求めていて、経済学者、社会学者、政治学者がそれまで使っていた社会的変数群の中に遺伝子型データが加わった。遺伝学がとうとう社会科学に進出する足場を得たらしい。当然そうなるだろう。科学者が人間の行動パターンの理解を進め、個人の自己理解を高め、最適な公共政策を立案するのを助けそうなデータが加わることをなぜ恐れることがあろうか。とくにブラックボックスの奥を慎重に覗《のぞ》き込んで得られる答えが、今ある不平等、思い込み、政策を、必ずしも粗雑に正当化するようなものではなくて、むしろ正当化しない場合が多いのなら、どうして心配することがあろうか。結局のところ、遺伝子データを社会科学に加えることによって得られた新発見は、私たちの思い込みの多くをひっくり返しつつある。たとえば、ハーンスタインとマレーの『ベルカーブ』は、私たちは今や遺伝による能力で序列化されているので、今日では能力主義がかえってさらに容赦のない不平等をもたらしていると論じたが、それは正しかったのだろうか。おそらくそうではない。データからは、有性生殖の仕掛などの遺伝学的な作用が、既存の不平等の社会的再生産を強化するのと同じくらい（以上ではなくても）、そうした不平等をひっくり返すことがわかる。この分子レベルでの混ぜ合わせは二つの主要な力から生じる。まず、遺伝子の特徴は配偶者どうしでいくらかの相関はあるものの、その相関は弱く、ある人の遺伝子が分布の一方の極にあっても、子を残すための交配相手を求める際に大きく薄められたりリセットされたりする。つまり子は平均に回帰するものらしい。次に、結果的表れが特定の対立遺伝子の組合せ（顕性《けんせい》〔従来の「優性」に代わって用いられる訳語〕あるいはエピスタシス〔非対立遺伝子間の相互作用〕と呼ばれる）に依存する分、交配は極端な遺伝子型をなくす。この仕掛はトランプをする人が理解している見方で記述できる。スタッド・ポーカーの一種、「パス・ザ・トラッシュ」では、プレーヤーは七枚のカードを配られるが、そのうち三枚は隣の人に渡さなければならない（反対側の人から三枚もらう)。最初にロイヤルフラッシュが配られる(つまり立派な遺伝子をもって生まれる)ことはありうるが、自分のカード(DNA)を他の誰かのカードと混ぜなければならないのなら、有利なところも混ぜ直される(子どもにはとくに遺伝子的有利さはない)ことになる。この混ぜ直しは、カード(DNA)をやりとりする隣の人(配偶者)が有利なカードを持っていても、大きく影響することがありうる。手にダイヤのクイーンがあっても(それを隣の人に渡さざるをえないと)、代わりにハートのクイーン〔カード単体としては強いカードと考えられる〕をもらったところで、ダイヤのロイヤルフラッシュを失うかもしれない。このような二通りで、有性生殖の仕掛が世代ごとにカードの束を混ぜ直す作用をして、似たものどうしが結婚したがるという親近性がよく見られるにもかかわらず、強固な遺伝子支配カーストが生じるのを防いでいる(この種の選別が生じる傾向については、遺伝による/よらない両面で第4章で述べる)。

あるいは人間の遺伝子の場合、最も取扱注意となる問題を取り上げてみよう。人種だ。著者は二人とも、いろいろな白人の祖先が混じったヨーロッパ系雑種だが、二人とも、モンゴル系との遺伝子的な差は、ケニアのルオ族とケニアのキクユ族との差よりも小さいと言ったらどう思われるだろう。私の言うことを(あるいは自分の眼を)信じないかもしれないが、これは本当のことだ。人種の分類は見かけに騙《だま》されることがありうる。実は、非アフリカ系の人々(非アフリカ系アメリカ人も)の集団全体での遺伝子が集合的に示す類似性は、サハラ以南のアフリカの一地域(すなわち人類が生まれ、今なお人類の遺伝的多様性の最も深い源泉となっている地溝帯《リフトバレー》)にいる集団の類似性と同程度だ。そういう結果になるのは、最初にアフリカを離れて世界中に散らばった集団は、ある時点で二〇〇〇人程度にまで縮小し、多くの遺伝的多様性が淘汰されて失われる隘路《ボトルネック》を生んだからだ。この二〇〇〇という数字が当初の勇敢な一万人の集団から大規模な飢餓で減った結果なのか、それともサハラ砂漠や紅海を越えて未来を切り拓くことが良い考えだと思った冒険心のある変わり者集団の総数だったのかは明らかではない。いずれにせよ、そのようなボトルネックの結果が多様性の減少となる。新しい（たいていユーモラスな）iPhoneのアプリ「ちょっと待て、そいつはだめだ、いとこだから」がアイスランドのような島国の社会に忽然《こつぜん》と登場するのは当然かもしれないが、ほんとうは、なぜ誰もがそれをダウンロードしないのだろうと疑問に思ってもよい。実は、われわれや他の人々による新しい研究によれば、アメリカではふつう、遺伝子的には又いとこ程度の近さの人々どうしで結婚が行なわれているのだ（第4章）。

要するに、私たちの人種という概念そのもの——しばしば眼の形、毛髪の型、皮膚の色のような「自然な」外観の違いに基づく——は、適切な言葉がないのだが、遺伝学的に言うと、まったく間違っている。この点については第5章で述べる。実際、ゲノム分析が人類史に開ける窓のおかげで、今や人類は、先史時代の人類の謎がすべて解決できる。人類はネアンデルタール人と交配したか（先祖がヨーロッパ人やアジア人なら、それはあった）とか、チンギス・ハンはどれほどの子をもうけたか（厖大《ぼうだい》）とか、人類はいつ、どうやってニュージーランドに住みついたか（そう昔のことではない）といったことだ。現代から見れば、新たに見つかった人類の移動と遺伝的分離についての理解によって説明がつく難問がいくつかある。本書は人種や遺伝学の地雷原を用心して進み、語られないままに信じられていることと正面からぶつかる。意外な遺伝子情報に照らして再構成された人種理解はどのようなものか。政策は人種という強固な概念をどう扱うべきか。

遺伝子分析でわかるのは人種の違い（あるいは同じということ）だけではない。遺伝子のプリズムは国全体の盛衰を理解する助けになりうる。第6章では、少し後ろに退いた視点に立って、遺伝子の理論や知見がもっと広い範囲の世界的問題にも浸透している様子というマクロなところを見る。たとえば、マクロ経済学の探究でも根本的な領域には、過去の数百年の間、栄えている国と停滞している国があるのはなぜかという問題がある。遠い昔の事象や状況に、今日の世界に存在する経済的成功や成長の大きな違いを形成してきた長期的影響があったことを説く仮説は、以前からいくつかある。大陸が南北方向に広がるか東西方向に広がるかとか、最後の氷河期の間に地球に刻み込まれた形とか、あらゆることが諸国民の富に作用するらしい。この経済的成功の「深層因子」論に新たに参入したのが集団遺伝学だ。各国内部の遺伝的多様性を成長の鍵に据える新種のマクロ経済学者が登場している。二〇一三年、クワムルル・アシュラフとオーデッド・ガローは、国の中の遺伝的多様性が「ちょうどよい《ゴルディロックス》」水準にあると、所得が上がり、成長軌道が良くなると唱える論文を発表した。[★8] 二人は、多様性が低い多くの社会（たとえばアメリカ先住民文明）や多様性が高い集団（たとえばサハラ以南の多くの集団）は、あまり経済成長をしてこなかったが、多様性が中程度の（「ちょうどよい」――つまりヨーロッパやアジアの集団のような）多くの社会が、植民地化以前にも現代にも成長しやすかった、という観察結果を論じる。そこで二人は、ちょうどよい水準の利点は、両極端の遺伝的多様性の不利なところから生じるという仮説を立てる――多様性が低すぎると誰もが同じでイノベーションが足りず、高すぎると同類の人がいなくて協調が少なくなるといったことだ。

　経済学者は、遺伝的多様性のちょうどよい水準を経済成長から計算するのに加えて、集団遺伝学が環境資源と相互作用して各国間の成長パターンに影響することも検討してきた。ジャスティン・クックは人類史の初期において、離乳後にミルクを消化する（遺伝子的）能力のある集団が、西暦一五〇〇年頃、人口密度の点で大いに有利になったことを示した。[★9] 他に経済成長の歴史的な違いが今日まで著しく強く残っているることを示す研究もあるので、クックの研究からすると、ちょうどの時期のちょうどの場所で（牛を家畜化できる地域での新石器革命のときに）ゲノムに生じた（比較的）小さな変化が、各国間の経済成長に、大きくて強固な、蓄積する差異をもたらしうるということになる。しかしそうした遺伝子は、農業を育める環境に生じるときだけに有利となる。牛でも、山羊でも、家畜化できる哺乳類がいなければ、この遺伝子は集団に有利さをもたらさないのだ。

第7章では、再び環境をもっと明示的に取り入れることによって、話をさらに広げ、遺伝子と環境を一体で見るときに発生する多くの複雑な面を取り上げる。実は、遺伝子と環境のいくつかの因子は、複雑でダイナミックなフィードバックループで相互作用し、それが人や社会全体の行動のいくつかの面を説明するらしい。この研究の一つの系統では、遺伝因子によって、人が環境の変動にとくに敏感になりやすい場合があるかと問われる。要するに、豊かな環境で（または不利な環境で）繁茂する（またはしおれる）ランのような人々もいれば、良くも悪くも環境にあまり左右されないタンポポのような人々もいるということだ。幼いときにランとタンポポの違いがわかるのなら、この情報を、担当教師、配属クラス、部活動などを割り振るときに使うべきではないか。

この問いは、社会政策が今日まであげてきた成功率がまちまちであることから生じる。人によって、あるいは時期によって、効果があったりなかったりするような施策がある。遺伝学と公共政策を合体させた新たな研究成果によって、同じ政策でも人が違うと作用が異なるのはなぜか、それに沿って将来の政策を調節するにはどうすればよいかが解明され、「オーダーメイド医療」の概念を拡張した「オーダーメイド政策」が可能になる、といったことになり始めている。糖分の多い飲料やタバコに対する税のような保健政策を実施しても、遺伝子的理由によって効かない人がいるとすれば、そうした人々にもやはり税金を払わせるべきなのだろうか。

得られている研究結果は、教育的介入の中には、生徒の遺伝子型によって効果が大きかったり小さかったりするものがあることも示している。将来の施策は、効果のある一部の生徒に向けられ、そうでない生徒には向けられないようにすべきなのだろうか。給付つき勤労所得税額控除〔低所得勤労者に、払った税金以上の額を支給する制度。趣旨としては、低所得なら働かないというより、低所得でも働く方が得になることを狙っている〕が低賃金労働者の労働意欲を高めたり高めなかったりするのは遺伝子によることがわかったとしたらどうだろう。遺伝子によるオーダーメイド政策に向かう道に進みたくなるかどうかは、本書の結論で取り上げるテーマの一つだ。

社会政策にとっての遺伝子革命の意味は論じられているが、社会ゲノミクス革命には、遺伝子情報の民主化という意味もある。最近は、科学者がもうこの情報を一般の人々から隠したり、情報を自分の研究の都合や政治的な傾きに合わせたりすることはできない。ヒトの遺伝子型判定の値段は、コンピュータチップについてのムーアの法則〔同じ面積の集積回路《チップ》上のトランジスタ数が一年半で倍になり、その分コストが下がるといった予測〕よりずっと速く下がっている。その結果、アメリカ人は記録的な数の人々が、２３ａｎｄＭｅ《トゥエンティースリーアンドミー》、Navigenics《ナビジェニクス》、Knome《ノーム》のような消費者向けサービスを使って自分の遺伝子型判定を行なっている。そしてそうした人々は、自分が受け取った情報に基づいて行動する。時には、その情報がわずかな傾向を示すだけという場合でも、医者にしかじかの処置や検査が適切かどうかを問い合わせている。これは消費者主導の医療という新たな方向で、患者はもう医療データを医師からもらう必要はない。もっと前からの、妊娠検査や糖尿病の血糖値検査が自分でできるようになった流れは、突然、変えようのない健康上の特徴――自分の遺伝子型――を評価することへと移った。乳がんのリスクを下げるために予防的両側《りょうそく》乳房《にゅうぼう》切除をしようとする（アンジェリーナ・ジョリーのような）人々もいる。夫婦は自分が遺伝型難聴の因子保有者かどうかを知って、妊娠する前の子どもの健康に基づいて、家族計画の判断をする。エピローグでは、この自己決定的優生学――あるいは生物学者のリー・シルバーの言う生殖遺伝学――の「すばらしい新世界」から生じうる遺伝子支配のディストピア的な筋書きについて概略を描く。[★10]

要するに、本書は遺伝学の新しい発見が私たちの社会的不平等の理解にどう資するかを問う。私たちは文献を調べ（私たち自身の研究も含め）、知見を総合し、問題を浮かび上がらせ、新しい仮説を示し、多くの推測をめぐらせる。新しい遺伝学の発見が、破壊的でもあり、形質転換的でもあることを明らかにする。実際、こうした発見はしばしば既存の社会的過程の認識をひっくり返す。それはまた、私たちの遺伝子の作用についての今の理解にどれほど限界があるか、私たちの遺伝子と環境の影響を明瞭に区別しようとする試みがどれほどハードルの高いことかも明らかにする。しかし、この認識されている難しさに足を取られるよりは、社会科学と遺伝学のもっと豊かな統合に軸足を移して、どちらの研究分野も強化しよう。そのことが影響を及ぼしそうな範囲は広い。私たちはオーダーメイド医療界で進行する努力を広げて、オーダーメイド政策を生み出すことになるのだろうか。人間の差異についての新しい分子的理解を使って、世界中の人種や民族というカテゴリーの見方や用い方を根本的に変えることになるだろうか。こうした新発見が、富裕層が貧困層よりも急速に遺伝情報を利用して社会的不平等を広げることになるとすれば、これ以上そうはならないことを、どうやって保証するのだろう。これから本書では、こうしたことをはじめ、多くの問題を論じていく。

この成長中の分野の進歩が急速に生じている一方（少なくとも典型的な社会科学と比べて）、われわれは、それがまだ草創期であることにも注目しなければならないと思っている。われわれは、一九世紀の一部と二〇世紀を支配した「生まれか育ちか」の論争は今や終わったと思っている。遺伝子データを収集している社会科学的調査が栄えていることがその証拠だ。とはいえ、こうしたデータを統合するツールはまだ開発途上にすぎず、多くの限界があって、それは今後の一〇年、二〇年で乗り越えられるものもあればそうでないものもあるだろう。サンプルサイズはまだあまりに小さい。生物学的機構は特定が難しい。社会制度には巧妙な学習や適応の方法があり、そのことによって、発見されたことがどれほど確かかが怪しくなる。こうした関門はあるが、これは人々にも知ってもらうに値する刺激的な新分野だとわれわれは思っているし、みなさんにもそう思ってもらいたい。遺伝学革命は十分に進んでいるかもしれないが、社会ゲノミクス革命はやっと始まったばかりだ。

本書の読み方についての註記――本文は一般の読者を念頭に置いて書かれている。各章についての巻末註や付録は専門的な詳細と学術的細目にもっと深く入りたい人々向けに書かれている。

第2章　遺伝率の耐久性――遺伝子と不平等

フランシス・ゴルトン――チャールズ・ダーウィンのいとこで「eugenics（優生学）」という用語の創始者――のいたビクトリア時代全盛期以後、社会的形質の遺伝率は社会科学では触れてはならない問題となった。犯罪傾向や知能のような複合的な社会的行動について遺伝率が高い（とゴルトンは *Hereditary Genius*〔『遺伝的資質』〕で論じた）とする説からは、優生学を取り入れた公共政策までほんの一歩だと恐れる人々もいる。それは不合理な心配ではない。何と言っても、遺伝率計算の存在理由と言えば、育種家《ブリーダー》の補助となることだったのだ。遺伝率は、しかじかの形質（家畜なら一日あたりの乳量や産卵量）が、選択的交配を通じて集団の中でどれほど速く変化しうるかを教えてくれる。投資から上がる収益を最大にしようとする動植物の育種家にとっては、まさしく成否を左右する計算だ。すると育種家ではない人々は、優生学のためでないとすれば、なぜ遺伝率を計算したいのだろう。

遺伝率計算には人間の育種に応用するという恐ろしい可能性があるにもかかわらず、社会科学者や行動科学者の中には、性格やアルコール摂取量、支持政党のような形質の遺伝率を推定しようとしてきた人々がいる。そうした学者――ほとんどは心理学者で、経済学者がちらほら――は、社会経済面での結果としての表れの変動のうち半分程度は遺伝子によるという発見を発表してきた。これは過激な主張だった。とくに、それが初めて唱えられたのが、一九六〇年代後期から七〇年代の、生まれか育ちか論争の振り子が、育ち、つまり環境側に振り切れた時代となれば、なおさらだった。たとえば一九七〇年代には、セックス／ジェンダーはすべて社会的に構成されたものだという考え方が大いに受け入れられた（少なくとも受け入れ可能だった）。ジョンズ・ホプキンス大学医学部のジョン・マネー博士が、生殖器が標準的でない乳幼児に性別を再指定する手術を強く勧めていたのも一九七〇年代だった。そのロジックによれば、生物的な性は実際には環境に支配されているので、新生児――言わば何も書いていない白紙――は誰でも、生まれたときからこちらと指定して扱えば、その区分に収めることができるという。その後、マネーの代表的な患者、デーヴィッド・ライマーが、女性への性転換手術を受けてからひどい幼年期を過ごした後、結局自殺してしまった。★1

この育ち派優勢の――第二次世界大戦後の雌伏の時代の後の――最盛期に、アーサー・ジェンセンが『サイエンス』誌に、知能指数（ＩＱ）の差はおおむね遺伝的多様性によって説明されると説く投稿をした。★2数年後――経済学者のポール・トーブマンは、所得はおおむね遺伝子によって決まることを「示した」。★3こうした説は、いわゆるニューエイジの時代には異端思想と考えられ、他の学者から直ちに反撃された。よく知られているのは経済学者のアーサー・ゴールドバーガーによる批判で、これは、そのような遺伝率の推定は、遺伝と環境のそれぞれの違いが重なる程度に関する前提をどう立てるかによって大きく上下しうることを数学的に示すことによって、トーブマンの数字が信用できないことを明らかにした[★4]（この重大な論点については次節でもう少し述べる）。

心理学者のハンス・アイゼンクがトーブマンの印刷中の所得研究を、その成果には貧困減少政策でも一定の出番があるのではないかと説いて褒めたとき、ゴールドバーガーは人身攻撃に出て、「ある権威ある学者が出動した」と特定の個人に対して辛辣《しんらつ》なことを書いた。そういうことは学界の論争では一般にタブーとされている。「その伝《でん》で行けば、視力の変動の大部分が遺伝的原因によることが示されれば、王立眼鏡配布委員会も廃止になるし、雨量の変動の大半は自然な原因によることが明らかになれば、王立雨傘配布委員会も廃止かもしれない」[★5]（遺伝のような「自然な」原因による結果はどうしようもないので、これについては公的な介入は必要ないとする考え方に基づく）。主流の左派学者の結論は、遺伝率はおそらく基本的に計算できないだけでなく、推定できたとしても、公共政策の視点からは（優生学的なものでなければ）無価値でもあるだろうということだった。

しかし遺伝率という概念は消えなかった。計算はごく単純だ――ゴールドバーガーの統計学的批判を措けば。行動遺伝学――心理学の一部門――の人々は臆することなく双生児、養子、その他の親族関係を次々と分析し、パンの好みでも社会経済的地位でも、いろいろな形質について、遺伝が影響する割合を推定した。第1章で触れたように、遺伝率論争は一九九〇年代、リチャード・ハーンスタインとチャールズ・マレーのベストセラー『ベルカーブ』の刊行とともに沸騰した。二人は、ハーンスタインが心理学者としてはまっていた行動遺伝学者の成果を取り上げ、それを、社会福祉政策に関して右派の先頭に立つ学者のマレーが精通する社会史や政策分析と融合した。結果は――恐ろしいとはいえ――非常にすっきりとした論証となった。

二人が描く筋書きでは、往年の合衆国は（きっとヨーロッパも）、機会不平等の国だった。この国は、人種、ジェンダー、性的指向等の面では、隔てられて不平等な国だった。建国の祖がかけていた何より大きな望みとはうらはらに、ごく最近まで、この国は特権的なエリート層がその子を管理職になるよう大学へ行かせ、残りのほとんどは高校を卒業できればラッキーという社会だった。小規模農家の国というジェファーソンの理想が到来することはなく、階級の区分が（人種やジェンダーの区分とともに）固定化されるようになった。

二〇世紀の半ば、事態が変化し始めた。もちろん、戦前にはニューディール政策があり、最下層の人々があまり引き離されないようなセーフティネットとなっていた。戦後期には大学進学者を大きく増やす政策があったし（「貧困との戦い」の時期〔一九六〇年代〕の復員兵援護法や給付奨学金《ペル・グラント》など）、持ち家率の上昇もあった（一部は連邦住宅局や退役軍人省のローン、連邦住宅抵当金庫の設立などのおかげ）。その間、義務教育法が全国に施行され、高校卒業があたりまえになった。大学も、定員数が増大し、また入試で標準学力検査が重視され、OBのコネに対抗する重しとなることによって、門が広がった。大学進学者の間で言えば、今や優秀な学生が一流の大学に行くことになった。一方、一九六〇年代の市民権運動の勝利によって、法による人種差別の最後の遺物がなくなり、能力主義《メリトクラシー》の理想郷となった。少なくとも、ハーンスタインとマレーはそう論じていた。

二人が語ったことの皮肉な展開として、機会均等という新しい現実のおかげで、能力主義で選ばれたイエール大学の卒業生は、今や、同類のアイビーリーグの同窓生との間に子を儲《もう》けるようになり、さらに学力優秀な子を送り出すようになっていた。時間がたつと、人口統計学者が同類交配と呼ぶこの作用を通じて、上層にいる人々と下層にいる人々とでの遺伝子的将来性の差が広がりつつあった。往年の重役はたいてい、仲間の重役とではなく、美人秘書と結婚して、交配方程式の半分は能力で選別され、残り半分は魅力で選別された――ここで『マッドメン』〔二〇〇七~二〇一五年放送のテレビドラマで、一九六〇年代の会社の風俗を描いていた〕のテーマが流れる★6（この部分については遺伝学と結婚についての第4章で取り上げる）。一九六〇年代を通じて、アイビーリーグ間での結婚は増え、経済はますます知識集約型になって、そうした人々に有利となる。そうしてほんの二世代もすると、度しがたい不平等となった。度しがたいというのは、それがハーンスタインとマレーが「遺伝子階層化」と呼ぶ、社会経済的階層が社会的過程の産物ではなく遺伝子の産物であり、したがって政策による修正を受け付けないものだったからだ。二人が進める話は最後には、子どもの一生の可能性を社会的な出自にかかわらず平等になるよう促す政策を考えようとするのではなく（こちらは遺伝子に根があるおかげでますます無益な努力となる）、それはあきらめて、ただ下層のますます遺伝子的に不利になった人々の間での不穏な動きを避けるためだけの公共政策を考えるのがよいのではないかと説かれるに至る。★7

こうした論旨は、現代社会の不平等に関する慎重な学問に寄与するより本を売る方に関心がある扇動者の論争術として退けたいところだが、二人の論旨はまったく根も葉もないところから引き出されているわけではない。社会科学者の間には、環境による影響の推定は、その頃までの学者によって乱暴に誇張されていたのではないかと説く重みのある研究成果が生まれつつあった。具体的には、社会科学の因果関係革命〔いわゆるビッグデータを利用して従来は見えなかったような関係を引き出そうとする動き〕と最終的に呼ばれるようになるものが勢いを得つつあって、この革命は一九七〇年代と一九八〇年代の定説をひっくり返した。

経済学主導の因果関係革命に先んじて、たとえば、特定の個人が長じてどれだけの教育や所得を得るかを予測しようとする社会科学者なら、様々な所得水準の世帯で育った個人を比べるだろう。年所得が一万ドルの世帯出身の子は成人に達してから平均して二万ドルを稼いだが、年所得が二万ドルの世帯出身の子は、たいて三万ドル稼ぐということだったら、平均すると、親の所得を年に一ドル上げると、子の所得は年に一ドル増えるという結論になるかもしれない。そしてこの計算結果を使って、所得移転（つまり福祉）の長期的影響の費用対効果分析を行なうことができるだろう。

もちろん、所得が高い親は、所得が低い親と比べて高学歴であり、年齢が高く、結婚している傾向があるということもありうる（実際そうなっている）。そこで研究者はそうした他の競合する因子を測定し、世帯の他の特徴から切り離して世帯の所得の効果だけに注目するために、いろいろな因子を統計学的に調整することになる。重回帰分析という魔法を使って、年齢、学歴、既婚未婚の別に基づいて似たものどうしの親の子を比べると、その（統計学的に調整した）効果で、親の一ドルが子の五〇セントになることがわかったりするかもしれない。しかし因果関係革命がつきとめた問題は、私たちは高所得の親や世帯と低所得の親や世帯にありうる差をすべて測定することはできないということだ。親の所得と子の所得の統計学的関係と見えるものをいくらか説明する、何らかの第三の（あるいはN番めの）変数が潜んでいることが必ずありうる。宗教かもしれないし、金儲けに対する文化的姿勢かもしれないし、学校教育の量ではなく質かもしれない。並べればきりがなく、さらに事態を悪くすることに、それまで観察されていなかった変数をすべて特定できたとしても、それを完璧に測定することは決してできない。

そのような測定誤差と、観察されていない異質性〔heterogeneity〕(この潜んでいる変数を表す専門用語)によって生まれるバイアスがあるため、親の所得の影響は過大に言われているかもしれないし、過小に言われているかもしれない。しかし潜んでいる変数についてありそうな候補の大半は、親の所得効果の「素朴な」推定が過大になる方向に作用する。元の推定が、親の所得の一ドルが子の所得の一ドルを生むことを示しても、実際の効果は〇・五ドル分かもしれないし、まったくないのかもしれない。もし親の所得には子に表れる結果にまで残る影響がないのなら、なぜ福祉を行なうのか。

この可能性は、社会学者のスーザン・メイヤーが著書 *What Money Can't Buy: Family Income and Children's Life Chances*〔『お金で買えないもの——世帯所得と子の人生の可能性』〕でうまく明らかにしていて、貧困研究界全体の前提に異を唱えている。この巧妙な著書で、メイヤーはいくつかの研究方針(反事実とか自然実験と呼ばれている)を展開して、所得が子の一生の可能性に対して及ぼす影響の推定は、従来過大に言われていたことを示した。メイヤーはたとえば、給付による一ドルには、子に対してほとんど、あるいはまったく効果がないが、稼ぎからの一ドルの効果はそれよりずっと大きいことを示した——つまり、プラスの効果があったのは、ドルそのものではなく、親にそれを稼げるようにさせた親の何らかの属性ではないかということだ。メイヤーは、副収入はたいてい、子どもの人的資本あるいは一生の可能性を改善すると予想されそうな、書籍、家庭教師、健康管理のような商品やサービスの購買にはつながらないことも示した。むしろまったく予想外のことに、余分のお金は親のための消費に使われていた(アルコールやタバコのような嗜好品も含む)。その成果にはもちろん限界があったし、そのモデルには疑問の残る前提もあるが、貧困研究の世界をひっくり返し、見つかったことのいくつかからすると、ハーンスタインとマレーが、子に表れる結果は政策（福祉のような）には比較的影響されない遺伝子的因子から何らかの形で配線ずみであると唱えていたのも、私たちが期待するほど社会科学の主流から外れているわけではないのかもしれない。

メイヤーの研究から言えるのは他のこと、つまり親から子へ伝えられるものが、いわゆる素朴な統計モデルでのこうした過大な推定を生み出しているにちがいないということらしい。★8 メイヤーが正しければ、ありそうな説明が三通り見えてくる。まず、親から子への知識と習慣の文化的伝達が、経済の中での生産性を上げ、さらには従来型の経済的成功をもたらすのかもしれない。この経路には、労働市場や学校制度をどう渡っていくかについての知識、結晶化した知能（つまり蓄積された知識）、勤勉の強調、衝動の抑制、裕福な親が子のために生み出すような、栄養、健康、文化環境を通じて伝えられる、あまり測定しやすくない、いくつかの属性が含まれるかもしれない。このことは、給付策は一般に、枢要な知識や習慣も給付したりはしないことからすると、所得と福祉政策の点からはまずい話だが、伝達される「有効にはたらく」伝統を明らかにできるなら、機会均等にとってはいい話だ。これが「女性《ウィメン》、乳児《インファント》、幼児《チルドレン》、栄養プログラム」（WIC——貧困にある子どもの栄養環境を改善しようとする）、「医療援助《メディケイド》」（逆境の子どもの健康を増進する）、さらには「ヘッドスタート」、「セサミストリート」など、親にもっと子どもに読んだり話したりさせるための新施策（いずれも幼児が受け取る認知的刺激を改善しようとするもの）といった施策の背後にある流れだ。環境という競技場を均等にするために、増強し、浸透させる必要がある文化的習慣はいくつもあるということかもしれない。

所得の効果が過大評価されることの説明としてありうる第二の力学は、貧しい（あるいは裕福な）子は、世代ごとに、あらためて家庭の外で環境の障害に出会うということだ。人種と所得の相関について考えてみよう。教育者や雇用者が各世代の少数派を差別するとしたら、親の所得の増分が子の稼ぎの向上に移転されることにならないのは不思議ではなくなる。親の所得が影響しないのは、とくに人種の場合である必要はない。そのような差別の対象になる身体的、文化的なマーカーはいくつもありうるだろう。もちろん、この説明は、第一の説明を排除するものではない。話し方といった、実際の生産性には影響がないのに、親と子の両方に対する差別をもたらすような、家庭で伝わるものもありうる。[★9] 第一の説明と第二の説明の違いは、第一の例で伝えられる文化的属性は実際に生産性の差につながり、すると不合理な差別として追い払うことができないという前提にある（もちろん、これは文化的生産が重要な役割を演じて、直接にＧＤＰの五パーセント近くも占めるような経済地域では、いささか循環論法になるかもしれない）。たとえば、優勢な文化の共通語――たとえば標準英語――を話すことが生産性に影響するのは、現在の権力の側がその言語でも衣服でも何でも選ぶことから当然結果する自己達成的予言だということになる。[★10] 貧しい人々の何世代かが差別を受けたとしても、この根本問題には、所得や人種に基づく優遇措置《アファーマティブ・アクション》のような公共政策を通じて取り組むことはできる。最初の二つの説明のうちいずれかが最も状況に即したものだとしても、二世代ほどの修復政策と、残る差別に対するぬかりない目があれば、家庭内外の不平等な土俵を対象にする政策はもう必要なくなるはずだ。たとえば、『マイ・フェア・レディ』のイライザの話し方を直せば、イライザの子は自動的にクイーンズ・イングリッシュを選ぶということになり、政策立案者が手出しをする必要はなくなる。同様に、法制上でも事実上でも差別を撲滅すれば、二〇年もしないうちに、すべての生い立ちの個人が経済的階梯《かいてい》のすべての段を占め、偏見や先入観による扱いが頻繁に生じることはなくなるはずだ。

第三の可能性は、リベラル派の政策立案者には最もがっかりするものだ。貧困層にある親の生産性は、富裕層にある親よりも低く（だから貧困層は貧困なのだ）、さらに、この差は遺伝子に織り込まれていて、子に大いに伝えられるということだ。どこかの仮想の世界でこれが説明として優勢になっているとすると、親の援助のためにすることが、その子に対して二次的な影響をほとんど及ぼさないとしても意外ではないだろう。とはいえ、先に挙げたゴールドバーガーは、貧困や近視のような何らかの結果の根が遺伝にあるからというだけで、私たちは王立眼鏡配布委員会を廃止すべきだということにはならないという点では正しい。確かに私たちは、視力が悪い人々に不利な優生学的政策を求めるのではないのなら、将来の何世代かのための処方を打ち出す必要があるだろう。同様に、王立所得支援給付委員会は残すことにしてもよいが、支援はすべて一代かぎりで、次の世代にはあらためて申請してもらう必要があるだろう。

遺伝率推定のどこが間違っているのか

これまで取り上げた理由で、遺伝率推定は社会の多くの面の理解にとって――私たちの教育制度がどれほど能力主義的か、慢性病の治療への介入はどれほど効果的かといった、あらゆることについて――必須だと私たちは考える。少なくとも、そのような推定は政策の長期的な影響がどうなるかを教えてくれる。とはいえ、社会経済的地位の遺伝率について「正しい」数字を得たいとすれば、たとえば所得の違いの五〇パーセントは遺伝によると説くために用いられてきた手法を理解することが必須となる。方法が異常に至るのか、それともむしろ、方法にかかる異常があるのか。

双生児研究は長い間――統計学者にして生物学者のロナルド・フィッシャーやゴルトンの時代にまでさかのぼる――身体的・社会的形質に遺伝が占める分を評価するための標準的な調べ方だった。双生児は、遺伝子的にまったく同一であるために、逆説的に、環境条件を理解するためのツールとなった。一卵性双生児では遺伝子面が定数となり、その遺伝子では決まらない変数の影響を特定する助けになる。双子の一方が、子宮での胎盤に対する位置のせいで、栄養不足になる（つまり双子のもう一方が栄養分を取ってしまう）とか、一方だけが宝くじに当たるとか、一方が徴兵されるとか。経済学や関連する領域での双子の違いの研究には堅実な伝統がある。

しかし双子に形質――身長など――の遺伝成分について語ってもらうためには、一卵性双生児と、それほど劇的ではない同性の二卵性双生児との両方を使って、一つの形質が三つの成分に分けられるACEモデルと呼ばれるものを推定する必要がある。Aは相加的《アディティブ》遺伝率（つまり遺伝の成分）、Cは共通《コモン》（共有）環境（つまり家庭環境とか近隣環境のようなきょうだいが共通にさらされるもの）、Eは独自の、あるいは共有されない環境《エンバイロンメント》（学校の担任が違う、出会う友人が違うなど）を表す。形質の変動＝A＋C＋Eとなる。この方法は何十年か前からあり、式という点ではきわめて単純だが、これから見るように、それは、最近になるまでほとんど検証できなかったある重大な仮定に依拠している。

要は、一卵性双生児では遺伝子は一〇〇パーセント共通だが、二卵性双生児は、平均して半分だけが同じとなる。つまり、一卵性双生児が互いに似ている程度は二卵性双生児の場合よりも大きいことが、遺伝がどれだけかかわっているかを示し、その形質の遺伝率（あるいはとくに相加的遺伝率）と呼ばれる。[★11] 余禄として、形質に対する環境の寄与を、個人に特有な部分ときょうだいで共通のものとに分けることもできる。[★12] 一卵性双生児のしかじかの形質つまり表現型についての類似性が一〇〇パーセントからどれだけ離れているかを問うだけで、各自に独自の分（E）が得られる。独自の環境分（E）というのは、双子の一方が中学の数学で、教え方の上手な数学の先生に当たり、もう一方は、代数が苦痛になるような先生に我慢しなければならないといったことを意味する。きょうだいに対する親の扱い方が違っていたら（差が遺伝子型によってもたらせるものではないほどに）、これもEの部分となる。共有された、共通の環境（C）は、そのきょうだいで共有されていて遺伝子型によらない環境因子のことを言う。たとえば、音楽のレッスンを受けることが、明らかな遺伝に基づく才能で誘発されるなら、それは全体的な遺伝の効果（A）をなすが、一家のきょうだい全員が才能と無関係に親から課せられているなら、それはCの一部となる。

計算の例として、身長について一卵性双生児が九五パーセントの一致（つまり0・95の相関）があるとすれば、両者の共有ではない環境E（つまり個人に固有な成分）は五パーセントとなる。次に遺伝的成分（つまり相加的遺伝率）を求めれば、この二つの数を引いて、きょうだいに共通な環境成分が得られる。つまり、この例で言えば、同性の二卵性双生児の身長の相関、あるいは類似度が0・55だったら、一卵性双生児と二卵性双生児の相関の差は（0.95 − 0.55で）四〇パーセントとなり、それを二倍して〔原註11〕、相加的遺伝率は八〇パーセントと推定できる。この大きさの遺伝子成分からすると、環境成分は二〇パーセントで、固有の、つまり共有されない環境成分はすでに見たように五パーセントだ。すると、共有される共通の環境成分は一五パーセントとなる。[★13] こうした数字は実際には先進国での身長について推定されている合意からさほど離れていない。社会的行動の生物学的起源を理解するというここでの目的のために、遺伝的成分――この例題の八〇パーセント――に注目しよう。

この例題で最も重大な前提は次のようなものだ。まず、計算全体が、二卵性双生児と一卵性双生児を正確に区別できるものとしている。次に、ACEモデルは二卵性双生児は平均すると五〇パーセントの遺伝子——あるいはむしろ、関連する遺伝子——が共通という前提に立っている（一卵性双生児の一〇〇パーセントというのには疑問をはさまない。ただし新しい研究からは、はさんだ方がいいのではないかとも考えられる）。[★14] 第三に、ＡＣＥが機能するには、二種類の双子について環境の類似度は同じと仮定しなければならない——等環境仮説と呼ばれる公理だ。

当面、科学者が双子の接合性（つまりどれが二卵性でどれが一卵性か）は正確に区別できるのは前提としておこう。しかしこの点には後でまた戻ってくる。第二の二卵性双生児の遺伝子的血縁度が平均五〇パーセントという前提は、一見すると堅実なものに見える。子は父と母のそれぞれの染色体が混じったものをもらうので、親と子は遺伝子の半分ずつを共通にしている。[★15] 一卵性ではない双子はそれぞれの親と半分のゲノムが同じだが、必ずしも「同じ」半分ではない。つまり、平均すると、きょうだいは遺伝子の半分が共通で、兄弟姉妹どうしでは、二つの因子のおかげで遺伝子的血縁度が大きい組合せと小さい組合せが生じる。一つの因子は運だ。きょうだいはそれぞれ親のそれぞれから半組のカードを得るが、その半組にあるカードが双子どうしでどれほど重なるかというのは偶然で決まる。きょうだいのうち、ある二人は遺伝子の類似性の点では異母／異父きょうだいに近いだろうし、別の二人をとれば、スペクトルの反対側になって一卵性双生児に近い方もあるだろう。これはＡＣＥモデルにとっては問題ではない。そこでは遺伝子は平均して五〇パーセントが共通と仮定しているからだ。しかし第二の因子——同類交配——が、結果を歪めるような形できょうだいの血縁度に影響する。それは五〇パーセントという平均を上げるか下げるかするからだ。つまり、親どうしが集団の中の他のランダムな人とよりも遺伝子的に似る傾向にあるなら——つまりランダムな交配ではなく同類交配に傾くなら——きょうだい（二卵性双生児も含む）は平均すると、仮定している五〇パーセントよりも似ていることになる。親どうしが遺伝子的にランダムな無関係な人と比べて遺伝子的に似ていなければ、負の遺伝子的同類交配がある。遺伝子的同類交配については第4章で論じるが、ACEモデルについての結論は、正の同類交配があたりまえだとすれば、しかじかの表現型の遺伝的成分について過小評価していることになる。負の同類交配があるなら、遺伝率は過大側に偏っていることになる。得られている証拠はすべて、全体でも、形質固有の遺伝子の特徴についても、正の同類交配を指し示している。しかしこのACE仮定に反する部分が意味するのは、遺伝率がおそらく過大に評価されるよりも過小に評価されているということだ。すなわち、典型的な計算は、一卵性双生児（一〇〇パーセント）について共有される遺伝子成分が、二卵性双生児（五〇パーセント）についてよりも二倍大きいことを仮定する。つまり、正の同類交配がある場合は、実際の差はもっと小さい。二卵性双生児についての遺伝子の類似性は、両親が遺伝子的にいくらか似ている場合には、五〇パーセントよりも大きくなるからだ。平均して、両親の身長についての遺伝子が強く相関しているという、高い同類度がある場合を考えよう――つまり、遺伝子的に背が高くなる傾きがある男と女の方が結婚する可能性が高く、遺伝子的に背が低くなりがちな人々どうしについても同様という場合だ。この筋書きでは、二卵性双生児は、遺伝子的にはたとえば六七パーセント似ていることにする。一卵性双生児と二卵性双生児の遺伝子類似度から見た違いが三三パーセント（100－67）となることからすると、私たちは実際には一卵性と二卵性の類似度の差を二倍ではなく三倍にしないと遺伝子の作用を一〇〇パーセントにすることにならない。つまり、正の同類交配は、差を二倍するだけなら、相加的遺伝率を過小評価することになるのだ。

ＡＣＥモデルの要となる前提第三――一卵性双生児と二卵性双生児の環境の類似度は同じ――は、まったく別の話だ。この仮定は、関心を向ける特定の形質について、一卵性双生児が二卵性双生児よりもよく似ているのは全面的に遺伝子的血縁度が高いからであって、その形質にかかわる環境の類似度が大きいせいではないと信じるよう求めている。これは実践の場ではどういうことを意味するだろう。一部の観察者は、一卵性双生児が共有していて、二卵性双生児は共有していない環境の類似性があれば、それは問題になると誤って考えている。しかしそうではない。二人の一卵性双生児は同じくらいの頭の良さであるために数学の課程の類似度が――生得の数学能力に差があり、別のコースを割り当てられた二卵性双生児二人と比べて――大きいなら、この環境類似度の差は、遺伝子の類似度が大きいことの直接の結果で、Aの項で捉えられているはずだ。性格が同じなので友達も似ているなどといったことにも同じことが言える。

クローンは他の人々の間に「特別な」反応を引き起こすので、人の一卵性双生児の扱いが似るようになるとしたら、この問題が生じる。きょうだいの遺伝子類似度が〇〜一〇〇パーセントにわたり、遺伝子的に九〇パーセントの同一度のきょうだいがいてもごくあたりまえという世界を想像してみよう。そこでは一〇〇パーセントの血縁度（一卵性双生児なみ）のきょうだいがいても、とくに変わったことではない。四三パーセントの血縁度を四八パーセントの血縁度にする環境類似度は、九五パーセントの血縁度を一〇〇パーセントにする血縁度の場合と同じという仮定もできるかもしれない。この場面で一〇〇パーセントの遺伝子類似度（一卵性双生児なみ）を達成することには魔法のようなことは何もなく、環境類似度が大きくなるのは遺伝子型が類似していることの正当な結果だろう。

しかし、私たちが暮らす世界では、血縁度にはもっとはっきりした閾《いき》がある。★16 つまり、一〇〇パーセントの血縁度というのは、それだけで取り上げるべき点をいくつかもたらす。とくに言えば、一つの問題点は、一卵性双生児は特別扱いになるということだ。この双子の二人は、遺伝子類似度で保証されるよりも大きな環境類似度が降りかかることになる。たとえば、一卵性双生児は取り違えられることが多い。また、一緒にいることも不釣り合いに多い（それぞれACEモデルには反する）。そのような現象は、一卵性双生児は生まれつき似ているから同じ数学のコースを割り当てられるとか、同じ数の友人がいる場合の方が多いといった――モデルの中で受け入れられる――場合とは質的に異なっている。一卵性双生児を使う場合のモデルに反する問題としては、エピスタシスもある。エピスタシス――これについては第7章でもっと詳しく述べる――とは、異なる遺伝子間の相互作用が特定の結果として表れることだ。つまり、ゲノムのあちこちにある変化が相互作用して諸々の結果として表れるとすれば、一卵性双生児だけが、遺伝子多様体の相加的作用に加えて、そうした多様体の相乗的な組合せもまったく同じという類似性も加わりうる。

　こうした一卵性双生児の特殊性という面――エピスタシス、取り違えられやすさ、交友関係が共通の場合が多い――は、一卵性双生児には、遺伝子的に同一であることの影響を消す――あるいは少なくともそれを弱める――効果があるかもしれないことを意味する。社会科学の用語では、一卵性双生児は外的妥当性に問題があると言われる――つまり、一卵性双生児から推定されることは、その特殊な立場を考えると、それ以外の集団に一般化することはできない場合があるということだ。[★17]

　すると、ハイブリッドカーやマスタードが好き（それぞれ三七パーセントと二二パーセント）[★18]からジャズやオペラが好き（それぞれ四二パーセントと三九パーセント）[★19]、学歴（四〇パーセント）[★20]、タバコの吸い始め（四四パーセント）[★21]など、全てについての双子に基づく遺伝率の推定は間違っているように見えてくる。この問題の一部を処理するために、基本モデルに手を加えて、拡張双生児モデルを作った。これには他の関係も取り入れて、いろいろなレベルの血縁度を描けるようにしている。たとえば、一卵性双生児を親にもついとこ、こどうしは、別々の世帯環境で暮らしていても――平均して――異父または異母きょうだいと同じ関係がある（通常のいとこはふつう一二・五パーセントなのに対して二五パーセントとなる）。双子の子によるいとこと通常のいとこの比較による遺伝率推定が、通常の一卵性双生児と二卵性双生児を比較した場合と似ているなら、私たちはその推定にもう少し自信を持っていいかもしれない。もちろんこうした方法は、双子と環境についての似たような仮定に基づいている――一世代分ずれるとしても。

一卵性双生児の経験は一般化できない可能性があるという事実をふまえ、われわれは分子のマーカーを利用し、科学者（と他ならぬ双子）は正確に自分が一卵性双生児か二卵性かを区別できるという最初の根本仮定に戻ることによって、双生児モデルに異を唱えた。行動遺伝学者がしかじかの同性の双生児が一卵性か二卵性か判定する際、自分の目と少数の調査項目と家族の自己申告しかなかった昔とは違い、今日では、DNAの多様性の大きい（つまり多形的〔いろいろな形がある〕）区画を選ぶことによって、確実に知ることができる（DNAの区画の中には、人類全てについて同じものもあれば、多様性が大きく、犯罪事件の解決、父子関係鑑定、一卵性双生児が本当に一卵性かどうかの確認に好都合のものもある）。きょうだいが決まったマーカーの集合について合致している場合（たとえばどちらもその位置にCがある、あるいはTがあるとか、ある文字の配列、たとえばAGG AGG AGG AGG AGGという繰り返し回数が同じとか）、偶然でそうなる可能性はごく小さい。するとこの双子はおそらく一卵性だ。しかしある一か所でも違っていると、二卵性ということにならざるをえない。「両者は同じさやの二つの豆か、それとも同じ植物の別のさやの豆か」（双子の区分も要するにそういうこと）などの一連の問いに依拠するよりも、分子遺伝学を使って、一卵性かどうかを確実に判定できる。★22

結局、私たちが調べた同性の双子の相当部分が間違って一卵性と判定されていた。「思春期から成人までの全国長期健康調査」(アドヘルス)の双子の例では、同性の双子の一八パーセントが、自分たちは一卵性と考えていながら、実際には二卵性(あるいはその逆)だった。こうした間違いの多数は、自分たちは二卵性と考えていたのに実際には一卵性だったという場合だった。これは家族が一卵性と判断するには完全に同じ見かけをしていなければならないと思い込んでいるかもしれないので、理解できる。しかし一卵性双生児の間でも、小さくはない量の身体的ばらつきがある——誕生からして、出生時の体重は胎盤の構造や、双子のどちらが子宮で栄養を多く受け取れたかによって大きく違うことがある。

双子の人にしてみれば、長年同じ部屋で暮らした相手のことを誤解していたことがわかったりしたら大いに傷つくかもしれないが、科学者にとっては、この状況は、等環境仮説が成り立たないことに対してACEモデルがどれだけ堅牢《けんろう》かを調べる理想的な検査となる。自分たちを二卵性と思い、そう扱われてきた一卵性双生児を使うと、そのような環境の「特殊性」がない場合に遺伝率推定は変化するかを見ることができるだろう。自分たちは一卵性と思っていた二卵性双生児を見れば二重の検査となる。

私たちが大いに驚いたことに、正しく一卵性双生児と分類された双子ではなく、間違って一卵性双生児と分類された双子(あるいは正しく二卵性とされた双子ではなく、間違って二卵性と認識された双子)を使うと、遺伝率推定が下がったという結果は一つもなかった。私たちはこの調査を、三つの異なるデータ集合について行なった——二つは合衆国のもの、一つはスウェーデンのもの。自分で一卵性と思っている双子と、研究者が分類した(目視と、エラー率約五パーセントという、もっと正確そうな一連の問いによる)一卵性双生児についてこれを行なうと、そうした方法とサンプルすべてにわたり、その結果が成り立った。等環境仮説の正しさを疑問視し、行動遺伝学は根本的に誤っていると想定するわれわれ社会科学者は、その「素朴な」ACEモデルを追認することになったのだ。[23]

　私たちが双生児法を倒しにかかって失敗する前に、一群の新しい方法がすでに登場していて双子に内在する「特異性」を回避していた。こうした新手法が可能になったのは、ゲノミクス革命と、安い遺伝子型判定キットが広く使えるようになったことによる。今や科学者は多くの被験者のサンプルについて遺伝子型決定を行なえるので、個人間（きょうだいなど）の遺伝子類似度を、想定される家系図に基づいて推測する必要はない。新しいツールを使って実際に測定できるのだ。そこには、四六本の染色体すべてを見渡し、チップが検査する一〇〇万に及ぶ塩基が個人どうしでどれだけ合致するかを調べることが含まれる。その仕組みはこうだ。一〇〇万はともかく、一〇塩基の配列があるとする。（任意に）選んだ鎖のそれぞれの位置には二つの可能性がある（この例では二対立遺伝子座だけを用いる――つまり四つの塩基のうち二つしか選べないゲノム領域で、ここではAとCのみとする）。この二つの塩基のうち一方を微量塩基と呼び（集団中で表れる頻度が少ない方を取るのがふつう）、もう一つは参照塩基と呼ぶ。要点は、そうすると各個人のそれぞれの位置について、二本の染色体のその位置で「微量」をとる対立遺伝子が0か1か2かを数えることができるということだ。この仮説上の例の一〇か所のうち1番の位置では、サンプル中の四九パーセントはそこにAを有していて、五一パーセントはCだったとする。このCを参照塩基とし、遺伝子型判定した個人の標本集団全体を見渡し、核染色体の一〇か所のうちの1番の位置について、その人の遺伝子型がCCだったら0、ACかCAだったら1、AAだったら2というふうに、スコアを与える。この採点方式を、測定する一〇か所のそれぞれについて行なう（もちろん実際に調べる塩基はそれぞれの位置で別々でもよい）。すると二人がそれぞれの位置でどれほど似ているか（相関）を計算できて、その一〇〇個のスコアを足して、全体的な「血縁度」の尺度にできる。[24]

調べたサンプルの全ての対にこれを行なえば、[25] こんなことが問える。二人が遺伝子的に似ている方が、注目している表現型についても一貫して似ていると言えるか。つまり、遺伝子の類似がたとえば身長や学歴のような形質の類似を予測するか。この新たな方法は双生児法とあまり違わない。遺伝子的類似度が様々な任意の二人を比べて、それで説明できる表現型の類似度はどれほどかを調べる。違いは、ACEモデルでは遺伝子の違いは一〇〇パーセントか五〇パーセントかに固定されると考えるところだけだ。血縁のない対を用いる新方式では、たとえば遺伝子類似度が〇・五パーセントと一パーセントの差を云々する。新しい方法の利点は、双子を集団のそれ以外の人々に一般化することについて、何の前提も立てなくてよいところだ――実際、調べているのは当の「それ以外の人々」の方なのだ。ある二人組はゲノム全体について0・01の係数で正の相関があるかもしれないし（ランダムに相手を選んだときと比べて、二人は遺伝子的に一パーセント似ている）、またある二人組はちょうどゼロかもしれないし、さらにある組は負の相関があるかもしれない。この方式を用いた公刊された研究は、双生児法の半分程度の遺伝率を報告する傾向にあることがわかった（足りない遺伝率の問題については第3章を参照のこと）。[26]

われわれは再び、この研究方針の根底にある仮定について懐疑的になった。遺伝子型の類似とそこからの結果としての表れの類似にある相関の本当の原因が、遺伝的多様性の因果的効果によるのではなく、遺伝的多様性が環境の差も捕らえていることによるのだとしたらどうだろう。これは集団構造の問題、あるいは集団の層別化の問題と呼ばれる。「箸問題」という言葉でも呼ばれる。そう名づけたのは、集団遺伝学者のディーン・ヘイマーとレフ・シロタだった。[★27] アメリカ人によるサンプルを考えよう。このサンプルの中で、16番の染色体にある一定のマーカーが、箸が使えるかどうかをきわめて正確に予測するものとして浮かび上がる。これはすごいと思って急いでその「箸遺伝子」についてわかったことを発表しようとする。しかしそのとき、研究室の仲間が、分析を人種別に行なってもいいんじゃないかと言う。そうしてみると、その特定の遺伝子座、つまりマーカー（第1章）の分布はこんな感じになっていることがわかる。白人――Cの保有率九八パーセント、Aの保有率二パーセント。黒人――Cの保有率九〇パーセント、Aの保有率一〇パーセント、南米系――Cの保有率九四パーセント、Aの保有率六パーセント、とどめのアジア人――Cの保有率一八パーセント、Aの保有率八二パーセント。こうなると、発見した遺伝子は東アジアの集団で進化したもので、そこで選ばれる食器がフォークより箸だったということかもしれない。しかしこれが本当に遺伝子的原因であり、歴史的偶然が遺伝子座の大陸ごとの頻度差と重なったものではないことを明かすのであれば、その関係は、民族集団内で（実際には家族内でも――つまりきょうだいの比較でも）成り立つはずだ。見ると、白人だけ、アジア人だけ、黒人だけ、南米系だけについて分析を行なうと、CがあるかAがあるかは箸を上手に使えることについては何も予測しないことがわかる。つまり集団層別化に陥っていたのかもしれない。[★28] 自分では、文化的な習慣について根本的に生物学的に決まっていることを発見したと思っていたが、実際には先祖についてよくわかるマーカーを見つけただけだった。

要するに、この分析で以前には考慮されていなかった、結果を偏らせかねない集団層別化が検出されたが、それを考慮に入れても、遺伝率推定はほとんど変わらない[★29]（関心のある読者は付録2を読むこと）。遺伝学者が間違っていることを証明しようとする社会科学的試みがまた失敗した。[★30]

遺伝率の再登場――なぜそれは政策にとって大事なのか

スーザン・メイヤーの分析にあったような、所得の子どもへの影響を過大評価する元になりそうなことについての話に戻ると、どのタイプの継承が作用しているかを知ることは、政策をどうデザインするかについては重要に見える――すなわち、所得や貧困の影響の素朴な評価の大半を説明するのは、何世代にもわたる環境の影響なのか遺伝子の影響なのかということだ。どの結果にどの遺伝子がものを言うのかがわかっていなくても、たとえば老齢になって耳が聞こえなくなる可能性は九〇パーセントが遺伝で決まることがわかれば、そうなるのは一〇パーセントが遺伝という状況と比べて、政策の方向性は変わるだろう。ある世代の難聴を防いだり治したりする環境的な介入をしても、生殖細胞系に内在するリスクは変化していないのだから、その結果は次の世代には持ち越されない。同様に、老齢の難聴がだいたい遺伝によるものなら、遺伝子ふるい分け《スクリーニング》や遺伝子工学なしには難聴を防ぐことはおそらくできず、王立補聴器配布委員会は当分存続させる必要があるだろう。しかし難聴の原因がおおむね環境的なら――たとえば大騒音――所得について論じた可能性に似た二つの可能性が残る。その騒音はランダムな、外部の音源によるものかもしれない。その場合は耳栓を配布したり、聴覚汚染を減らすための区域ごとの法律を定めることもできるが、恩恵を持続したければ、そうした解決策は各世代に適用しつづけなければならない。

騒音にランダムにさらされるのではなく、環境への曝露《ばくろ》やリスクにかかわっている地点が家庭環境である可能性を考えよう。子どもにとってリスクとなる環境を作っているのは親ということになる。ある世帯がうるさく、しかじかの世代が――理由はどうあれ――難聴になり始めると、その世帯の構成員はテレビの音量を上げ、大声で話し、一般に、そこに暮らす子どもにとって異様にうるさい環境を生み出すことになる。長期的な難聴につながる音に曝露される期間としては幼児期が決め手になるとすると、本人が長じて聴力を失えば、自分の子に対しても音量を上げることになる。この話には遺伝はまったく出てこない。ただ世代の環境曝露が循環するだけだ。遺伝と違ってありがたいことに、一定の子どもコホート〔特定の特性を持った人々の集団〕の家で暮らす親に（あるいは祖父母に）対処すれば、何代にもわたる難聴の連鎖を断ち切れるかもしれない。老人世代のこの症候を、無料の補聴器を与えてもう叫ばなくてもお互いの言うことが聞こえるようにすることで処置してもいいかもしれない。あるいは、すでに習慣が深く刷り込まれているのなら、もっと穏やかに話すよう訓練するための対策集の中に行動カウンセリングを加えてもいいかもしれない。鍵になるのは、老齢世代に投資する分、その後の世代が大きくなったときにその難聴を減らすことになるので、大きな見返りを実現することになる点だ。そこでこの「難聴」を「貧困」に置き換えてみよう。貧困対策論の多くは、長期的な費用対効果があるという根拠で動いている。こうした対策を求める主張は、対処が人生の早い段階——出生前にさえ、またとくに出生前に[★31]——であるほど、長期的節約が大きくなるという証拠によって強化される。しかし自殺、うつ、犯罪行為といった、結果としての表れがおおむね遺伝されるなら、そうした手のかけ方は何にもならないかもしれない（あるいは少なくとも各世代であらためて手をかけなければならない）。

遺伝率は、逆説的なことに、公平の重要な尺度でもある。実は、何人かの学者が、何と、重要な社会経済的面に結果する表れについては遺伝率が一〇〇パーセントになるよう目指すべきだと論じている[★32]。こうした学者は、私たちの運命が受胎の時に定まっているというディストピア的な世界を訴えているのではなく（必然的にそういうことになるとはいえ）、機会に対する環境の影響の作用がゼロであるような世界を唱えている。この立場にとって、ディストピアは公平な世界なのだ。その言い分にも一理はある。私たちはなぜ家庭環境が成功に対してものを言うことを望むのだろう。それを言うなら、私たちはなぜランダムな、家庭とは無関係な環境に影響があってほしいと思うのだろう。非遺伝的な家族の影響——貴族の称号、裕福なおじからのたなぼた——は、まさしく機会の不平等をなすものだ。あるいは家族以外の環境の影響——たとえば徴兵されるか、その義務を免れるか——が私たちの健康、経済、財産を大きく形成するなら、それは社会に不公平があることを言っている。ただ種類が違うだけだ。

われわれは、自分が経済的・社会的位置の遺伝率を増すための政策を追求すべきだとする論旨にどこかで共感するが、高い遺伝率は機会平等のユートピア社会に必要な成分ではあっても十分条件となる成分ではないと思っている（そしてもちろん、機会が均等なのではなく、結果する表れが均等な社会主義的社会を求める人もいるかもしれない。そこでは遺伝と環境の影響がゼロとなる。さらには、ランダムな共有されない環境Eを最大にすることが最も公平と思う人もいるかもしれない）。遺伝子型がどうものを言い、それはなぜかというのは、社会が公平かどうかを規定する決め手にもなる。私たちが仕事などの機会を肌の色、髪質、身長——いずれも遺伝率が高い——に基づいて割り当てるなら、社会経済的地位の一〇〇パーセントの遺伝率を達成できるだろう。しかしそれは能力主義を構成するだろうか。

あるいは別の例を取り上げれば、すべての一流大学の入学試験がバスケットボールでのフリースローの腕によって決まるなら、またこの技能は眼の色と同様——ほとんど一〇〇パーセント遺伝——なら、そのような高等教育制度は完全に機会均等として機能すると言っていいかもしれない。しかしこれは不当に見える（あなたもそうだと思う）。ＮＢＡにいる人以外は誰も、全員の入学する大学を指定する合理的な方法としてこれを提案する人はいないだろう。この「試験」や「技能」と、入試制度の本質とが一致していないのだ。同様に、ＮＢＡが進学適正試験の成績だけに基づいてスターティングポジションを与えるなら、プロバスケットボールの試合を見たいと思う人は多くなくなるだろう。

　幸い私たちは、市場が規律として機能し、企業価値が増すのに応じて報酬を出すのを企業に奨励する資本主義社会にいる。つまりどこかの大企業を経営するための基準が遺伝される身長だったとしても、そういう企業はおそらく、市場原理的な方針で重役への昇進を決める会社と比べると、おそらく後れをとるだろう。問題は——先に触れたように——ＧＤＰの四・二パーセントが文化的産物からなり、価値評価が遺伝的ではなく、流行を作る人々、情報の流れの要にいる人々、最大の市場権力をもつ消費者（つまり富裕層）に左右されると言えるような社会では、経済的生活の手段と目的という概念全体がいささか循環的になりうるというところだ。

　最近の研究はこの方向に沿って、ＩＱの遺伝率が、人種、所得、親の教育といった政策に関係するカテゴリーによって変動することを示している。たとえば、クオ・クワンとエリザベス・スターンズは、黒人についてはＩＱの遺伝率は白人よりも低いことを示す[★33]。二人はこれを、環境条件——親の資源が足りない、学校の状況が劣悪、単純に人種差別など——が、この集団での遺伝的多様性を完全に実現しないようにしているということだと解釈する。ＡＣＥモデルの中のＥが大きくてＡを抑圧するということだ。言い換えると、潜在的には知的能力が遺伝されているのに、人的資本の投下という環境条件がないとＩＱの形には結実しないという遺伝子‐環境相互作用の影響があるらしい[★34]。黒人はＩＱの遺伝率が白人と比べて低いことを示すというのが本当なら、それは、私たちがいろいろな集団の遺伝率を知って、もっと効率的な人的資本の分配を環境条件がどこでどのように妨げるかを診断したくなりそうな例となる。[★35]

言い換えると、額面通りに見るとアフリカ系アメリカ人についての遺伝率推定の方が低いのは、推定がそうなる理由の具体的なところとは言わなくても、探るに値することがあることを語っている。[★36] 測定されていないDNAと社会科学者が関心を向けるしかじかの結果する表れの興味深い経験的関係が見つかるなら、それは政策には無関係と断じるより、何がそれを説明するかを理解しようとしてみよう。その探究の過程で、政策に関係する知識が得られるかもしれない。こうした遺伝率の違いを出発点として用いることによって、根底にある、その違いが生じる過程を探ることができる。人種とIQの場合を取ると、黒人についての方が遺伝率が低いことについて先に挙げた説明（人種差別、資源など）のそれぞれが、実験によって――家族や学校政策で環境を操作して、遺伝率が変化を推定するかどうかを見ることによって――でも、世代間遺伝子関連に関与するかもしれない遺伝子座を特定するための分子遺伝学的データの調査によってでも、調べるに値する。しかじかの形質の遺伝率に寄与する遺伝子座を特定しなくても、遺伝学がものを言う条件についての知識は、政策立案者がそのパラメータを上げようとしたいか下げようとしたいかを決めるのに重要だ。この問題については遺伝子‐環境相互作用に関する第7章で述べる。

こうした但書きはあっても、遺伝率は学者にあっさり退けられるような概念ではないことを見ていただきたい。それは社会の機会と不平等の景観を理解する――いろいろある中の――一つのツールだ。実際、遺伝率一〇〇パーセントかゼロパーセントか、あるいは非遺伝的条件についてのみ訓練に投資して、遺伝されるものは投資しても一世代後には雲散霧消するからということで無視するかにかかわらず、遺伝率は社会が世代ごとにどう再生産され、世代を通じてどう変化するかについて多くのことを明らかにする。

遺伝率とともに生きることを学ぶ

つまり、個々に誤りのある多くの遺伝率推定が、認知や社会経済の面で結果する表れ（学歴や所得）については一致したある水準に収束し、その遺伝率が五〇パーセントよりも高くなるものなら、それはリチャード・ハーンスタインとチャールズ・マレーが、実はゲノミクス革命より一〇年さきがけていたということを意味するのだろうか。そうではない。経済的地位の遺伝率が一〇〇パーセントに近づき、成功と効率の基準そのものが公平で論理的であることを自由市場が保証すると信じるなら、世界は必ずしも、遺伝子カーストがますます厳格になるような結果には陥らないだろう。それは、同類交配も『ベルカーブ』の鍵を握る要素になっているからだ。将来の親が遺伝子的可能性に基づいて同類どうしで――つまりＩＱや所得の可能性の点で遺伝子的に恵まれている人どうし、遺伝子的に恵まれていない人どうしで――交配するのでないかぎり、各世代はかき混ぜられ、遺伝に基づく技能が地位を決めるとしても、固定的で、不平等な階層に固着することはないだろう。

しかしもっと新しい成果は、社会経済的次元では同類交配が増えている証拠を積み上げていて、表現型や遺伝子型の変動も広がっていることをうかがわせている（人がランダムに交配する場合、その子は集団の平均を中心とするきちんとした正規曲線にまとまる傾向がある。しかし同類で交配する場合、そのベルカーブは両端が遠ざかって平坦に広がることになる）。実際、この五〇年の婚姻のあり方が変化したことについて言えることが一つあるとすれば、配偶者はますます似たような学歴の配偶者を選ぶようになったということだろう。結婚の遺伝学については第4章で取り上げるが、まずは遺伝学でまだ激しく残る論争について述べておこう。遺伝率がそんなに高いのなら、どうして私たちは、肝心の特定の遺伝子にそれを見いだせないのだろう。

第3章　遺伝率がそれほど高いなら、どうしてそれが見つからないのか？

分子遺伝学の時代が一九八〇年代から九〇年代にかけて明け初めると、人間行動の生物学的基礎に関心を抱く科学者は沸きたった。やっとゲノムのブラックボックスを開けて、遺伝子の作用を直接に測定できるようになったからだ。双子や養子などに関する、馬鹿にされることも誤解されることも多い前提に依拠する必要がなくなった。今や、どの遺伝子がどの社会的な面での結果にとって意味をもつかを調べることが可能になり、これで生物学的仕組みに分け入って、細胞から社会につながる経路の理解を向上させることができるだろう。不安障害、うつ病、統合失調症、さらには認知機能低下の遺伝子治療を開発できるかもしれない。こうした遺伝によって結果するのが「わかって」いることについて、その多様性のうち五〇〜七五パーセント分を占めるのはどの遺伝子かがわかれば、社会生活のために実際の臨床上でどうするかを検討する第一歩になるだろう。しかし人間行動の分子的基盤についての研究（実際のところでは、結果する表れのほとんどについての研究）は、遺伝率推定の場合と同様の波乱の道をたどっている。

後から見れば、性的指向やＩＱの遺伝子、あるいは遺伝子群を見つけようと科学者が思うのは馬鹿げていた。社会生活は眼の色（これには三つの遺伝子が作用している）よりも果てしなく複雑なのだ。身長（八〇～九〇パーセントは遺伝する）のような生物学的に決まることさえ、小遺伝子集合的《ポリジェニック》だ――つまり個別には影響の小さい遺伝子が何千と合わさって影響する。そして身長でさえそれほど多くの遺伝子に影響されるなら、社会的行動ともなれば、人類に知られている遺伝子のほとんどすべてがかかわっているにちがいない。

ストライク・ワン――候補遺伝子研究

この四半世紀のゲノミクス革命以前から、一定の突然変異をすると人間に深甚な影響を及ぼしそうな具体的な遺伝子が発見されていた。こうした遺伝性疾患、たとえばハンチントン病などはメンデル遺伝病とも呼ばれる。一定の遺伝子が突然変異し、それが伝えられた結果として期待どおりに機能せず、疾患がもたらされることを言う。単一遺伝子による病気が潜性〔従来の「劣性」に代わって用いられる訳語〕（つまり症状が現れるには、一対の両方がそろっていなければならない）の場合――ハンチントン病や鎌状赤血球貧血など――には、その遺伝子を保有していながらそれによる不利な影響は見せない人がいる。しかし遺伝子保有者が別の保有者と交配し、その子が「欠陥」遺伝子を二つ受け継いだら、その症状が現れる。

がんでさえ、この「ＯＧＯＤ」――一遺伝子一疾患《ワン・ジーン、ワン・ディズィーズ》――で考えることができる。多くのがんは、腫瘍抑制遺伝子が変異して、細胞周期を調節する機能を果たさなくなり、その細胞が際限なく複製を始めることで生じる。特定の腫瘍抑制遺伝子の一方が機能せず、残りの一方だけしか機能しないなら、そちらに突然変異が生じると（催奇形環境作用や細胞分裂の際の単純な複写エラーなどで）、それだけで、その細胞が制御を失って増殖し始めることになる。原腫瘍形成遺伝子という、細胞増殖を促す遺伝子が突然変異して（腫瘍形成遺伝子になって）もっと活発になると（腫瘍抑制遺伝子なら不活発になるのに対して）、細胞の増殖を刺激して加速させるという場合もある。念のために言うと、突然変異だけではがんにはならないのが通例なので、この筋書きは少々単純化しすぎていて、体には細胞が制御不能になるのを防ぐ防御機構が他にもあるのだが、それも故障することはある。ここでの目的にとっての要点は、特定の遺伝子の特定の作用を探す体制が、遺伝学研究界の現場《オペラント》でのパラダイムだったということだ。

この既知の遺伝性疾患という学問的背景のもとで、分子遺伝学の手法を使って人間の行動に向かう初期の研究は、単一遺伝子による説明を求めていた。研究者はたいてい、この謎を、遺伝的多様性を二通りに測定して調べていた。一つはヒトゲノムの特定の遺伝子座を見て、一塩基多型（SNP《スニップ》）、つまり染色体上の特定の位置の塩基対について、集団のうち少なくとも一パーセントにある違いを探す。もう一つの方法は、コピー数多様性（CNV）で、モチーフと呼ばれるしかじかのパターンのヌクレオチドが反復される回数の違いを見ることだ。CNVによって、TTATTATTA（TTA三回の繰り返し）がある人もいれば、四回、五回の繰り返しがある人もいる。このスローな遺伝子発見手法を生んだのは、支配的な医療パラダイムだけではなかった。候補遺伝子法も、一部は遺伝子型判定の費用によって、一部には仮説に基づく立派な科学によって進められた。

費用は因子として小さくはない。遺伝子に基づく生物学・医学・行動学研究の草創期には、調べている遺伝子配列用に、プライマーと呼ばれる核酸の鎖を作らなければならなかった。[★1] これは高価な処理で、研究者は遺伝子の効果を探す場所を慎重に選んでいた。費用のことがあるので、研究者は、ゲノムの特定の領域が特定の表現型の変動を理解するための鍵ではないかとにらむ、説得力のある理由を示さなければならなかった。これは壁にスパゲッティを投げつけるような方式の研究手法とは違う（そういうものも後で登場するが）。

すると、研究者は自分が調べようとする結果の表れに対する効果を探す場所をどうやって知ったのか。たいていの場合、遺伝子の選択はすでにモデル生物――つまり実験動物――で行なわれている研究に基づいていた。実験動物は、行動の遺伝子のような複雑なことについての研究を実施する際の多くの問題点を解決する。まず、科学者は環境を個別に仕立てられる。あるマウスはストレスのかかる環境（離乳以前に母親から離されるなど）を割り当てられ、別のマウスは対照となる環境（母親のところに残る）を割り当てられる。ランダムな環境の指定（あるいは実験対象すべてに同じ環境を維持する）は、医学での無作為比較対照試験という王道をまねている。これは遺伝子が環境の違いを取り込んでいるのではないかという、第2章で取り上げた懸念を取り除く。たとえば、中国系アメリカ人は箸を使うので、ある場所ではACEのC〔共有環境〕が過剰になっているというようなことだ。実験動物では、研究者が環境を制御することを通じて、遺伝子と環境の混同が排除される。

おまけに、モデル生物を使った多くの研究では、戻し交配と呼ばれる手順を通じて遺伝子を制御することさえ可能だ。つまり、動物を親（あるいはきょうだい）と交配させることによって、何世代かかけて遺伝的多様性のほとんどを除去し、そうして実験室に双子やクローンの種族を生み出すことができる。この同質遺伝子（同じあるいは相似の遺伝子を保有する）を背景として、いろいろな技術を使い、遺伝物質を宿主に転送したり、狙った変異を起こしたりして、一つの遺伝子を変えることができる。生殖細胞系（精子や卵子を作る細胞）に変化した遺伝子が挿入されると、それは何世代にもわたって受け継がれる。

このように生きた動物の遺伝子操作ができるようになって、多くの可能性が開けた。科学者は実験用ラットの環境を実験室の中で制御できるだけでなく、今や特定の遺伝子を挿入して（あるいはスイッチを切って）、どうなるかを見ることができる。また、新しい遺伝子を既存の遺伝子と融合させて、いつ、どこでその遺伝子が発現する（タンパク質を生成する）かのマーカーの役をさせることもできる。たとえば緑色蛍光タンパク質（ＧＦＰ）――一部のクラゲは生まれつき保有している――は、今やマーカーとして、どこの遺伝学研究室でも使われている。この蛍光タンパク質のコードとなっている遺伝子の部分を、別の遺伝子の調節部分に並べて挿入すると、それは測定しようとする遺伝子のスイッチが入っていることのインジケーターとしてはたらく。[★2]この手順によって、ある遺伝子がどの細胞で、どの発達段階で、どんな環境因子によって起動するかを見ることができるようになる。

実験動物で可能になる詳細な研究をふまえると、ヒトゲノムのどこを見るかを決めるとき、行動の遺伝子に関心を抱く研究者がまず、遺伝子操作したマウスやラットの研究から手がかりを得るのは意外ではないはずだ。ありがたいことに、生命圏全体から見れば、マウスもヒトも――他の、粘菌類や、海底の熱水噴出孔の微生物のような生物と比べることを考えれば――実際上、一卵性双生児のようなものだ。マウスとヒトは八〇〇〇万年前の共通祖先から分かれている。脳の構造も同じだし、ほとんどすべての遺伝子が同じだ（四〇〇〇が調べられていて、両種で異なるのは一〇遺伝子だけ）、タンパク質のコードとなるＤＮＡ配列の八五パーセントが同一だ。[★3]

行動に関心のある者にとってさらにありがたいことに、この小さな親戚の行動表現型はよく調べられている。依存症（たとえば、ヒトの薬物依存と同様、マウスがコカインを得るレバーを押すために餌、交尾、睡眠などすべてを無視する場合）を測定する方法はいくつかある。社会的敗北★4と呼ばれるマウスの一連の行動は、ヒトのうつに近いと想定される。人間なら不安と呼ぶものに似た行動もある。科学者は認知機能や粘り強さ（根性《グリット》ともいう）を測定することもできる。これは最近、今日の社会では人間にとって重要な非認知的能力だと論じられるようになっている。★5

するとマウスのある遺伝子の変化がネズミのうつレベルについて何らかの効果を示すらしいというとき、人間の分子遺伝学者はヒトの集団での同じ遺伝子の変化を調べることになる。そのような遺伝子は脳で発現するものを含み、今日ではいくつかの薬物療法の標的になっている。たとえば、マウスでもヒトでもよく調べられている候補遺伝子の一つがセロトニン伝達体《トランスポーター》遺伝子で、これは抗うつ剤のプロザックなど、選択的セロトニン再取り込み阻害薬（ＳＳＲＩ）の標的でもある。ドーパミン受容体（ＤＲ）D_2およびD_4もよく調べられている。ドーパミンは脳の報酬回路や快楽回路に対する鍵で、注意欠如多動性障害（ＡＤＨＤ）と、その治療にかかわる（ドーパミン放出を増やすアンフェタミン刺激剤を含む）。少なくとも理論的には、人間行動科学者が社会面で遺伝子から結果する表れに対する影響を見つけるためにどこを見るかには、いくつもの理由があった。

しかし理論と実践は別だ。ヒトのＤＮＡを集める多くの先駆的調査研究の多く――アドヘルス（「思春期から成人までの全国長期健康調査」）など――は、セロトニン・ドーパミン系の部分をなす既知のマーカー（プロザック以前の抗うつ薬の標的だったモノアミン酸化酵素も含め）で測定された（つまり遺伝子型判定された）変化を六ないし一〇種測定した。初期の多くの研究（本書の著者によって行なわれたいくつかのものも含む）は、そのような候補遺伝子変化の、マウスの行動に対応するヒトの行動に対する無視できない効果を見つけている。そうした研究の結果として、たとえばモノアミン酸化酵素A（*MAO-A*）遺伝子の違いは、ヒトの気分や攻撃性を調節すると考えられ、[★6] この遺伝子はしばしば「戦士」遺伝子と呼ばれるようになった。[★7] ドーパミン受容体D_2（DRD_2）とドーパミン受容体D_4（DRD_4）には、人間の行動と相関することが示された多様体がある。ある人々は、脳のこの部分での反応〔抑制作用をもたらす〕が一定水準に達するために他の人より多くの刺激を必要とし、危険を冒しやすくなると考えられている。

　動物研究を人間に広げて当てはめるのには、多くの但書きがある。マウスを元にしてヒト研究を進める際のわかりやすい問題点の一つは、人間の行動を動物の表現型に対応させるところにある。マウスがケージの隅で丸くなってしまうような一定の遺伝子多様体が、ヒトでは何らかの尺度でうつ病と診断される臨床基準を上回るスコアをもたらすのと同じ対立遺伝子に相当することを、どれだけ確かに知ることができるだろう。あるいは猫の姿が見えて、あるいは衝撃とともに音が鳴らされて恐怖で固まってしまうのは、強迫的思考や不眠として表れる人間の不安障害と同じというのはどうか。次の問題として、動物研究では、環境条件を制御する――遺伝子型－表現型の関係を検出できる能力を妨げそうな望ましくない雑音をとことん制限する――だけでなく、同質遺伝動物を使うことによって、エピスタシスとも呼ばれる遺伝子どうしの相互作用を除去して、遺伝子的背景も制御することがある。遺伝子どうしの相互作用が生じるのは、一方の遺伝子での違いが、もう一つの遺伝子も一定の遺伝子型をとっていてはじめてそれとわかる効果を持つ場合だ。たとえば、DRD_2での違いがものを言うのは、DRD_4にも一定の違いがある場合のみということがあるかもしれない。二つの受容体が互いの代替として機能して、一方の遺伝子が十分に受容体を生産しなくても、他方の遺伝子が十分な量の受容体を生産するかもしれないからだ。もう一つ、すでに触れたように、候補遺伝子方式の問題点は、箸問題を除去するのが難しいところにもある。調べられる単一の多様体は、文化や歴史が相異なる集団や下位集団ごとに、出現する率が異なりがちだからだ。

こうした壁はあるが、多くの研究が候補遺伝子の、うつや学校の成績や、成績評価平均やADHDに対する無視できない影響を見いだしている（それぞれ、コンリーとフレッチャーによる）。[★8] それは私たち自身の研究の一部にすぎない。あれやこれやの遺伝子のあれやこれやの人間行動あるいは姿勢に対する重みを明らかにしたとする結果が文字どおり何千も公刊されている。私たちは（他の人々も）、ただおめでたいだけでもなく、先述のような問題に一部なりとも対処しようとしている。たとえば、私たちは箸問題に対処するために、一般に民族集団内部での分析を行なったり、あるいは当該の遺伝子に違いがあるきょうだいを比較したりして、データにあったかもしれない集団層別化を調査から完全に除去した。他方、行動のマウス・モデルは完全な類似物ではないことは前提だったが、とくに、表現型を種をまたいで下手に移し替えれば、何らかの効果を見つけるときには私たちに不利に作用すると考えた。すなわち、特定のマウスの行動が遺伝子の効果によるものであると推定し、その行動を何らかのヒトの行動と関連させようとしても、ヒトに同じ遺伝子の効果は発見できないだろう。その行動は同じではない（つまり高レベルの測定誤差があった）からだ。

私たちの当初の興奮と自分たちの理論に基づいた研究計画にもかかわらず、今日の合意は、こうした初期の成果のほとんどは偽陽性だということになっている――つまり、真の社会生物学的効果ではなく、統計学的な気まぐれだったということだ。私たちがみなこの理論を持っていて、その理論を使って、検査スコアのような結果としての表れに対応する単一の多様体に注目する仮説を検証するとすれば、それは立派な科学の行ないではないのだろうか。動物から人間に移し替える際のバイアスがすべて、真の陽性を見つけるのに不利に作用するのだろうか。懸念として偽陽性は大きい方なのだろうか。偽陽性に達することは、実際にはあまりない――ランダムに干し草の山のどこかに手をつっこんで、探していた針を見つけるようなことだと――と考えてもいいかもしれない。目指す針に近づく、あるいは手に触れるが、実際には針の先は感じない（偽陰性）試行が多いことの方が懸念として大きく見える。

偽陽性だらけの資料棚になるいきさつの一つの説明は、社会科学が生産され、発表され、派手な見出しを生む新奇な発見を探しているマスコミに取り入れられる様子を手早く探ってみると理解できる。社会科学の発表が何十年も積み上げられ、何万人という研究者が同じデータ集合について調べながら、新しい発見を生み出すのは難しいらしい。しかしそこへ新しい変数、つまり遺伝子マーカーが登場して、従来の社会科学調査に加わると、お立ち会い、新しい発見がいくつも生まれうる。この巨大なデータ集合は、新たな情報（遺伝子マーカー）との統計学的な関連があるかどうかを試して確かめるべき、文字通り何十万もの変数（調査する項目）をもたらす。実際、探求の領域が生まれたばかりの頃には――複雑な人間行動と対応する遺伝子探しが二〇年前にそうだったように――、研究者は自分がすぐにデータの中に、真の因果関係を反映する新しくて重要な統計学的関係を発見できるはずだと思うのかもしれない。初期の成功もあった。アポリポタンパク質Eを表す遺伝子（*APOE*）とアルツハイマー病との関連、*BRCA1/2*と乳がんの関連の発見などで、これは単一遺伝子の効果かもしれない表れが他にもたくさんあるのを示唆していた。

しかし遺伝子データを大規模な社会科学研究に組み込むことには、リスクが伴う、意図せざる副作用がある。特定の疾患に注目する多くの医学研究とは違い、社会科学データ集合は、所得の推移、学歴、支持政党、検査スコアといった、結果として表れることの無数の尺度となるものだ。そこで研究者が、ドーパミン系のような、主要な生物学系の重要な成分と考えられる、興味深いかもしれない遺伝子多様体のある集合を導入した場合、同時に自分たちの研究の指針となる明瞭な理論がないと[★9]、遺伝子Xと結果Yの対応を何度も試験して、何かが「見つかる」まで続ければよいことになる（こうしたデータには結果として表れる一〇〇〇のことがあるのを忘れないように）。そして、データ中の個人のサンプル全体について何も見つからなくても、男のサンプルとか、白人とか、南部に住んでいる人々とかには何かが見つかるかもしれない。こうした分析の中間段階はすべて、ふつうは誰にも伝えられない。むしろ研究者は、何十回、何百回もの分析の後、関心を向けている結果に対して特定の遺伝子の「効果」を示す結果を一つか二つだけ報告しているのかもしれない。具体例を出したいのだが、要するにそれができないのだ。これはすべての「陰性の発見」――言うならば不要物――が散乱していても、それはさっさと片づけられるからだ。興味深い、陽性の発見だけが発表されることになる。「ないこと」を発見した研究は、力なくデスクの引出しにしまわれる。科学の世界では、これは「引出し問題」、あるいは発表バイアスと呼ばれる[★10]。

　ある成果がよほど大きなこと、あるいは異論を呼ぶことを唱えて、別の研究者がそれを追試しようとしないかぎり、たいていはすんなり文献の中に収まる。結局、学術誌と主要なメディアは「同性愛遺伝子」のような派手な発見を際立たせたがるもので、最初の研究者が発見したことを追試しても同じ結果が出ないという慎重な研究はその対象にはならない。結局のところ、元の成果が「間違っている」ことを決定的に示すのは非常に難しく、こうしたさほど派手ではない発見は元の成果の追試に失敗した例としてくられる。しかしもっと重要なことに、私たちが学術誌で見ているものは、実際に行なわれた統計学的試行のうちほんのわずかな部分でしかない。この種の慣例を防ぐために、研究者が考えている仮説（どのマーカーをテストするかなど）をあらかじめ、公開のウェブサイトに登録しておくことが奨励され、中には要請されることが多くなっている。[★11]

こうしたあれこれの理由から、候補遺伝子研究に対する逆風が生じた。「堅牢かつ反復可能」ではないことは、すぐに見つかる。その結果、「報告されている一般的知能と遺伝子の対応のほとんどは、おそらく偽陽性である」[★12]といったタイトルの、あるデータ集合に見られた結果が他のデータ集合で再現できないのが一般的であることを示す論文となる。候補遺伝子研究の偽陽性の問題は、行動遺伝学の分野ではあまりに大きいことが明らかになって、この分野の基幹になる学術誌はもうそのような研究は、別個のサンプルで再現されているときでさえ、受理しなくなっているほどだ。

ストライク・ツー——ゲノムワイド関連解析

それでどうなるのだろう。科学の本来の進め方や、遺伝子と人間行動の対応に関する初期の研究が見事に検証に耐えられなかったことを考えると、あっさり店じまいすべきなのだろうか。複雑な人間の表現型に対する遺伝子の影響は単なる偶発的なもので、環境の様子や遺伝的背景によってあまりに局所的に決まるもので、調べるに値しないと見きわめをつけるべきだったのだろうか[★13]。重要な社会面で結果する表れの遺伝子的基礎構造を理解しようとし続けたいなら、堅牢でもっと意味のある結果を生むために、どうすればよいのだろう。幸い、候補遺伝子研究がまるごと否定されるようになったのと同じ時期に、遺伝子型判

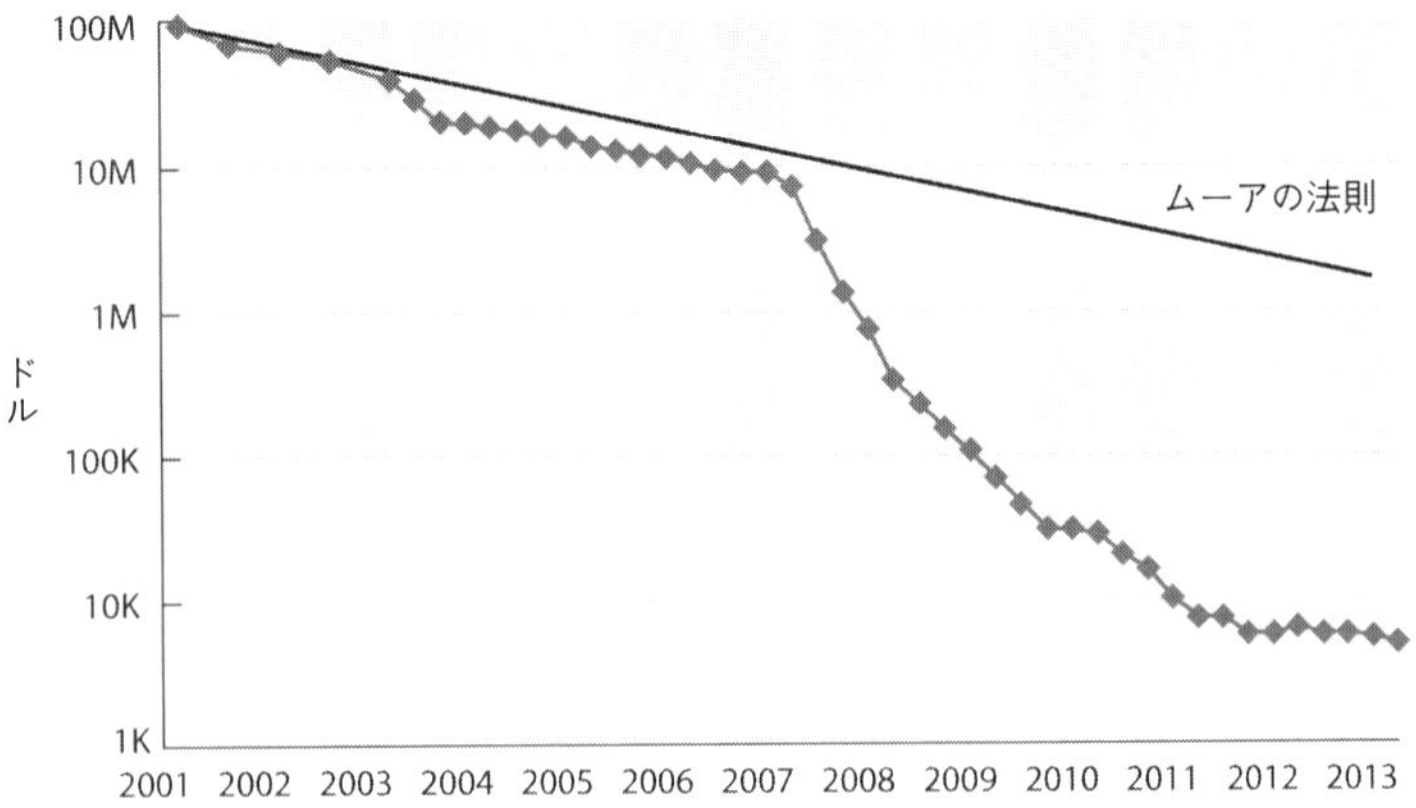

図3・1　遺伝子型判定（全ゲノム配列決定）の価格はコンピュータの処理能力の価格（ムーアの法則）よりも急速に下がってきた。30億塩基対の全ゲノム配列決定ではないが、遺伝子チップ1個の（約100万のSNPがある）の価格（ここに示した）は、今や100ドル未満になっている。Wetterstrand, KA. DNA Sequencing Costs: Data from the NHGRI Genome Sequencing Program (GSP). www.genome.gov/sequencingcostsで閲覧可能。

定の価格が劇的に下がった（図3・1）。どちらの勢いも多くの（もちろんすべてではないが）研究者には、候補遺伝子方式を放棄して、ゲノム全体に理論とは無関係に網をかけて何がかかるかを見ようというきっかけになった。候補遺伝子分析の時代はGWAS《ジーバス》——ゲノムワイド関連解析——の時代の陰に隠された。

ゲノムワイド関連解析は遺伝子型判定用のSNPチップによって可能になっている。動物実験でわかった小さなDNA断片を測定するのではなく、ゲノム全体にわたる何十万という対立遺伝子を手当たりしだい測定する（今日のたいていのチップは一〇〇万以上のSNPにタグをつける）。一〇年前に八つの候補遺伝子を検査するためにかかった費用で、今では、注目する表れについて一〇〇万のSNPの効果を探すことができる。動物モデルから考えるのではなく、何万本ものスパゲティを壁に投げつけ、どれが壁にくっつくかを調べる——つまり仮説なしに調べてデータから「浮かび上がる」ものを見るのだ。チップは人間の集団によくある違いを示す多形を含むように設計される。困ったことに、私たちは一〇〇万回ほどの統計学的検定を行なっていることになる――注目する表れに関連するかどうかを調べるそれぞれのマーカーを順に見ることによって――ので、偽陽性を避けるために非常に厳格な統計学的有意水準を必要としている。ふつう、結果が「本物」と考えられるのは、偶然にそうなる確率が二〇分の一未満になる場合だ。しかしその基準からすると、一〇〇万のうち五万のマーカーがただの偶然で――間違って――関連があるように見えることになる。そこでもっと厳しい統計学的閾値が必要となる。それは五〇〇〇万分の一ということになった。

　統計学的に厳格な閾があっても、研究者はなお、何十万（何百万とは言わなくても）の統計学的解析による推定の意味を解する必要がある。それぞれのマーカーの検定結果は、図3・2に示されたような、マンハッタン図《プロット》と呼ばれるもので示されることが多い★[14]（得られるグラフが、パリのような平坦なところではなく、高層ビルが飛び抜けるマンハッタンのように見えるとよいのだが）。それぞれの影付きのドットは特定のSNP位置での違いの効果を表す（たとえば20番の染色体上の１２２５６番の塩基対がA／Tいずれであるかによって結果する表れに対する効果）。一〇〇万程度のSNPが、染色体全体にわたる位置によって並べられている。横軸の左端に1番の染色体、右端に22番の染色体（図のさらに右に、性染色体XとYを加える分析もある）。*y*軸（縦軸）は、その特定のSNPが、二つの対立遺伝子を観察して比べたとき、結果としての表れの違いを示すうえで、統計学的にどれだけ力があるか――つまりどれほど効果が大きいか――を表す★[15]。図3・2では、作用が最大なのは19番染色体のいちばん上のドットだ（影の濃淡は、染色体を識別しやすくすることだけを意図したもの）。

　何十万、何百万というマーカーを測定することの利点の一つは、研究者が集団層別化を抑制できること

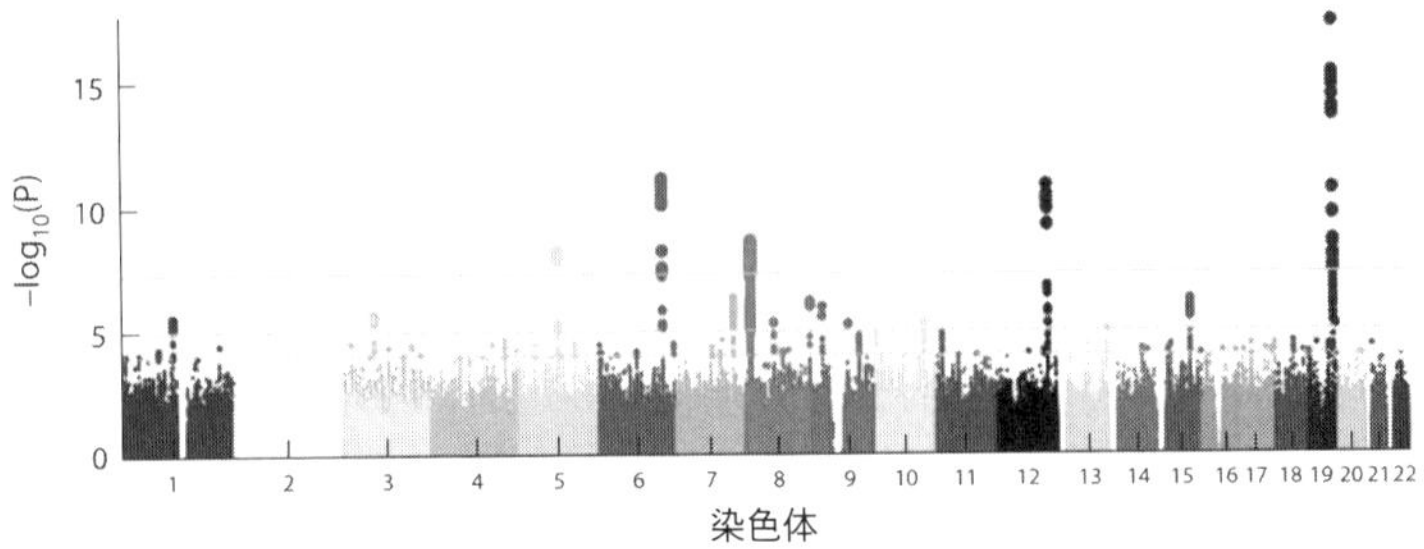

図3・2　ゲノムワイド関連解析（GWAS）による結果のマンハッタンプロット。註――このグラフの優れたところは、それが統計学的に最も強力なSNPを示すだけでなく、それを順に示しているところだ。つまり、何かが偽陽性なら、偶然あるいは遺伝子型判定の誤りによって見つけられた可能性が高いので、それは孤立した点となり、周囲からぐっと上に浮かぶことになりやすい。ところが「真の」結果なら、ピークに向かって上っていくような、ある区域にドットが固まっているようになりやすい。こうしたドットはいろいろなSNPについて、結果としての表れとの対応を独立に試験して得られる。最も優位なものの近くにあるものは、やはり関連の強い信号を送っているので、その領域が本当に、結果としての表れの違いと関連していることをうかがわせる。これは「連鎖不平衡」という現象による（もっと詳しい説明については第5章参照)。それによって、ある染色体上の互いに近いSNPは互いの代理を務めることができる。そのため、最大の「当たり」に近づくにつれて信号は強くなり、そこから離れるにつれて弱くなる。このことは、図の右の方にある19番染色体の有力なSNPの、ジャクソン・ポロックの絵のような滴に明瞭に見られる。Visscher, PM, Brown, MA, McCarthy, MI, Yang, J. (2012) Five years of GWAS discovery. *Am J Hum Genet* 90(1): 7–24. Ikram, MK, *et al.* (2010) Four Novel Loci (19q13, 6q24, 12q24, and 5q14) Influence the microcirculation *In Vivo*. PlOS One 6(11): 10.1371

だ。祖先が共通であるせいで同じ違いを見せる傾向があるマーカーを抽出することによって、残りのマーカーが、箸使いの例にあったような共通の文化を反映しているだけというのではなく、注目する結果の表れに沿って違っていて、実際にその表現型をもたらしていることを確実にすることができる。かつての単一の候補遺伝子を調べる研究では、このような形で配置されるマーカーはなかったが、一〇〇万もあると、集団構造（つまり共通の祖先）が測定できて、統計学的に除去できる。

集団層別化や、GWASの舞台に現れるもっと保守的な統計学的閾を処理できることに加えて、追試もこの分野ではあたりまえになった。一〇〇万分の一の偶然を超える統計的有意性がある潜在的に重要なSNPを発見してしまうと、「追試」データ集合に対してあらためて分析を行なうことになる。このデータ集合を用いてこの第二の（追試）サンプルの中でねらいをつけた一群のテストを、しばしば一〇回、二〇回と行なう。このテストは第一の（発見）データで有望に見えたわずかな多様体のみを調べるものだ。つまり、偽の結果が五万見つかるのではなく、一つ見つかるということになるかもしれない（あるいはゼロの場合の方が多い）。こうして効果は、一回ではなく、少なくとも二回の別々の調査で明らかになることが期待される。[★16] ここまでは、この手順がいつでもどこでも成り立ち、統計学的作為ではないように見える発見を生んできた——追試での効果の大きさは、「勝者の呪い」あるいは平均への回帰という現象のおかげで発見時の分析のときよりも小さくなる傾向があるとしても。[★17]

しかしこの新しい方法論の驚くべき帰結は、候補遺伝子の結果には、追試できたり、ゲノムワイド水準での統計学的有意性に達したりするものがほとんどないということだった——集団層別化と発表バイアスが主要な犯人だ。そこで私たちは、自分たちが行動の遺伝学について知っていると思っていたことを再検討しなければならなくなった[18]。

GWAS時代のもう一つの大きな失望は、注目する表現型との堅固な関連を示す遺伝子多様体がある一方、その効果は、とくに社会面や行動面で結果する表れとなると、非常に小さいということだった（このため、元の候補遺伝子研究が見せることが多かった非常に大きな効果のサイズは、さらにありそうになくなった）。ゲノムワイドの有意性（偶然に見られる確率が一〇〇万分の一未満）に達する多形すべてを取り上げ、その効果（集団でのしかじかの結果としての表れの多様性に占める寄与分）を合計すると、得られた和は、形質の相加的遺伝率の計算結果とは差があった。たとえば、身長の説明がつく遺伝率は当初のGWASから得られるSNPを用いると五パーセントだった[19]。そしてそれとともに、足りない遺伝率《ミッシング・ヘリタビリティ》という説が生まれた――実に興味深い謎なので、二〇〇八年には『ネイチャー』誌の表紙を飾るほどだった[20]。

優れた謎は何でもそうだが、容疑者はいくらでもいた[21]。成り立ちそうな仮説の一つは、GWASで一般に用いられるSNPチップは、ごくありふれた遺伝子多様体しかカバーしないということだ――経済的効率という理由で、設計上そうなっている。たぶん、足りない遺伝率の九〇パーセント分にもなろうかという実に大きい効果がこの遺伝子型判定されていない部分に潜んでいるのだろうという説もある。ひょっとすると、チップによる検査ではなく、三〇億の塩基対のそれぞれを評価するゲノム全体の配列決定に切り替えるようになったら、その三〇億による作用を見ることになり、謎は解決するのかもしれない。批判派はこうした稀な対立遺伝子効果が、注目する結果としての表れに巨大な変動をもたらさざるをえないと言う。それは、説明すべき遺伝率の不足が大きいからだけでなく、説明がついた分散全体への任意の対立遺伝子の寄与が、①特定の位置で観察された遺伝子変化について、結果することへの効果はどれだけ強く、それはどれだけ普通か、②稀な多様体はどれほど稀か、という二つの因子によっているからでもあるとされる。ある遺伝子座でのしかじかの位置でのAとGの違いの影響は小さくても、その集団での分布比率が五分五分なら、その違いが集団での多様性を説明することに対する影響は、別の位置でのCとTの違いについてはC（あるいはその裏のT）の影響が大きくても、Cが〇・一パーセントしか現れない場合よりも、おそらく大きいだろう。

この区別は遺伝子マーカーを解釈する際に混乱を招くことが多かった。たとえば*BRCA1*突然変異という、乳がんを予想する変異を取り上げよう。この害を及ぼす対立遺伝子を持っていたら、一生の間に乳がんになるリスクが、その多形のコピーが一つもない人の八倍になる。明らかにこれは、この遺伝子を持つ人が注意すべきリスクだ——アンジェリーナ・ジョリーの予防的両側乳房切除（と卵巣摘出）にそのことが明らかに表れている。ところが乳がんの遺伝率全体のうち、*BRCA1*で説明がつく割合はごく小さい。乳がんになる（遺伝的な）道筋は他にもたくさんあるからだ。*APOE4*対立遺伝子とアルツハイマー病との対応についても同様。そしてこちらはひどく稀な対立遺伝子でさえない。それはただ、こうした表現型がきわめてポリジェニック、つまり多くの遺伝子に影響されるということに他ならない。結局、ポリジェニックである方があたりまえで、ハンチントン病のような単一遺伝子病の方が例外なのだ。候補遺伝子研究のいずれも偽陽性ではなかったとしても、一つ一つ確かめながらの遺伝子型判定を使って、社会面や行動面に結果する表れについて実際と近い遺伝率が得られるだけの研究が積み上がるには、何千年もかかっただろう。私たちはよく言われる、タイプライターが置いてある部屋に一〇〇万年閉じ込められる一〇〇〇匹の猿のようなものだったかもしれない。いずれはシェイクスピアの作品を書いているかもしれないが、それは文学作品を生み出す効率的な方法とは言えない。

探している効果が見つけられない理由にありうる説明には、非相加的作用の可能性によるものもある。遺伝率の典型的な尺度が「相加的」と呼ばれるのは、それがしかじかの遺伝子座の対立遺伝子の非線形的な効果（つまり顕性）を計算に入れていないからだ。顕性に影響されることが知られている身体的形質の例には、茶色の眼、黒髪、カールした髪、額のV字形の生え際、えくぼ、そばかす、福耳、二重関節（アクロバチックな曲げ方ができる）がある。★22 鎌状赤血球貧血の場合を取り上げよう。鎌状赤血球貧血をもたらす突然変異は、一つだけが受け継がれた場合は、マラリアに対する抵抗力があるため、実は有利になる。ところが、二つある人にとっては致命的になる。鎌状赤血球対立遺伝子は、ヘテロ型（個体が一つだけ持っている場合）の有利さのおかげで、マラリアがある地域には残る。これが顕性、あるいは非線形性の（具体的にはヘテロが有利の）例だ。適応度は、関係する対立遺伝子がゼロ個から一個になると上がるが、一個から二個になると（大きく）下がる。

単独遺伝子座の顕性は相加的遺伝率計算からは除外されるので、足りない遺伝率問題を起こしていないはずだが、他の非線形作用は、遺伝率の予想をどこにセットするかに影響するかもしれない。すなわち、あるSNPの作用が別のSNPによって決まるなら、遺伝子‐遺伝子相互作用があることになる。一例として、やはりドーパミン受容体を考えることができる。問題のある形の DRD_2 受容体を持っていても、機能する形の DRD_4 があれば、効果はゼロということもあるかもしれない。この二つの遺伝子がそれぞれの代替として動作するなら、どちらかのドーパミン受容体が機能すれば問題はない。両方とも「欠陥」ドーパミン受容体の場合、注目する表現型に効果が現れる。これがエピスタシスということだ。

仮定の話から現実の話に移ると、喘息《ぜんそく》を考えることができる。喘息は、典型的には免疫反応が引き金になって気管支が炎症を起こす病気だ。そのような反応では、インターロイキン——免疫系の信号になる分子——が重要な役割を演じる。インターロイキン系の一定の多形は気管支の炎症のリスクを高めるが、インターロイキン13遺伝子（*IL13*）と、その遺伝子の生産が結びつく受容体遺伝子（*IL4a*）の両方に決まった多形があると、喘息になるリスクが何倍にも高まる。★23 この種の遺伝子‐遺伝子依存関係は、遺伝子がからみあって、ソーシャルネットワークとさほど違わないように見える堅牢なネットワークをなしていると考えると、理解しにくいことではない。実際、ヒトゲノムの遺伝子のうち九三パーセントは何らかの形でつながっている（これは二〇〇五年にわかったことなので、これからも、さらにつながりがわかり、すべての遺伝子がつながっているということになっているかもしれない）。こうしたつながりのいくつかは、他ならぬタンパク質どうしの既知の生化学的相互作用となっている。共発現するものもある——つまり、一方の遺伝子がある細胞で作用が増す方向に調節されると、もう一方も活発になる（あるいは下がる）。実践的な言い方をすれば、これはネットワークの片隅をいじると、他の遺伝子の活動に予想外の影響があるかもしれないということだ。たとえば、ある遺伝子が特定の突然変異のせいで発現しなくなっても、別の遺伝子が、タンパク質生産の相対的な欠如を埋め合わせることがある。すべての間接的経路が、深くからみあった経路の網を刺激し、埋め合わせがたくさんありうる、あるいは多くの遺伝子‐遺伝子相互作用があることをうかがわせる。もちろん、そのようなネットワークは、要になる遺伝子が機能しなかったり、過度に発現したりすると壊滅的な効果になりかねないだろう。このことはがんの場合に見られる。

遺伝率に関して言えば、人間の違いを遺伝子ネットワークによるとする見方は（個々の遺伝子中心の見方ではなく）、足りない遺伝率はそのような相互作用の中に隠れている可能性をうかがわせる。再び受容体が二つあるドーパミンの例を取り上げて、ある形のDRD_2が、DRD_4に特定の多様体がある場合、ＩＱに対してマイナスの効果があり、逆に、DRD_4に他の多様体があればＩＱにプラスの効果があるとしてみよう。その場合、DRD_2のＧＷＡＳでの正味の結果はゼロとも言える。それでも四つの組合せはＩＱの重要な部分を動かしているのかもしれない。こうした表現型を予測する相互作用が増えてくると、そもそも遺伝率を推定するという前提があやしくなり、幽霊遺伝率と呼ばれるものを生み出すことによって、足りない遺伝率を説明しているのかもしれないということも示されている。[★24]

とはいえ、遺伝子‐遺伝子相互作用が足りない遺伝率事件の主犯だと容疑をかけることには説得力があるが、それを否定する立派な理由もある。そのような遺伝子‐遺伝子相互作用が大いに関与しているなら、ヘテロの両親から生まれたきょうだいは、実際よりも互いに似ていないように見えるだろう。あらためて二つのドーパミン受容体遺伝子の例を取り上げると、半分の場合に対立遺伝子1を共有することになり、第二の対立遺伝子を共有する場合も半分になる――したがって、組合せ効果について相似となる場合は四分の一となる。[★25]この論理を三重、四重の遺伝子依存／相互作用に広げると、きょうだいも血縁のない人のようになっておかしくない。しかしそのようなことは観察されない。関係をだんだん近くして二人を見比べていくと（たとえばいとこ、きょうだい、双子というふうに）、それに比例して相似性が増すのが見られる。これは、われわれの分子的研究と合致させようとしている「相加的」遺伝率推定が実際に相加性を反映していて、遺伝子‐遺伝子相互作用が大きく作用した結果ではないことを示している。

さらに、進化がおそらく相互作用的変化より相加的変化で動いている理由についても、優れた数学的実証ができる。これについては、どの遺伝子も他の一〇の遺伝子に依存するなら、進化は非常に制約され非効率になると直観的に考えることもできる。好都合な状態に移ろうとすると、同時に複数の変化が必要になるからだ。ドーパミン受容体の例に戻って、新型のDRD_2になっても、DRD_4にも一定の対立遺伝子があるときに限って淘汰で有利になるが、DRD_4に別の対立遺伝子があると効果はない場合を考えよう。種にとって事態が好都合になるのは、当の個体のゲノムの中の、両方の遺伝子座で有利な突然変異があった場合だけとなるだろう。突然変異はランダムなので、注目する一つの個体でそうなる可能性はごく小さい。

つまり、遺伝子‐遺伝子相互作用は、集団の中での遺伝された表現型の多様性を説明する大きな因子ではなさそうだ。しかじかの遺伝子の作用が他の遺伝子の状態に大きく依存するなら、私たちはその場に固定されてしまい、遺伝子ネットワークの蜘蛛の巣に捕らえられることになりそうだ。進化するための唯一の望みは、一〇〇〇匹の猿が、同時に正しいキーをたたくことだろう。むしろ、一〇〇〇匹の猿の間で、環境ががらりと変化しても他の猿に対してとてつもなく有利で、種が続くような、あるいは環境を新しい形で利用できて、石器を生み出したり、火を使ったり、最後にはインターネットを築けたり……するようなものがあったということだ。要するに結論は、何らかの遺伝子‐遺伝子相互作用は特定の結果的表れにとっては成否を分けるほど大事かもしれないが（そして遺伝子‐遺伝子相互作用は遺伝子‐環境相互作用を明らかにしようとするときに排除しておくのが重要である一方）、それは遺伝率の筋書きで無視できない役割を演じている可能性はあまりない。★26

これまた足りない遺伝率の説明となるのは、ダーウィンが間違っていて、ジャン＝バティスト・ラマルクが正しいということかもしれない。もしかすると環境に誘発される変化も、実は遺伝されるのかもしれないということだ。ラマルクは、キリンの首が長くなったのは、それを伸ばそうとする努力のおかげで、それが世代を重ねるごとに基礎的な長さが長くなって子に伝えられ、子は高いところの葉に届こうとする努力を続けると説いて馬鹿にされた。[★27] ダーウィンはそのような獲得形質の遺伝を否定して、無作為の突然変異が生存競争と組み合わさって表現型の変化になり、生命の形態を様々な生態環境の中で多様化させると言ったことで知られている。しかし、最近では、獲得形質の遺伝というラマルクの考え方が、エピジェネティクスという新興分野で復活してきた。とくに言えば、DNAコードに加えて、第二のエピジェネティックなコードがあって、これによって細胞は組織タイプが異なれば、異なる時期に、異なる条件や刺激に応じて、遺伝子のスイッチを入れたり切ったりできる。これまで長い間、このエピゲノムは、一個の細胞が個体全体になれるようにするために、各世代できれいになくなる——新規巻き直しのようなもの——と考えられてきた。ところが今は、エピジェネティック・マークは遺伝されるのではないかと思う科学者がいる。もしそうなら、遺伝子の典型的な分子的尺度——塩基のみを見て、エピジェネティック・マークを見ない——は、この重要な遺伝形式を見落とし、欠けている遺伝率問題を生むことになる。とはいえ、現時点では、人間が環境に誘発されたエピジェネティック・マークを遺伝で伝えられる証拠はほとんどない。第二に、遺伝できたとしても、そのようなマークは、第2章で見た双生児モデルでの高い遺伝率を生みそうにはない。付録4では、エピジェネティクス分野で進行中の、足りない遺伝率探しに影響する発見を取り上げるが、私たちは結局、エピジェネティクスは答えではないという結論に達する。

遺伝率ギャップにこつこつ当てる——カウントはノーボール、ツーストライク、バントか？

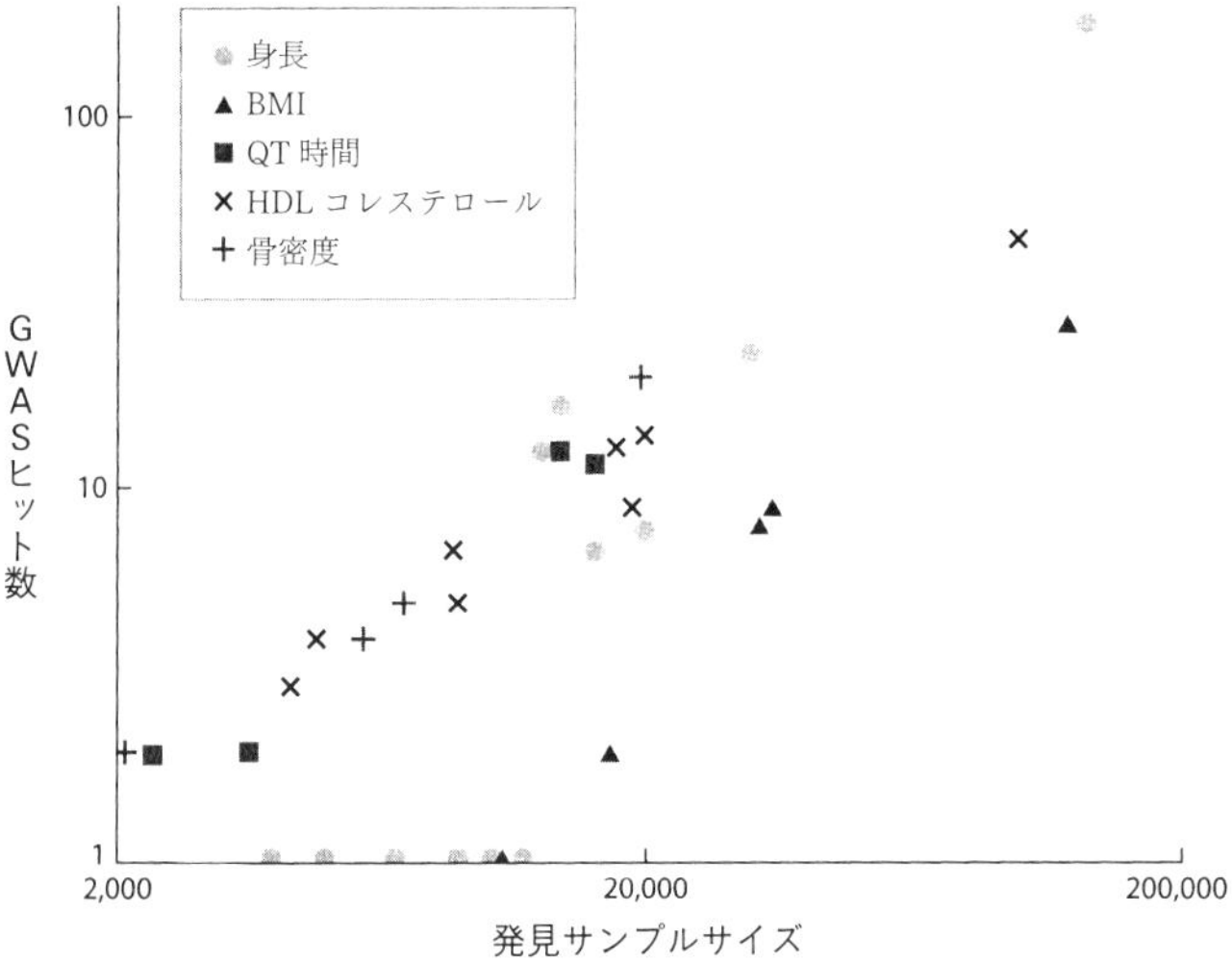

図3・3　サンプルサイズと、GWASに見られるゲノムワイドで有意なSNP効果

Reprinted from *The American Journal of Human Genetics*, 90 (1), Peter M. Visscher *et al.* Five Years of GWAS Discovery. 7–24. Figure 2. (A). Copyright © 2012 The American Society of Human Genetics, with permission from Elsevier.

一方、足りない遺伝率には、はるかに簡単な説明がある。効果が小さく、サンプルが小さいからだという。新しいiPhoneを買うと、写真の画素数が上がるのと似ている。遺伝学研究でのサンプルサイズを写真の画素数のように考えるとすると、認識していることは、画素数が小さいと、絵を大づかみに見て「大きな」形が見える――山の絵でも海の絵でも、空が青くても赤くても。画素数を（サンプルサイズを）増やすと、正確に区別がつくようになり、絵と絵の細かい違いが見えてくる（これは「小さな効果群」遺伝学というパラダイムへの移行に当たる）。

社会科学者が注目する表れの大半は多くの遺伝子に影響されるので、こうした小さな効果は、社会科学の従来のサイズ（被験者数がせいぜい一〇〇〇や一万）では特定しにくい。写真はぼけすぎていて、自分が探しているものは見つからない。身長のような、遺伝による度合いが高いと自信を抱いているものを取ってさえ、図3・3に見られるように、サンプルサイズを一〇倍に――二万から二〇万にというように――増やすと、見つかる有意な遺伝子座の数も一桁上がる。この場合は一〇余りから一〇〇余りになる。

しかしサンプルサイズの問題はここでの話の半分にしかならない。特定のヒットを求めているとき、ゲノムワイドの有意性水準（5×10^{-8}）に達するものだけに限るのは、先に述べた理由により、偽陽性を避けるためには良い考えだ。しかし集団内の多様性を説明しようとするときには、実にひどいことになる。そのような厳格な統計学的基準を適用することで、多くの有益な情報を捨ててしまう（したがって偽陰性の側に間違う）のだ。この直観的規則は、有罪の一〇人が逃れる方が、無実の一人が投獄されるよりましという刑法の原理（ウィリアム・ブラックストーンの格言）に似ている。もっともな原則だが、多くの犯罪が未解決のままとなる（遺伝子効果も隠れてしまう）。

この情報を捨てることの代わりになるのは、集められる情報をすべて組み合わせることで、これは簡単に行なえる。GWASの結果をとり、それをすべて足す。つまり、1番の染色体上のSNP1について、各追加参照対立遺伝子がIQを0・1ポイント上げることがわかれば、各人のスコアは、しかじかの遺伝子座にその複対立遺伝子がないとした場合の0ポイントか、一つだけあるときの0・1ポイントか、二つともあるときの0・2ポイントとなる。それから私たちは同じ計算を、1番の染色体上のSNP2について行ない、以下同様にして二三対の染色体すべてについて行なう。そうすると、ゲノム全体をスキャンして、一〇〇万の個々のGWAS分析の結果から単一ポリジェニック・スコアを計算することができる。それから、この一つ（あるいは複数）のサンプルから計算されるスコアを表す式をとり、それを予測を行なう

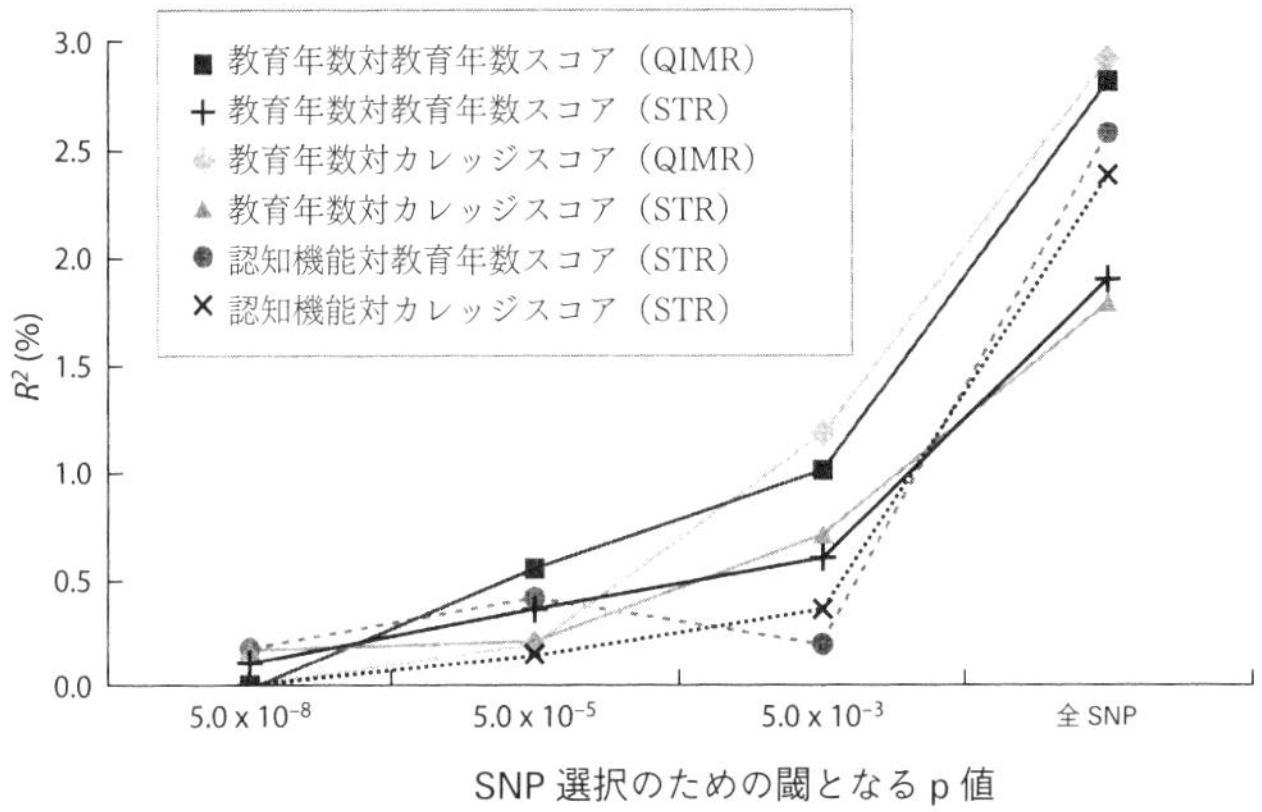

図3・4　学歴についてのポリジェニック・スコアの予測力。Rietveld, CA, *et al.* (2013). GWAS of 126,559 individuals identifies genetic variants associated with educational attainment. *Science* 340(6139): 1467–1471.

ための別の独立したサンプルの被験者について計算して、それが表現型の多様性をどれだけうまく説明するか（つまり、どんな相加的遺伝率をもたらすか）を確かめる。

実は、図3・4に示されるように、ゲノムワイドの有意なヒットに限ると、学歴についてのポリジェニック・スコアは、修学年数でも認知機能でも、分散をほとんど何も説明しない。しかしこの閾を緩め、最後には分析の「発見」段階にあるすべてのSNPが含まれるまでになると、予測力が着実に上がることがわかる。しかしそれでも、説明できるのは教育における変動の約三パーセントだけで、この表現型については遺伝できる分が少なくともその一〇倍と考えられている（新たなスコアが修学年数の変動の約六パーセントを説明していて、さらにその予測力を高めるためにサンプルを加える努力が行なわれている）★28。

しかし身長の分析では、今度はGWASの結

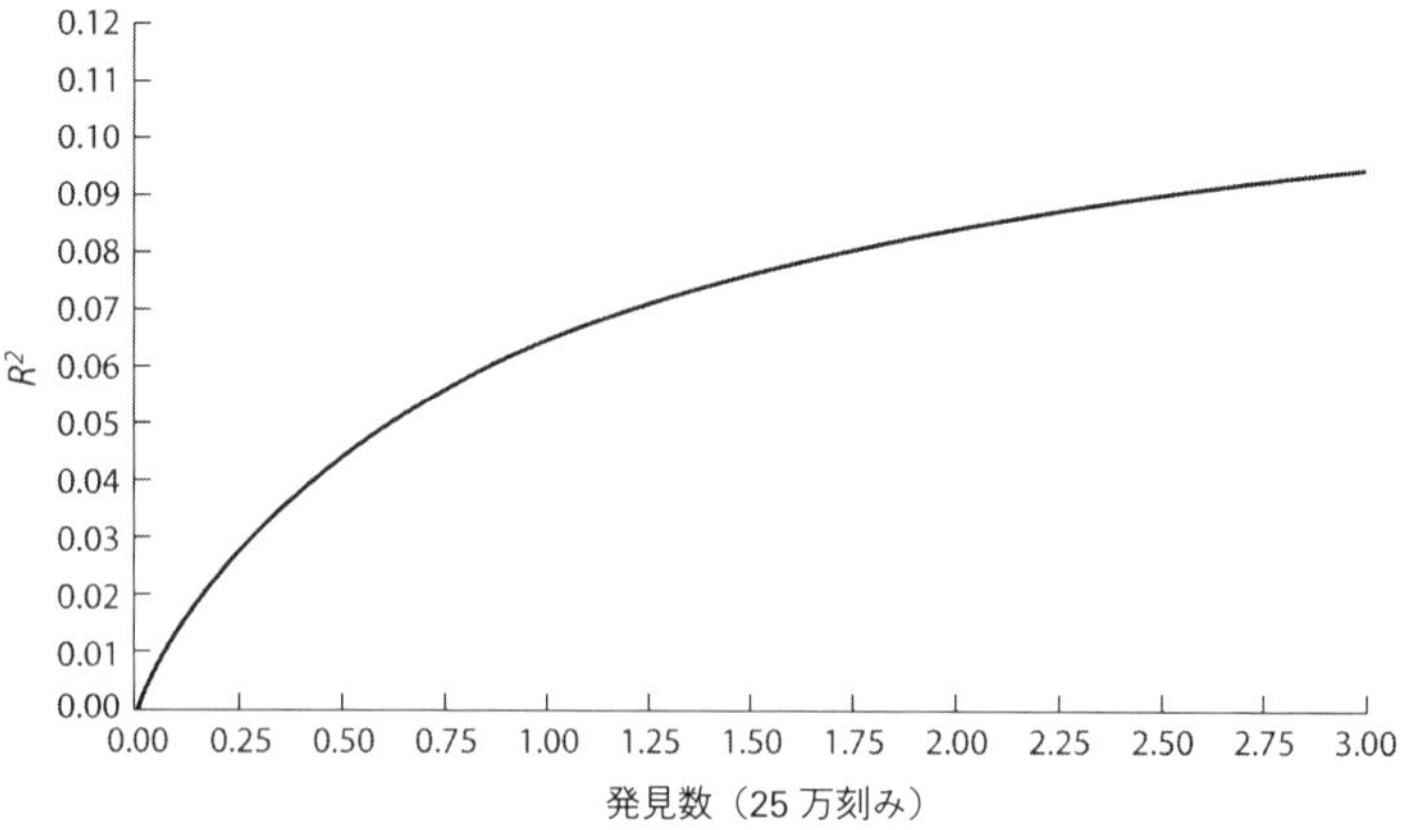

図3・5　SNP に基づく 12% の遺伝率がある形質に対応する継続的な結果についてのポリジェニック・スコア（PGS）によって説明される遺伝率の割合の関係。サンプルサイズに依存する PGS によって説明される遺伝率の割合は、遺伝率とともに上昇することに注意（H^2_{snp}）。*y* 軸、つまり縦軸はこの場合の上限である 12% まで説明する表現型の比率変動を表す。*x* 軸、つまり横軸は、発見サンプルの中の遺伝子型判定された被験者 0 ～ 300 万まで移動するときの、その予測を達成するために必要なサンプルサイズを表す。Daetwyler *et al.* (2008) のデータによる。

果をまとめたものから得られる単一のスコア――たった一つの数字――で遺伝率の六〇パーセントを説明できる。[★29] メタ分析《アナリシス》（複数のサンプルからの結果をプールできるようにする統計学的手法）のためにもっと多くの大きなサンプルが使えるようになると、この数字は必ず上がる。[★30] 図3・5は、単独の研究のサンプルサイズに基づいていくつかの投影を示している（プーリング調査はこの勾配を少し下げるが、一般的な考え方は同じ）。[★31]

全相加的遺伝率推定を、個人の遺伝子型判定を行なうSNPチップを使って確かめられる単一スコアに帰着するにはなお障害がある。そのような障害の一つは、測定されたSNPマーカーとゲノムで本当に大事なSNPとの連鎖が不完全ということだ。[★32] 第二の障害は、遺伝率が時間と場所によって変動するという前提から出てくる。まったく違う状況での、まったく別の被験者集団について行なわれた多くの研究に共通の効果だけを捉えることによって、特定のサンプルの中での形質の遺伝率のほんの一部を捉えているだけなのかもしれない。

こうした課題を別にすると、基本的な筋書きが焦点を結び始める。足りない遺伝率などないということだ。それは目の前で、人間集団の中にありふれた多様体の中に隠れていた。分析の信号対雑音比を増幅できるようにするには巨大なサンプルが必要だった。こうした大量のサンプルは、今やネット上に登場しつつある。個人のゲノムを調べる会社、23andMeが遺伝子型判定した人数は一〇〇万人を超える――それは代表的とはいえない、おのずと選択がはたらいている回答者であるが。カリフォルニア州のカイザー・パーマネンテ（健康保険会社）は五〇万人以上の回答者の遺伝子型判定を行なった[★33]。UKバイオバンクは、確実に全国を代表するために適切なサンプル採集によって選ばれた五〇万人の回答者について遺伝子型を提供している――ただし参加率が低いところが将来的には心配になるが。

こうした単独のポリジェニック・スコアが二桁に達し始めると、人為選択（別名、個人別優生学）についての重大な政策論議が必要になるだろう。とくに、人工授精を選択する親が多くなると（政策的な影響については「結論」の章）。その一方で、しかじかの遺伝子型の作用を、ただ血縁度から推測するのではなく、直接に測れるようにすることによって、こうしたスコアは遺伝子が社会環境とどう相互作用するか（第7章）、私たちが遺伝子カーストにどう収まるか収まらないかといった様々な問いに答えるのに使えるようになった。

この流れで、教育に関するポリジェニック・スコアによって、遺伝子支配の問題を、単純な遺伝率計算とは別の視点から再検討できるようになる。遺伝率は、しかじかに表れる結果における多様性の一定の比率にとって遺伝学が重要だということを教えてくれるが、遺伝子の効果が家族どうし、家族内でどう表れるかは教えてくれない。しかしポリジェニック・スコアがあれば、教育関連の遺伝子型が家族内、家族どうしでどう表れるかを問うことができる。教育スコアが家族どうし（つまり集団から無作為に選んだ個人どうし）を強く予測して、家族内では（つまりきょうだいの学業成績の違いを説明しようとするなど）だいたい無意味なら、社会で階層分化が増し、世代を経て再生産されることに遺伝子が寄与しているという『ベルカーブ』の見方がもっともに見えるようになる。しかしこの筋書きを、きょうだいどうしでのポリジェニック・スコアでの標準偏差一つ分の変化が、その二人のきょうだいの実際の学業成績の違いを大きくすることになる場合と照合しよう（同じ標準偏差一つ分の差で集団の無作為に選んだ二人を見るのではなく）。強調された家族内差異の世界では、遺伝学は同族支配については無駄口かもしれず、逆に個人の成功には寄与するかもしれない。きょうだいの遺伝子スコアでの平均五〇パーセントの相関にもかかわらず、これはありうるかもしれない（ランダムな交配を前提すれば）。つまり、遺伝子のおかげで、同族の中でのニッチ形成あるいは特殊化の結果、共通の遺伝子に対抗して、社会的流動性を生むかもしれない。

結局、教育に関するポリジェニック・スコアでの、二人の間のしかじかの数字の違いは確かに、二人が集団全体から無作為に抽出された場合よりも、きょうだいである場合の方が、学業成績では劇的な違いを予想することになった[★34]。つまり、きょうだいはある程度遺伝子が共通だが、両者の違いの方が大きくものを言っている。家族内でのスコアの標準偏差一つ分ごとの変化については、修学年数の三分の一年の違いが予想される。しかし家族が違う人々を比較した場合には、同じ遺伝的違いは約四分の一年となる。どうしてこんなことになるのだろう。答えはおそらく、小さな差の専制にあるのだろう。つまりニッチ形成だ。

きょうだいは集団から無作為に選ばれた個人どうしよりも互いに比べられる。能力に観察される違いから、親はその違いを強化するようになったり、きょうだいが自分たちで差異化する戦略をとることもあるだろう。そうして二人の遺伝子の違いの方が強調されることになる。少し勉強好きな方が学校の成績によりどころを見るが、スポーツ好きの方は宿題よりも部活の成績を優先するというように。仕組みがどうあれ、この作用は遺伝子型の影響の階層固定にかかわる面を抑止している（完全にそうだというのではない。家族内での作用の方が大きいといっても、きょうだい間での共通の遺伝子の影響を全面的に排除するほどのものではないからだ）。実際の筋書きは、ハーンスタインとマレーが唱えたのよりは複雑だ。きょうだいのニッチ形成と先祖から受け継いだ共通の遺伝子のつりあいが世代間での不平等の再生産の点でどう現れるかは、親がどこまで相手を教育に関する遺伝子型で選別するかという、また別の因子に依存する。そこで遺伝子選別の問題に向かうことにしよう。

第4章　アメリカ社会での遺伝子選別と狂騒

一九五八年、イギリスの社会学者（後に国会議員）マイケル・ヤングは、風刺文を意図した『メリトクラシーの法則』（伊藤慎一訳、至誠堂新書、一九六五年）を書いた。[★1] この本でヤングは、義務教育法規と福祉サービスの拡充の組合せによって生まれる、教育制度の内部での社会的選別の体制を描いた。この制度には、労働市場での学歴偏重、試験の成績に基づく技能や才能の狭い捉え方、学歴エリートの上昇とその再生産が含まれていた。ちゃんとSFのように思えるだろうか。明らかに当時の人々もそうは思わなかった。タイトルにある能力主義《メリトクラシー》を、学者や専門家も、要するに誰もが本気で取り上げた——しかもヤングがもともとこの言葉に込めていたアイロニーによる否定的な含意抜きで。興味深いことに、ヤングの物語の方は、今からそう遠くない未来の社会秩序を打倒する反乱で終わっている。

たぶんヤングを少しまともに取り上げすぎたハーンスタインとマレー[★2]は、一九九四年、アメリカのその時点（一九九〇年代）では社会環境による不公平な区別はほとんど消えていたので、アメリカの社会政策は、

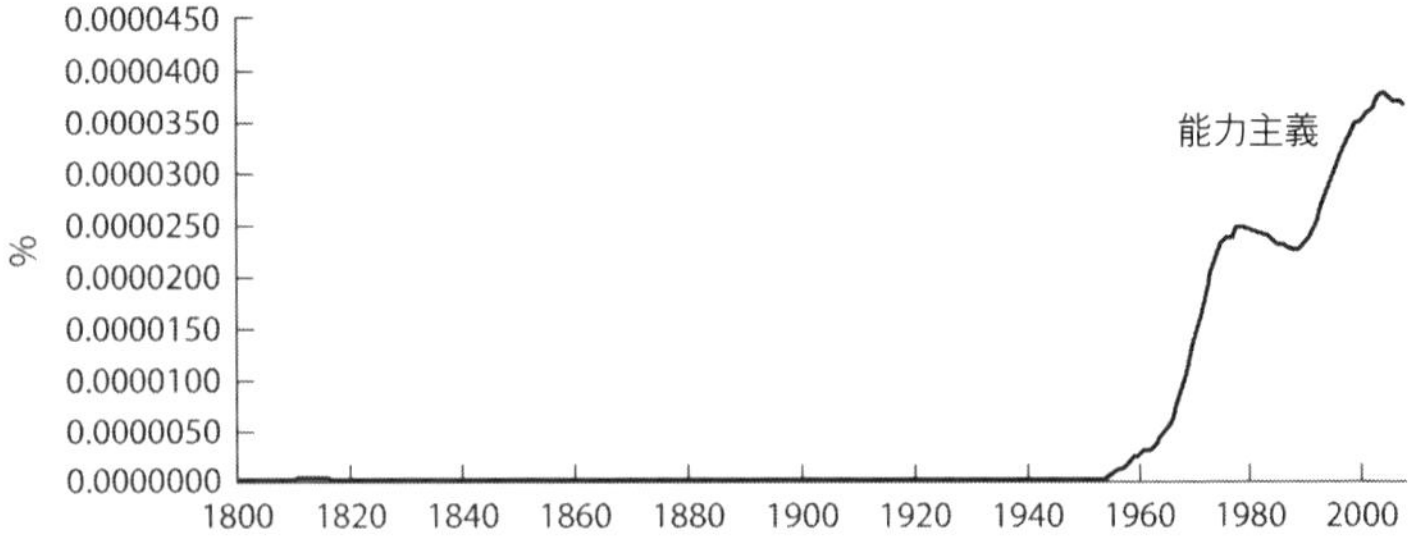

図4・1　能力主義の上昇（少なくとも活字での）。サッチャーとレーガン時代のあたりから始まる下降が生じる理由は誰も知らない。他方、第二の――ジョージ・W・ブッシュ政権後の――下降についてはたぶん明らかだろう。

もう経済的流動性を促すことができないと論じた。スラムとパークアベニューで社会環境の違いはないというのではない。むしろその違いは、それが表す経済的不均衡の原因ではなく、結果だということだ。ハーンスタインとマレーは、一九九〇年代のアメリカでは、ヤングが予想したのと似た、遺伝子に基づくカースト制度がすでに実現していると論じた。この遺伝子支配《ジェノトクラシー》は、教育制度や労働市場での技能に基づく選別によって強化されただけでなく、技能や知能に基づく同類交配の増加による生殖過程でも固定化されていて、そのため、世代を経るごとに才能の分布がさらに広がることになった。[★3]

本章では、『ベルカーブ』を本格的に取り上げ、その中心にある三つの命題を経験的に検証することにした。ハーンスタインとマレーの頃には使えなかった、二人の論旨をもっと正しく検証できるような分子遺伝学データを使う。二人の仮説は次のようなものだ。

命題1　遺伝子として与えられているものの作用は、能力主義的社会の台頭により時間とともに増している。

一九九〇年代時点では、高い認知能力は、それまで以上に、人生における成功の可能性が［当の個人にとって］高く、ますます高まっているということで、こうしたこと〔人生の可能性〕は社会環境によって影響されなくなっており、そうすると、その延長で、ますます遺伝子に影響されざるをえない。[★4]

命題2――同類交配の過程を通じて、認知面での遺伝子型による階層化が強くなっている。

結婚ということになると、似たものどうしが引き合い、知能はそうした似たものどうしでは重要な類似点である。IQで配偶者を選ぶ傾向は、ますます効果的になる教育的・職業的階層化と結びついて、IQによる同類交配は、以前の世代に対するよりも次の世代の方に強力な作用をする。この過程もアメリカの階級制度醸成の一翼であり、強くなりつつあるらしい。[★5]

命題3――社会は知能に不利になるような淘汰をしている。能力が低い人の方が、認知能力が高い人々よりも子の数が多くなる傾向がある。

専門家の合意によると、アメリカは一世紀の大半の間（楽観論）、あるいは世紀全体（悲観論）にわたって劣生学的圧力を経験してきた……黒人と南米系が白人よりも深刻な劣生学的圧力を受けている証拠はいくらかある。これは将来の世代に、さらに白人と他の集団との分離を生むかもしれない。[★6]

ハーンスタインとマレーは、アメリカで進行中の人種不平等を説明する点で遺伝子の違いの役割について論証を行なっている。本章ではそうした説は直接には取り上げないが、第5章ではそれを行なう。

ジェノトクラシー・ライジング?

第一の命題から始めよう。社会的形質の遺伝率は時間とともに上昇している。この展望を評価するために、二〇世紀前半に生まれた双子と後半に生まれた双子を見て、二つの集団について遺伝率推定が異なるかどうかを調べることができる。あるいは、分子データを使って同じことをして、第二次大戦前と後に生まれた血縁関係のない人々に基づいて遺伝率推定を生み出すこともできるだろう(この方法の解説については第2章を参照)。われわれはまさしくこのことをたとえば喫煙行動について行ない、二〇世紀が進むにつれて、観察される喫煙行動について遺伝的成分が説明する分が増すことがわかった。[7] 実は、われわれが遺伝率の上昇を見たのは、有名な一九六四年の公衆衛生局長の報告があってからだった。[8] ここでの筋書きは明瞭に見える。喫煙の危険についての情報が増えるとともに環境的入力がシフトして、標準が喫煙に反対に転じ始めると、タバコ依存になる遺伝子的傾向が弱い人々がうまくその習慣から抜けて、遺伝的にニコチンが好きになるようにできている人々が、先細りの喫煙者集団に残るということだ。青少年はたいてい、ある時点でタバコを試すが、喫煙習慣を育てるかどうかは社会的風土にも、ニコチンの作用の生得の受け止め方にもよっている。喫煙する社会的理由(つまり環境の影響)の重みが下がると、遺伝率が高くなり、根っからのニコチン依存者だけが喫煙者集団に残る。

それはしかじかの行動のリスクと報酬が環境の景観を変えられるという新情報であるだけではない。たとえば、私たちは身長に対する遺伝の影響がこの何十年かの間に増えたと予想すべきか、減ったと予想すべきか。平均の変化(一つの国としては背が高くなり体重も増えたが、身長の伸びは減速した)と分散の変化(人口

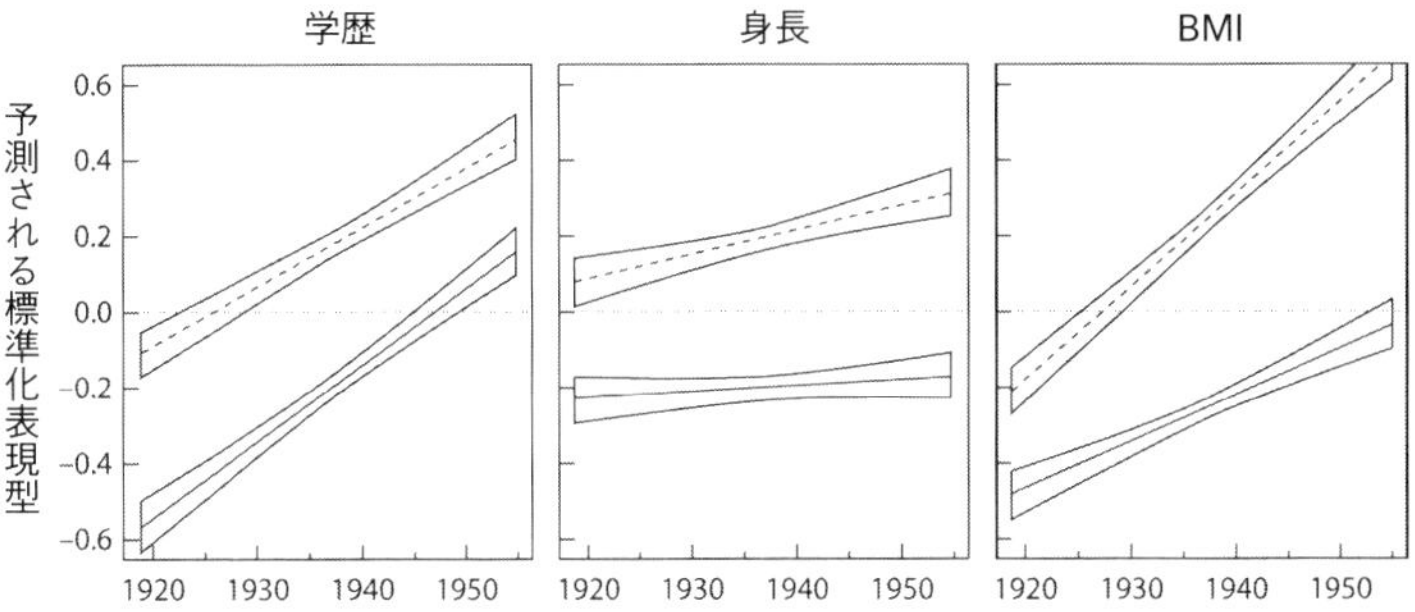

図４・２　「健康と退職に関する調査」（HRS）で遺伝子型判定された回答者の間での、出生コホートごとのポリジェニック・スコア（標準偏差でプラス１かマイナス１）によって予測される、選ばれた表現型の標準化値（N = 8,865）。身長（$p < 0.05$）とBMI（$p < 0.001$）のポリジェニック・スコアは、後の出生コホートでの予測力が高くなるが、学歴（$p < 0.05$）の方は、ポリジェニック・スコアでは予測しにくくなる。

の中の身長の範囲も大きくなった）は、遺伝率が増えたとか減ったとかの必然的変化は示していない。[★9] 結局わかったところでは、二〇世紀の間、アメリカでは確かに、図４・２に見られるように、遺伝子型の身長に対する影響が着実に増している。鍵はそれぞれの図の二本の線の隔たりだ。下側の線は、低身長遺伝子スコア（平均マイナス１標準偏差）を持つ人についての、生まれ年による予想される身長を表す。上側の線は、その年に生まれた、遺伝子に基づいて身長が高くなると予想される人（プラス１標準偏差）の予測身長を表す。左（生まれ年が早いほうの出生コホート）から右（遅い方のコホート）に進むにつれて、間隔が身長とＢＭＩ（肥満度を表す体格指数）の場合のように広くなるなら、遺伝子型の影響は近年の世代になるほど増している。

グラフを見ると、もちろんそれは完全に筋が通っている。栄養が乏しい世界では、遺伝子の影響は抑えられると予想されるはずだ。しかしひとたび環境の様子が変化して遺伝子型の発現に制約がなくなると、それまで抑えられていた違いが発現できるようになる。[★10] 同じ力学はＢＭＩについてはもっと成り立っている。カロリーが豊富になって、一国として肥満に陥るようになると、私たちはみな、遺伝子的な影響が異なる体重と身長の比に達するとともに、いくつもの遺伝子型が花開く（そして膨らむ）。[★11]

同様の力学は社会経済的地位にも起きていると言えるだろうか。環境の様子が変化して、成果に対する古い世界の抑制力が――ハーンスタインとマレー流に――なくなって、私たちが成果のゲームで遺伝子の可能性を実現できるようになったりするのだろうか。かつて青少年がお情けの「可」や大学卒業資格をとるのが、成功への鍵というよりアクセサリーのようなものだった頃には、遺伝子型と学歴予測との間には、育った社会階層ほどの関係はなかったはずだ。ところが競争的で知識駆動型の経済の時代になって、学歴は手にしておかなければならない切符となると、問題は、なまの才能（つまり遺伝子型）が優位になると予想されるか、ということになる（これが『ベルカーブ』の論旨の核心にある）。

結局のところ、答えはノーだ。

遺伝子は一九六〇年代に生まれた人々の学校へ行く年数を、一九二〇年代生まれの人々についてほどうまく予測せず、むしろ、学歴がわずかに低くなることを予測する[★12]（図4・2に見られるように、二つの線にはさまれる間隔は、左から右にかけて、わずかに狭くなる）。これは遺伝率が実際に上がっているという仮説になった双子に基づく研究とは対照的だ。[★13] 遺伝子型の影響が能力主義と機会均等の点で「フェア」で、どんな環境の影響も私たちが最小限にしようとすべきアンフェアな「ノイズ」を反映すると私たちが信じるなら、この遺伝子の影響が上がらない点は確かに悪い話だ。たぶん社会的な有利さは、世代を経て蓄積されるようになり、修学は経済的安定にとってますます重要になって、学位は遺伝子型とは別に社会的有利さが伝えられる文化的仕組みになったのだろう。卒業生子弟優待入学を考えてみればよい。[★14]

別の説明もある。高校卒業が憧れで高卒以上の学位は稀だった以前の時代には、大学やその先へ進むのは実際、生まれついての学習熱が必要だった。とくに、経済的成功や安定のために学歴は「必要」ではなかったからだ。この筋書きでは、修学に対する遺伝的適性はかつての時代の方が重要で、教育への道が――二〇世紀にずっとそうだったように――広がるにつれて、『ベルカーブ』の説明とは逆に、遺伝子の影響は小さくなるはずだ。これはたぶん、人口全体が最低限の教育水準に達することを確保することを意図した義務教育法規の影響を通じて考えれば、いちばん良く理解されるだろう。

全員が一六歳あるいはそれ以上まで学校に通わなければならないという法律を通したら、どんな遺伝子型も（それを言うなら環境も）効果はなくなるはずだろう。少なくとも一〇年次の修了にとって。[★15]修学が広がることは、おそらく学歴に対する遺伝の影響を下げている。この解釈を支持するのがスウェーデンの例だ。社会民主主義国のスウェーデンは、機会均等に熱心で、遺伝子型の影響は同じ時期に低下した。[★16]この解釈をさらに支持するのは、私たちが教育についての影響を学校の段階によって整理したとき、低い方の部分での分布（たとえば高校を出ているかどうか）では影響が低下しているのに対し、大学卒から大学院への進学は、遺伝で予測できる部分が増しているらしいこともわかったという事実だ[★17]（われわれが調べたコホートでは、大学院教育を受けている場合はきわめて稀だった）。結論として、変化する環境の様子が、その変化の個別事情によって、遺伝子の重みを大きくしたり小さくしたりするということになる。この場合、結果はこうなる。ハーンスタインとマレーの命題1――教育的（その延長上で労働市場での）成功全体に対して遺伝子の関連性が増す――は成り立たない。

我、および我が遺伝子は、汝を娶《めと》る

しかし交配はどうだろう――命題2だ。私たちは本当に結婚市場で遺伝子型によって相手を選別するようになっているのだろうか。要するに、社会階層に関係するいくつかの表現型尺度――教育、職業、所得――に基づくと、配偶者はかつてより今の方が似たものどうしなのだろうか[18]。結婚しようとする両者が表現型を――互いに相手に見るのは表現型だから――そろえ、結果的に両者の遺伝子型がますます合致していくというのは、わかりやすいように思えるだろう。これはとくに、表現型が実はその奥の何かの代理として動作している――たとえば、身長は健康な遺伝子の代理だったり、学位は認知能力の代理となるなどのこと――とすれば、成り立つかもしれない。そこで、一九六〇年よりも今の方が大卒者が大卒者と結婚する場合が多いことを人口学者が見てとったときには、それは知的相性の方が他の形の相性（身体的、宗教的、人種的のような）よりも重んじられるようになったということでありえた。確かに、一九六〇年には大学卒の男性の三二パーセントが大学卒の女性と結婚しているが、二〇〇〇年にはその割合は六五パーセントになっている[19]。

この流れからすると、配偶者選びがその根底にある遺伝子に基づいてマッチする傾向が増していると予想されるかもしれない[20]。他方、意外なことに、遺伝子型の教育全体への影響が時間とともに増えていないことは見た。それは必ずしも遺伝子型による配偶者選びが衰えたということではないが、先述の話の筋書きを再検討する理由にはなる。まず、二〇〇五年の大学卒の男性は一九六〇年の男性と比べて、やはり大学卒の女性と結婚する率が二倍近くになっているという統計は、二つの別個の力学が合わさっている。要するに、その間に女性の高等教育への進出が急速に拡大したことによって、大学卒の女性が増えたという

ことだ。男女間の教育の分布が近づいたので、かつての男性は相当数が大学まで行くのに、女性はほとんどいなかった状況と比べれば、同じ学歴の相手と結婚しやすくなっている。つまり、高等教育同類交配は、他の事情が同じなら、すべての男性について――大学卒の男性だけでなく――大学卒の女性と結婚する可能性が高まったという統計学的な結果にすぎなくなる。言い換えると、男性と女性の教育の全体的分布に変化があって、男女間で似てくると、ランダムな交配によっても（つまり選好に変化がなくても）先に述べたような結果は生じうるのだ。それでも、全体的な両性の教育水準の違いの変化は気になる。結婚の内容と安定性に影響しているかもしれないからだ（たとえば、一方の性が急速に教育水準を上げながら、もう一方は停滞しているのだとすれば）。しかし今の目的――昔より今の方が配偶者を選り好みしているかを知りたい――からすれば、男女を通じた相対的な教育分布の変化の因子は除外して、男女それぞれの学歴階層の中で誰が誰を選ぶかを見たい。

私たちが本当に気にする問題は、両性の学歴分布を一定にしておいて、配偶者間で、学歴の相対的水準――序列化した教育水準――の類似は増したかということだ。実際、堅実な研究世界があって、いろいろな次元について配偶者間の相関を調べている。序列の類似（すなわち相関）は、相異なる少なくとも二つの力学の結果として生じることがありうる。単純に、それぞれが関心や価値観が共通とか、性格とか、外国人嫌いとか、いくらでも考えられる理由で、要するに自分に似た相手を探しているということかもしれない。あるいはまた、結婚希望者がみな、与えられた次元――たとえば身体的魅力や所得――についてできるだけ高い結果にすることを求めているとすれば、私たちはその次元の序列順に対になっていくだろう。医学部卒業生と研修医配属先のマッチングのように〔進学志望者が偏差値で輪切りされて進学先が決まるというような例」。

　後の方の力学が優勢なら、明瞭な階層構造のある形質（富裕度やＩＱ）について高い相関が見られることになるし、「高低」の方向性が明瞭でない形質（宗教的好み、民族、性格類型《パーソナリティタイプ》）については相関が低くなる。結局のところ、筋書きははっきりしない。配偶者の相関は、身長や体重のような身体的形質については比較的低く（それぞれ0・23と0・15）、また性格にかかわる形質についてもそうだ（0・11〜0・22）[★21]。認知的能力や教育については相関は少し高くなる（それぞれ0・40と0・60）――これは階層化される形質については私たちができるだけ高い結果にしようとしていることの証拠と見ることができるかもしれない[★22]。しかし政治的イデオロギーや所属教会のような非階層的な特徴も配偶者間の高い相関を示しており（それぞれ0・65と0・71）、これは仮説には反しているように見える[★23]。もちろん、配偶者が互いに相手に合わせるせいで結婚生活が進むうちにだんだん似たようになるもの――イデオロギーや所属教会のように――もあるだろう[★24]。あるいは、何らかの次元ではできるだけ結果を高くし（自分の知能とは無関係にできるだけ頭のいい配偶者にするなど）、あるものはマッチさせて（宗教的好み）他は偶然任せ（身長がそうかもしれない）ということもありうる。

　ある二人の科学者が、これを時間とともに互いに相手に合わせる場合を排除して理解しようとして、出会い系サイトで、政治関連の情報をランダムにこしらえたプロフィールをいくつか作った。この二人の研究者は、実験に参加した被験者について、用意したプロフィールに記述された政治的イデオロギーが自分と共通の人物の方が、プロフィールの評価が好意的になることを見た[★25]。この研究はまた、実際の全国的なネットの出会い系コミュニティに基づいて、男性が政治的形質が共通の女性にメッセージを送る可能性が高くなったことも見ている。逆に女性は、メッセージをもらった相手の政治的形質が共通のときに、返信する可能性が高くなった[26]。この研究からは、事実上、リベラル派はリベラル派と結婚して子を儲ける傾向があり、保守派は保守派の相手と結婚して子を儲ける傾向があることが言える。この明瞭な同類交配によって集団全体での政治的姿勢での分極化が進むことになり、各人をリベラルと保守の極端に押しやる。言い換えると、明瞭な同類交配は政治的分極化に寄与するかもしれない。

結婚市場は現代アメリカの政治的対立を説明するかもしれないが、階級構造の変化についてはあまり重きはなさないらしい。高学歴・高所得の男性がますます高学歴の女性と結婚するという事実は、この断面では、アメリカでの所得の不均衡の一部を確かに説明する（女性が労働市場に男性と同じ程度に参入していて、自身の教育の見返りで最大限の所得を得ているという説明ほどではないが）。時間が経つと、合衆国での（ついでながらノルウェーでも）世帯所得の不均衡の上昇を説明する点では、学歴による選別よりも、学歴に応じて次々と見返りが増す──男女ともに──ことの方が、学歴による分類よりも、ずっと重要だということがわかった。実際、教育階梯の最下段では選別が増大している一方（つまり四年制大学未満の人々は結婚を考えるとき学歴の合致を考える傾向が高い）、最上段（つまり大学卒業者）では、学歴あるいは専攻で見た場合、一九八〇年から二〇〇七年にかけて、実は合致は減少している[27]。結局、配偶者間の相関はほとんど変わらず、一部の推定によれば、減少することさえあった[28]。

経済はさらに不平等であることからすれば、配偶者間の類似が小さくなると考えるのは、荒唐無稽なことではない。経済学者のゲアリー・ベッカーは、配偶者間での専業化──一方は家庭にベーコンを持ち帰り、もう一人はそれを焼く──が、一部の形質について同類交配を減らすような家族モデルを唱えた。つまり、教育水準、技能、未開発の能力のわずかな違いが、労働市場で実現する経済的見返りに巨大な差異をもたらすなら、配偶者のそれぞれがある分野の熟練に特化する方が、交配戦略としては良いことになる。認知能力が高く、高給を稼げる人物なら、思いやりや育児といった他の能力で世帯に貢献できる専業主婦／主夫の配偶者を選べるだろう。[★29] もちろん、学歴やさらには検査スコアについて配偶者間の相関に何を見ようと、これは奥底で――つまり遺伝子レベルで――起きていることを教えてはくれない。

結局、ランダムな他人どうしよりも配偶者どうしの方が遺伝子的に似ているかどうかを、どうすれば評価できるだろう。それは表現型による同類交配を測定するほど単純ではなく、すでに、学歴による同類交配を評価するだけでも、推定したいことについての判断が必要となることは見た。われわれは遺伝子的同類交配（genetic assortative mating ＝ＧＡＭ）の問題に何通りかで取り組むことにした。まず、全体的な遺伝子の類似性を見て、一般的には、集団の中からランダムに対にした個人どうしよりも、配偶者は明瞭に遺伝子的に似ていることがわかった。われわれが調べた配偶者は、平均して、遺伝子的にいとこ半ほどまでは似ていなかったが、又いとこよりは似ていた。この分析は白人に限定されていたが、白人の人種集団内部での結婚パターンを歴史的に因子分析したときさえ、配偶者間にはやはり又いとこなみの遺伝子的血縁度が観察された（二〜三パーセントの遺伝子的類似性）〔図４・３〕。実際、相手が遺伝子的に標準偏差一つ分似ていると、その人と結婚する確率は一五パーセント増えた。

「まさかそんな」と言う前に、この分析は合衆国で行なわれたことを念頭に置こう。流動性の高い、移民が多い社会だ。つまり、配偶者について遺伝子的血縁度はおそらく世界でも有数の低さだろう。たとえばパキスタンのような部族社会では、いとこどうしの結婚は五〇パーセントをゆうに超える。世界中で、長距離の移住がなければ配偶者間の遺伝子類似性は比較的高くなる傾向にある。比較的最近、たぶん一世紀前になるまで、多くの家族が何代も同じ地域にとどまり、男は実家から一〇キロにもならない範囲で結婚相手を見つけるものだった――休みの日に歩いて行ける程度の距離だ。その結果、歴史上の結婚のうち八〇パーセントが又いとこか、もっと近い関係だった。[★30] 要するに私たちが示しているのは、現代アメリカ社会では明示的にいとこ婚をしていなくても、遺伝子的な観点からは、結果はそう変わりがないということだ。

友人どうしも、ランダムな知らないどうしよりは遺伝子的に似ていることを考えると、こうした結婚の遺伝子的状況は意外なことではない。ニコラス・クリスタキスとジェームズ・ファウラーは、友人どうし

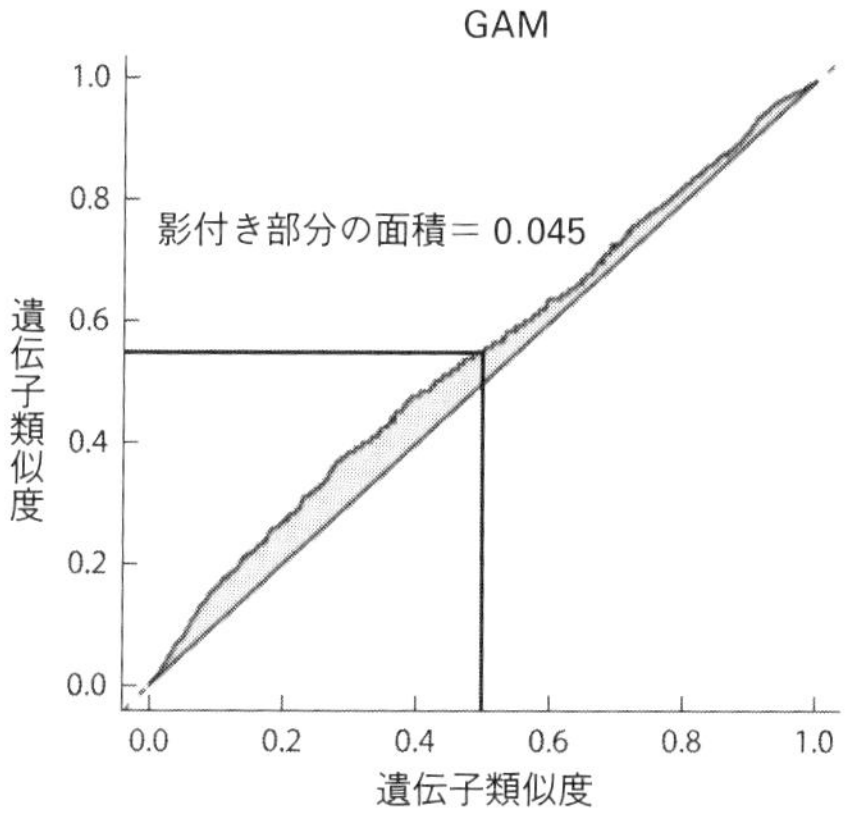

図4・3　合衆国では、配偶者の類似度は0.045で、これはいとこ半に相当する。主成分の影響抑制により民族を因子からはずすと、配偶者の遺伝子類似度は又いとこなみになる。*y*軸は観察されたすべての夫婦の間の近縁度の分位〔集団内での順位的な位置を、下からの比率で示した値〕を図示している。*x*軸は同じ分布でも異性間の白人配偶者どうしだけに限られたものの分位を図示する。影付きの部分は同類交配の推定を示す。図中の縦と横の線は解釈の補助〔基準の直線より上にある分、想定されるより類似度が増していることを示し、全体を積分すると＝面積を求めると、全体の類似度となる〕。Domingue, BW, Fletcher, J, Conley, D, and JD Boardman. (2014) Genetic and Educational Assortative Mating among US Adults. *Proceedings of the National Academy of Sciences* 111(22): 7996–8000.

（親戚ではない）は、又々いとこなみであることを見た。★31 興味深いことに、この二人によるネットワーク研究での友人どうしは、友人でないどうしより共有するSNPが多いが、「反対の」遺伝子型、つまり偶然によるよりもばらけている遺伝子座の過剰も示している。クリスタキスとファウラーは、こうした同類好み《ホモフィリー》と異種好み《ヘテロフィリー》それぞれのパターンを調べると、同類好み（似たものは似たものが好き）遺伝子は、リノール酸代謝と嗅覚知覚という二通りの生物学的経路に集中することがわかった。さて、リノール酸代謝が友人どうしの絆になるのはなぜかは誰にもわからない。★32 しかし嗅覚の方は筋が通る。自分と匂いの趣味が（好きな曲も）同じ人が好きになるものだ。

さらに、二人は異種好み集団に過剰に現れる遺伝子があることを発見した。免疫機能に関係する遺伝子だ。これは配偶者について前々から理論化されている。配偶者どうしには、6番の染色体の特定の、主要組織適合遺伝子複合体、あるいはヒト白血球型抗原（HLA）領域と呼ばれる免疫関係の遺伝子となっている領域について、遺伝子型に不一致があるとされる。この理論は、病気に対する生物学的抵抗力を与え、流行病が一族や部族を襲っても少なくとも集団の一部は生得の抵抗力があって生き残るように、遺伝子パッケージに多様性を求める方向に、進化が私たちを押してきたということだ。言い方を変えれば、保険のような仕組みができている。それが配偶者について成り立つなら（実際には、匂いを通じてと考えられる）、もっと広い連携者集団についても成り立つはずだ。★33

世界的に配偶者（や友人）の遺伝子型が類似していることは興味深いし示唆に富むが、そのことは、社会での遺伝子カーストにつながりそうな特定の遺伝子型による選別についての問いの本当の答にはならない。その問いに答えるには、配偶者が相手を特定の表れについて重要な遺伝子に基づいて選別しているかを知る必要がある。双子に基づく遺伝率推定、養子調査、GCTAモデル〔付録2を参照〕、きょうだいIBD〔同祖性。付録3を参照〕はすべて、集団での表現型の多様性がどれほど遺伝子型の多様性で説明されるかについて教えてくれる間接的方法だ。しかしそうした方法はしかじかの二人が重要な遺伝子多様体についてどれほど似ているかは何も教えてくれない。そのような方法では、測定された遺伝子の作用が、測定された環境の影響とどう相互作用するかも見えない（第7章の主題）。そうするためには、第3章で述べたポリジェニック・スコア法を用いて特定のマーカーを見る必要がある。

特定の遺伝子型に基づく選別が現代社会の相手探し市場で大きな役割を演じているのではないかと考え

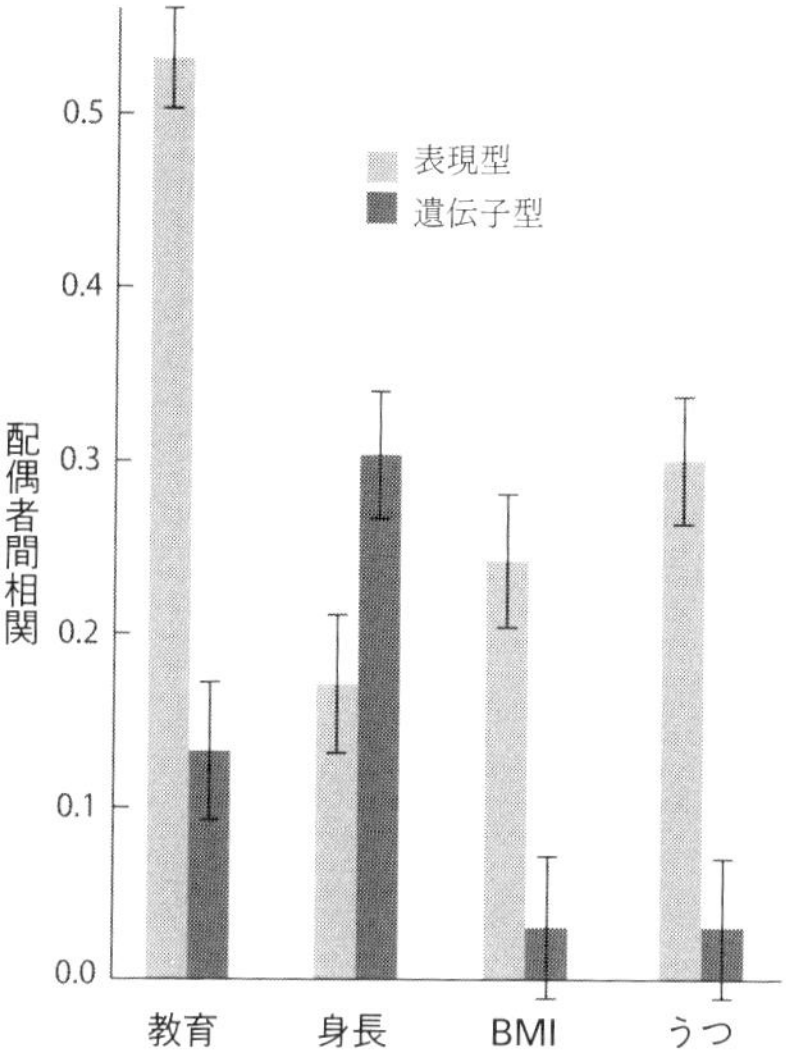

図4・4 「健康と退職に関する調査」(2012)における、選ばれた遺伝子型と、それに対応するポリジェニック・リスクスコアの配偶者間の相関（$N = 4{,}909$）。遺伝子型データと表現型の妥当な回答がある初婚の回答者に限定。身長だけは、表現型の配偶者間相関が遺伝子型の相関よりも有意に低い。ポリジェニック・スコアの残差をとった表現型相関は、なまの表現型相関と区別できず、身長とそれ以外の二種類の選別過程が作用していることを示す。

る理由は確かにある。主要な集団から得られたそこそこ予測力のあるポリジェニック・スコアが得られている、結果としての表れ（教育、身長、ＢＭＩ、うつ）について、配偶者間の相関をグラフにすると（図４・４）、大きな例外（身長）はあるものの、少なくともこうした尺度では、社会的選別は遺伝子型選別を圧倒していることがわかる。将来結婚しようとする人が、配偶者の選択を行なう時点で観察できる表現型、たとえば学歴を見ると、表現型に高い相関が見られる。とはいえ、やはり結婚の時点で観察できる身長には、それは成り立たない。配偶者の類似について私たちが見ている残りの二つの表れ――ＢＭＩとうつ――は結婚時点では部分的にしか観察できないと言える。配偶者は、調査対象のほとんどが五〇歳超の「健康と退職に関する調査」で私たちが観察するＢＭＩにまでは膨らみきっていなかったかもしれないが、おそらく結婚する頃には太るかやせるかの傾向はおそらく示しただろう。同様に、うつの率は年齢とともに増大するが、うつの気配は結婚の時点で見えているかもしれない。それで、この二つはやや強い相関を示す。そうした場合では（身長は除く）[34]、根底にある遺伝子についての配偶者間の類似は、遺伝子が予測するとされる実際に結果する表れについて言えるよりも相当に低い。これは筋が通る。私たちは自分の将来の配偶者の遺伝子型判定をして、その結果に基づいてその人と結婚するかどうかを決めるわけではないからだ。私たちは結果する表れを、社会で重要な次元の上で観察している。加えてこうしたポリジェニック・リスクスコアは、そうした形質の遺伝子因子全体を表す雑音の多い代理であることを思い出さなければならない[35]。

つまり、私たちは確かに学歴については配偶者と大きく相関している一方、このほとんどは、遺伝子的選別より社会的選別に見える――少なくとも私たちが得ている尺度に基づけば[36]。『ベルカーブ』の論旨にとっては、遺伝子型相関の絶対的水準よりもトレンドの方が重要だ。図４・５は、表現型と遺伝子型に基

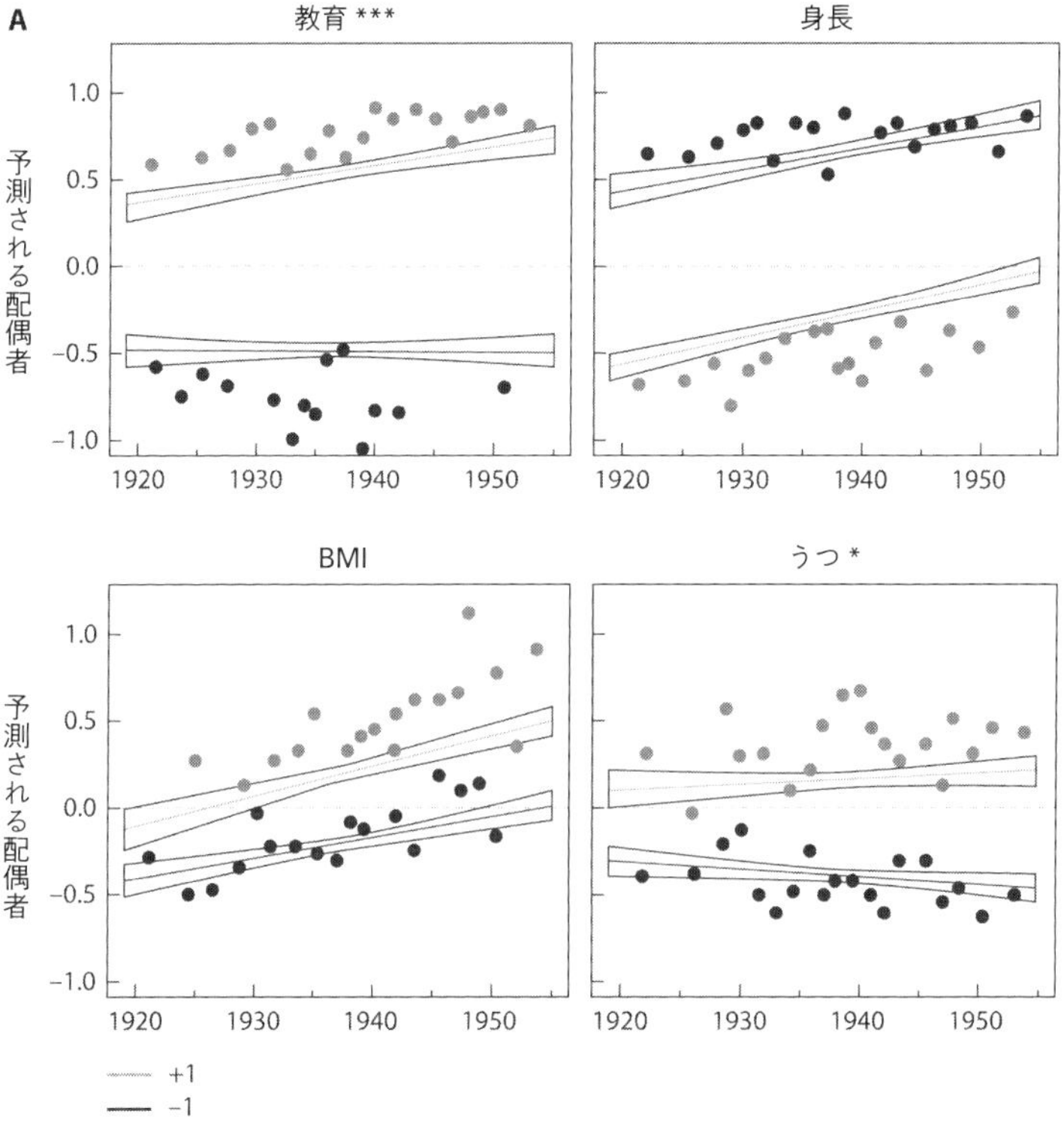

図4・5　「健康と退職に関する調査」(2012) における、選択的標準化表現型における配偶者相関のコホートによる違い (図A) と、標準化ポリジェニック・リスクスコア (図B) (N = 4,909)。遺伝子型データと妥当な表現型の回答がある初婚の回答者に限定。相関の推定における差についての信頼性区間はフィッシャーの逆Z変換により計算。

* と + の記号は、出生コホート×遺伝子型相互作用の統計的有意性を示す。

+ $p < 0.10$, * $p < 0.05$, ** $p < 0.01$, *** $p < 0.001$.

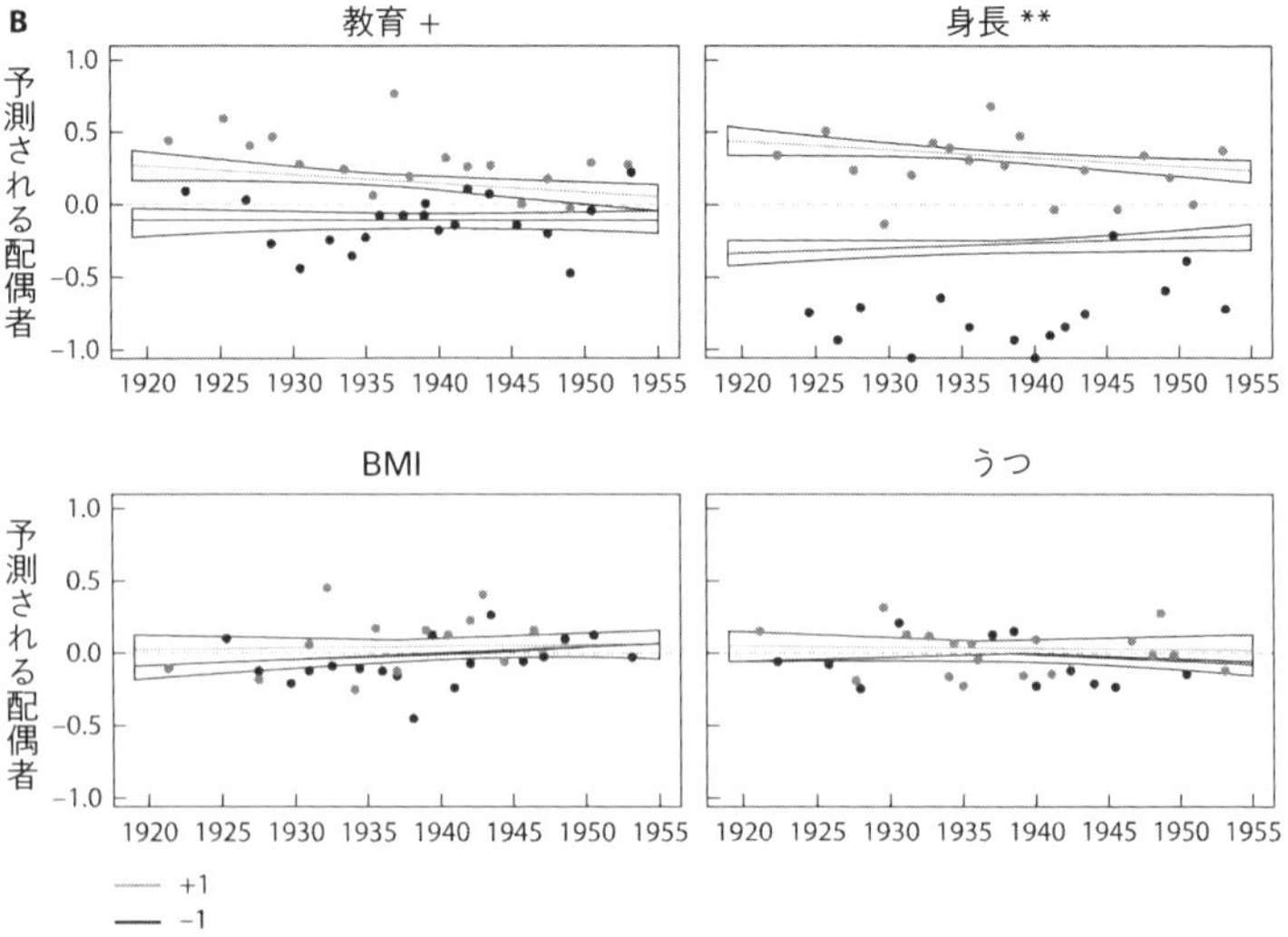

図4・5（続き）

づく配偶者間類似の傾向を示している。このグラフは、二本の線が、教育（あるいは身長、BMI、うつ）分布の上側（プラス1標準偏差分）か下側（マイナス1標準偏差分）の人々の配偶者について予測される教育（あるいは身長、BMI、うつ）水準を表す。つまり差が大きい方が同類交配が多いことを意味する。差が小さいと、自身の教育あるいはBMIあるいは身長あるいはうつのスコアが配偶者のスコアをあまり予測しないことを意味する。

図4・5のAにある表現型データを調べると、実際、人口学者が遺伝子データ抜きで見つけてきたことが確かに再現される。学歴についての配偶者間の類似は二〇世紀の前半に生まれた夫婦よりも、後半に生まれた夫婦の方が高い。つまり、学歴が高い方と低い方の個人（うつ傾向が高い方または低い方の個人）間では、配偶者の教育（うつ）水準については格差が広がる（が、BMIと身長については平坦になる傾向がある）。これはハーンスタイン＝マレーの論旨を支持するように見えるだ

ろう。ところが、遺伝子型の類似性を見ると、私たちが大いに驚いたことに、配偶者の相関は平坦になる。私たちはますます遺伝子型で選別するようになっているという『ベルカーブ』の論旨についてはここまでにしておこう。[★37]つまり、少なくとも、私たちが結婚の力学で強化された遺伝子カースト制の「すばらしい新世界」に入り込んでいるというハーンスタイン＝マレー論側の説得力のある証拠はないと言ってもよいと思う。少なくとも今のところは。[★38]

これからはイディオクラシー？

もう一つ取り上げるべき遺伝子支配に関係する問題があった。これはしかじかの世代の中で誰が先行するかというより、私たちは社会全体としてどこへ向かっているかにかかわる。すなわち、私たちは、遺伝子型によって出生率が異なることにより、時間とともに認知能力に恵まれなくなりつつあるのだろうか。これは『ベルカーブ』の中心をなす仮説ではないが、ハーンスタインとマレーはこの可能性を確かに立てていて、他にも社会的地位による出生率の違いがその後の世代の人口分布に——さらに社会全体の経済的運命についてさえ——巨大な影響を及ぼすことを示している研究がある。たとえば経済史学者のグレゴリー・クラークは、イングランドに発した産業革命の見過ごされていた決定因子は、富裕な（つまり頭が良くて有能な）市民の出生率の方が、低い層と比べて高かったことだと論じた。クラークは『10万年の世界経済史』（久保恵美子訳、日経BP社、二〇〇九年）という著書で、地表近くの石炭埋蔵量のような天然資源はもちろんのことだが（経済成長の様々な原因については第6章を参照）、鍵になる変数は集団の遺伝子的ストックだったと説く。産業革命以前のイングランドでは、経済的に生産性が高い方の人々は、経済的にそれほど恵まれなかった人々よりも、成人になるまで生き残る子どもが多かった。これによって時間とともに、犬やりんごや家畜の交配の場合と同様、遺伝子の血統が「良くなる」（「良くなる」とは現代の経済生活となるものに適応している側にいることを意味する）。ある臨界点で生産性は爆発し、ごらんあれ——私たちは一〇〇〇年の停滞の後、ほんの二世紀ほどで目撃された、所得や人口増加の急速な上昇が得られる。

クラークの話を信じようと信じまいと、特定の右派心理学者や遺伝学者に共通の懸念は（たいていは口にされないとしても）、この発展有利の出生率と生存者バイアスの裏返し——劣生学と呼ばれる、望ましい方の形質を持った人々よりも望ましくない形質（低学歴のような）をもった人々を有利にする、集団の生殖パターン——だ。[39] すなわち、みんなが豊かになるのを助けるのは、富裕層が貧困層よりも富裕度に比例してたくさん子を持つことだとすると、今日は逆だ——つまり低学歴の人の方が高学歴、あるいは認知的に恵まれている人々よりも子が多い——と心配すべきではないのか。結局、社会科学者が人口転換と呼ぶものの一つの帰結は、みんなの子の数が少なくなって、そのうち生き残る子の比率が高くなるだけでなく、出生率を予測する因子の多く（女性の教育水準など）はその影響を逆転するということだ。たとえば、かつてのような高出生率、子どもの高死亡率では（今日でも途上国の多くではそうなっている）、教育水準の高い人々は多くの（生き残る）子を持っていたが、今日では、貧困層の方が子どもが多くなっている。「健康と退職に関する調査」についてのわれわれの分析では、就学年数と子の数の間には、マイナス0・18の相関があった。他にもアメリカの大学卒の女性は、高卒の女性よりも、平均して子の数が一人少ないという調査結果がある。[40] 女性の教育と子の数の負の相関は強く、ロバート・メアとヴィダ・マラランニという人口学者による巧妙な論文は、ある世代の女性の教育水準を上げることが、必ずしも次世代の集団全体としての教育水準を高くすることには置き換わらないことを示したほどだ。つまり、教育と関係する出生率の低下は強固で、就学年数の多い女性ほど子が少なくなる。教育水準の高い女性が生む子も教育水準が高くなる傾向があるとしても、その作用は、集団全体内で見れば大部分は低学歴集団の母親の下に生まれるという事実で相殺される。こちらはそれほどの出生率の低下を経ていないからだ。[★41] 私たちは本当に低学歴集団になるような交配を行なっているのだろうか。そしてこの動きはよく言われるフリン効果、つまりこの一世紀の間に測定されるIQが上昇したというのとどう合うのか。

図4・6のAでは集団を通じて、表現型レベルでの相関――回答者の実際の教育水準と、その人の子の数――を見ると、人口研究から予想されるパターンが見られる。一九四〇年以前に生まれた人々は、基本的に教育と子の数の間に相関を見せない（こうした親は合衆国での人口転換のさなかに生まれた）。一九四〇年以後に生まれた人々については、就学年数と出生率の間に、有意な負の相関がある（相関係数はマイナス0・20）。

察しがついているかもしれないが、私たちが知能が低い集団になるよう交配しているかどうかを決めるには、教育と出生率の相関を、遺伝子型と表現型の各部分にまとめる必要がある。出生率には安定して継承される成分があるらしい。子の数についての相加的遺伝率は集団を通じて、だいたい二〇パーセントのあたりで一貫している。明らかに、出生率は遺伝子的に影響されているのだ――適応度の長期的遺伝率はゼロになるとするいくつかの理論があるにもかかわらず。したがって、他の遺伝的に影響される形質（教育能力のような）が出生率と何らかの共通の遺伝子的起源を有していると言えそうに見える。[★42] しかし教育と子の数についてポリジェニック・スコアの相関を調べると、相関係数はマイナス0・04だった。ゼロでは

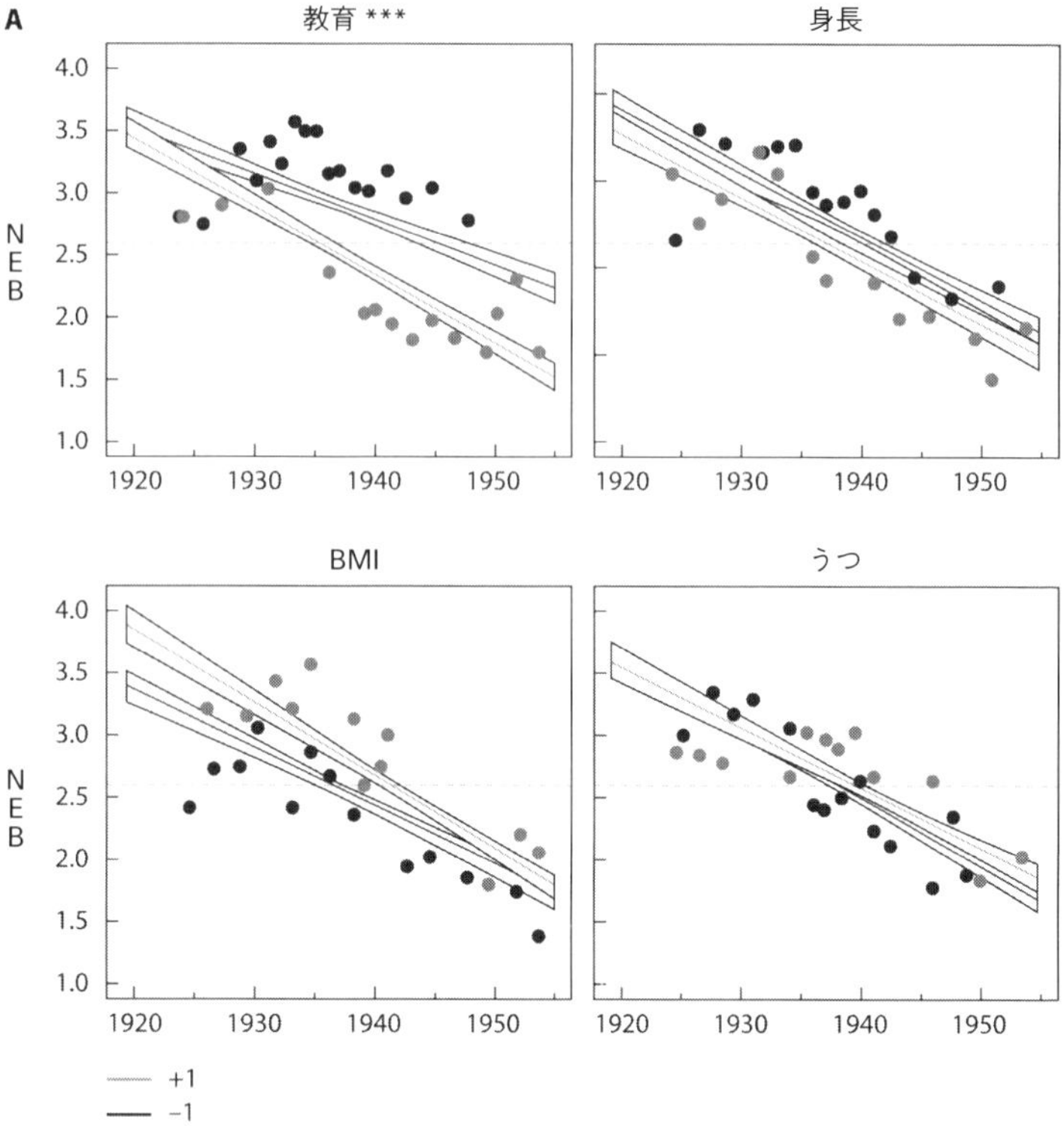

図4・6　遺伝子型判定されている「健康と退職に関する調査」回答者（N = 8,865）での、選ばれた表現型（図A）やポリジェニック・スコア（図B）と、生涯の子の数（number of children ever born = NEB）との間の、20世紀の出生コホート全体での相関変化。(A) すべての表現型が出生率との相関が変化しているところを見せている。教育は最も若い方の出生コホート間での出生率の差が大きくなるところを見せているが、BMIはNEBとの相関が下がることを示す。(B) 出生率との表現型相関が変化しているにもかかわらず、遺伝子型の相関は出生コホート全体で一定に見える。* と + の記号は、出生コホート×遺伝子型相互作用の統計的有意性を示す。
+ $p < 0.10$, * $p < 0.05$, ** $p < 0.01$, *** $p < 0.001$.

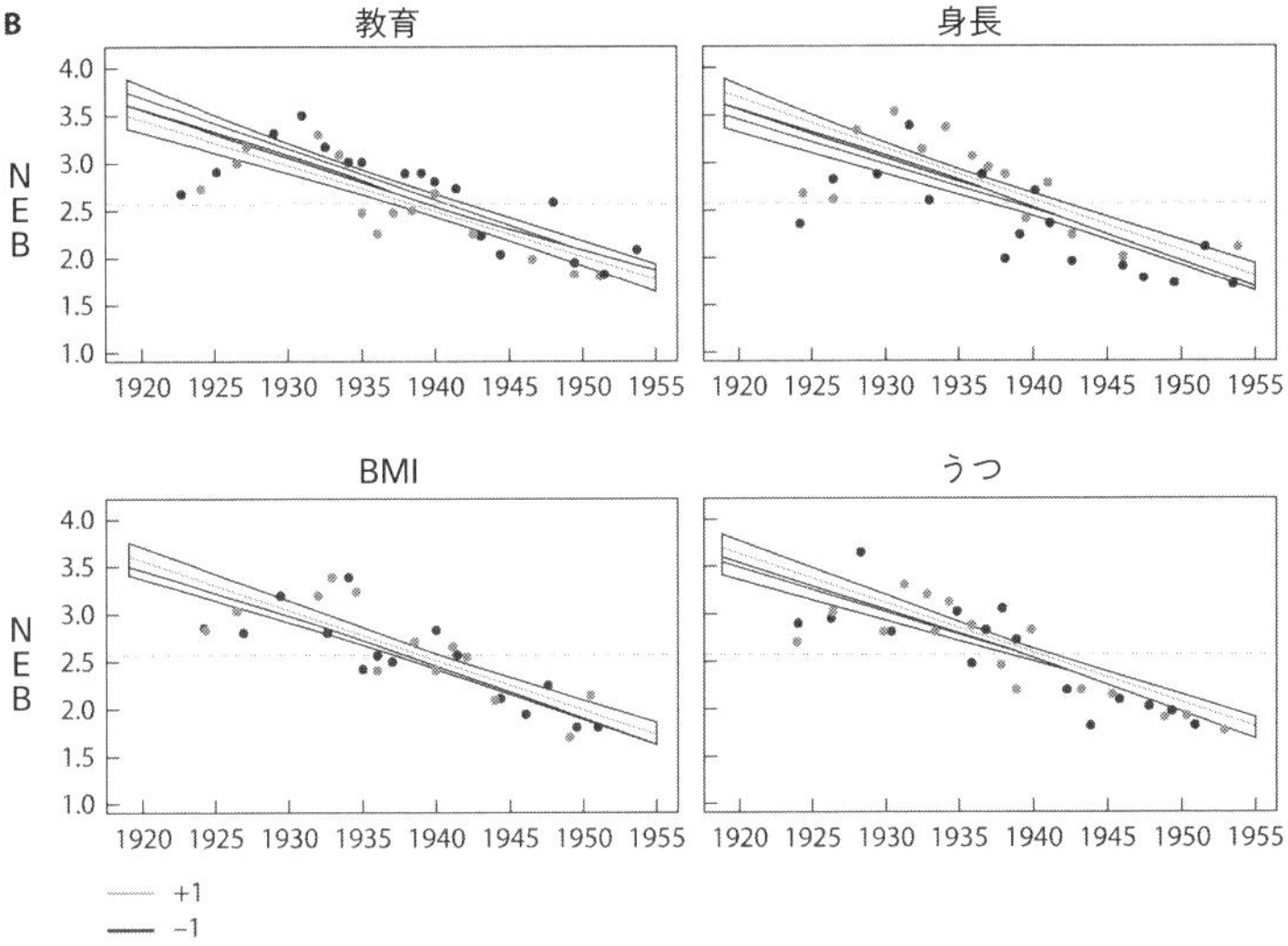

図4・6（続き）

ないものの、それに近い。さらに、図4・6のBの時間経過を見ると、遺伝学的に言って、教育について負の淘汰——教育的に有利でない人々の方が、教育的に恵まれている人々よりも、ますます多くの子を持つ——が増している証拠は見当たらない。

　教育水準の階梯を上がるほど、その人が儲けそうな子の数が少なくなると言える一方で、この関係は主として修学という社会的な根源に関係するもので、遺伝的な根源によるのではないように見える（少なくとも、教育遺伝子スコアに代理されるような）。もっと批判的に言えば、測定された教育水準と子の数の間の対応する関係が強くなっても、教育遺伝子型と子の数の間の小さな負の相関は増えない。言い換えると、学歴によって出生率が違うことが、教育について負の遺伝子選択の状況を生みつつあるという認識を支える証拠は足りない。

二〇〇五年の映画『26世紀青年《イディオクラシー》』（冬眠実験を受け

た平凡な男女二人が、本節に述べられたような交配の結果、平均ＩＱが低下した未来世界で目ざめ、その世界では最も高知能だった……というプロット」やその劣生学的同類を見た人々はほっとしていい[★43]。

大選別

私たちには選別の問題が残されている。配偶者はどのようにしてこれほど（表現型的に）似て、それでも同時に（遺伝子型的に）似なくなるのか。そして配偶者間の表現型の類似性が時間を経て増しても、その後に遺伝子型の類似性が増えないのはなぜか。こうした問いの動機となるロジックは次のようになる。①配偶者は、最終学歴のような多くの尺度について非常に似ている。②こうした尺度は中度の遺伝率を見せる。そこで①＋②→③配偶者どうしは遺伝子的に似ているはずだ。

配偶者は確かにある程度遺伝子的に似ているが、類似性が増す傾向はない。すると、多くの学者があると言っている学歴による選別の増加は、環境側について起きているという結論になるかもしれない。これはそれ自体が非常に興味深い社会的「事実」だ。一つの明らかな説明は、人は、ただしとくに女性は、二〇世紀の間にものすごく学歴を上げたということだ（この性差はたぶん、ポリジェニック・スコアを生み出した元のＧＷＡＳの分析が男女別に行なわれたとき、予測力がありそうに見える遺伝子がこの二つの集団について異なっているらしいことを一部説明するだろう[★44]）。

私たちはずっと、学業の「能力」について、一定程度――平坦か徐々に低下するレベルで――選別していたのかもしれないが、今や女性が学位を得られるようになり、観察されている学歴での選別は、かつて配偶者が「ピンときた」メンタルな質にますます沿っている。かつては大学卒の男性は高卒の女性と結婚したかもしれないが、その男性はその当時最も頭が良く、学のある女性を選んでいたのだ（家が裕福だからなどのおかげで大学へ行っていたがそれほど頭が良いわけではない女性は断っていたかもしれない）。今日では頭の良い男性と女性はどちらも、実際に大学卒の（あるいはもっと上の）相手と結婚する可能性が高く、根底のしかるべき遺伝子型で一緒になることは増えなくても、教育による選別の上昇となる。

配偶者間の遺伝子の相当の違いは、世代間での遺伝的流動性の役割が大きいことをうかがわせる。能力主義的な環境は、成功した親をそろえる方向に向かう強い力かもしれないが、その子は、次の世代の土俵を均《なら》す助けになる遺伝子のシャッフルに直面する——世代を通じて遺伝子支配が固定されるようになる歩みを少々和らげる。それでももちろん、こうした子どもは、環境と遺伝子、両方の因子のおかげで、この面では相当有利だ。

『ベルカーブ』は、私たちが能力主義と同類交配の結果、生まれついて（つまり遺伝的に）与えられているものに基づいた階層化の方式となった社会状況を実現していると論じた。社会学者のマイケル・ヤングが一九五八年に「メリトクラシー」という言葉を作ったとき、元はアイロニーを込めて唱えたようなことだ。これが本当なら、機会均等を促進する社会政策は生産性に——少なくとも効率の面では——反することになる。各個人がすでに本人の生得の能力にぴったりの水準の社会的地位に達していることになるからだ。その間、他の似たような遺伝系統の人と選択的に交配することによって、親は子の有利不利を強化することになる。そのような状況は、社会経済的地位変数——所得、職業、学歴のような——における世代間相関が非能力主義的社会を思わせるという考え方に疑問符をつけることになる。

ハーンスタインとマレーがその説を立てたのは一九九四年、人間の分子遺伝学革命が起きる前のことだった。二人の説やその政治的意味について何を信じようと、その説は当時はおおむね検証不能だった。二人は自説を認知能力の分析の上に立てていた。それはIQが環境的・遺伝子的土台の両方を持っているために問題をはらんでおり、この効果のどんな傾向も、環境に影響された部分にも遺伝子で決まる部分にも付与できる。さらに二人は、「一九七九年全国青少年長期調査」(NLSY79)——一九五七年から六四年生まれの男女に関する調査——を分析した。これは二人の基本理論を検証する出生コホートとしてはあまり広くはない(とくに全員が第二次世界大戦後に生まれている)。対照的に、われわれは二人の仮説を分子データを使ってもっと広い範囲の(率直に言って、もっと適切な)出生コホート分布で検証した。ヤングが「たこつぼ的能力主義」体制に対する最終的「反乱」が(イギリスで)起きると予言した二〇三三年まで、わずか一五年ほどだが、私たちはやはり、半世紀以上前に想像されたディストピアの悪夢からは相当に離れているらしい——現在の結果を信じるなら。

しかし表現型選別と(子の)遺伝子シャッフルの過程が変わったらどういうことになるだろう。将来の配偶者が、結婚相手を決めることについて学歴と収入という漠然とした末端の信号に基づくことに限定されず、おおもとの遺伝子型について合致できるようになったらどうなるだろう。出会い系サイトのeHar《イーハー》-mony《モニー》とOkCupid《オーケーキューピッド》が23andMeと合併して、あなたのプロフィールの枢要な特色があなたの実際の学歴ではなく、教育面のポリジェニック・スコアになったらどうか。この可能性については本書の「結論」で述べる。

第5章　人種は遺伝か?——最も緊張する、悩ましい、無意味な問い

私〔コンリー〕が自分の家族すべての遺伝子型判定をしてもらったとき、多くの結果は、自分たちの表現型を見るだけで予測することができた。たとえば、スポーツ好きの元妻はいわゆる「短距離走者《スプリンター》遺伝子」が二つそろっていたが、私にはなかった。しかし自分たちでは最もあたりまえで「自明」と思いがちな領域には、驚きも待ち受けていた——人種だ。私は自分が半分アシュケナージ〔東欧系ユダヤ人〕だということは前から知っていたが、家族は残りの半分にアメリカ先住民が入っているんじゃないかと議論していた。結局、私の父のX染色体には、コロンブス以前の北米にあった単数体遺伝子型が入っていた。かくて私たちは一部マシュピー・インディアンだという一家の伝説が生き残った。最大の衝撃は、元妻も四分の一はアシュケナージだったことだった。さらに調べると、その父の父が、民族学的に言えば、実は一〇〇パーセントのユダヤ人だった。本人は、自分の家系はコサックにたどれると言い、ユダヤ人に対しては東欧での不信の歴史を物語るような姿勢をとっていたウクライナ人だったが、自分の人種と政治について

の世界観全体を考え直さなければならなくなる。

遺伝学は大なり小なり、学者にも、家系愛好家にも、深い過去を明かす新たに重要な道具となっている。遺伝学が、個々の家族単位内だけでなく、社会全体にとっても、人種に関する話を複雑にする例にはことかかない。エクアドルの例を取り上げよう。この南米の国には多彩な集団がいることはよく知られている。何千年も前にベーリング海峡を渡ってきた人々を先祖とする在来の民族がいる。奴隷貿易で西に連れて来られた人々を先祖とするアフリカ系のエクアドル人もいるし、帝国主義スペイン人の子孫もいる。しかしコロンブス以後の歴史の流れでの交配は正確にはどのようなものだったのだろう。[★1] DNA分析をすれば、この国の人口にある（実際には特定の個人の中での）、その三つの集団の相対的比率を教えてくれるだけでなく、性的相互関係の様子についてさえ教えてくれる。たとえば、人口中のヨーロッパ系の割合は一九パーセントであるのに対して、スペイン起源のY染色体の割合は七〇パーセントだった。この不均衡はもちろん意外なことではない。新世界のエンコミエンダ制〔スペイン人入植者が土地をそこの住民ごと所有できるとした制度〕を経営するようになったスペイン人の大半は男だった。遺伝学はまた、男性による在来の女性のレイプがひどかったことも明らかにする――伝統的な歴史学的方法を通じてよく知られた事実でもある。

しかし、アフリカ系と先住民系の関係についてはどうだろう。こちらの相互関係については史料からはほとんど知られていない。遺伝学者は、自らをアフリカ系エクアドル人と見ている人々全体では、アメリカ大陸先住民の祖先が混じる割合は二八パーセントだが、対応するY染色体の数字は一五パーセントと見た（これまで分析されているアメリカ大陸でのアフリカ系の集団については最大）。この発見は、二つの集団間に相当の生殖による混合があったこと、そのほとんどは黒人の男と先住民の女によるものだった（逆はあまりなかった）ことを示唆している。この結果でエクアドルの生殖史に片がつくわけではないが、エクアドルの人種関係について、従来からの研究に組み込まれるべきデータ点を確実に加えている——性的接触は人種の力関係、同化の程度などの重要な指標となるからだ。この研究は、われわれにとっては、遺伝子分析がアメリカの人種や人種史を理解するという点で提供できること、できないことという、もっと広い問いを促す。

合衆国に入ると、人種と遺伝学の交差は、おそらくこの国の集団的な歴史に最も大きな損害を与えた、科学と疑似科学の入りまじった分析の領域であることを念頭に置くべきだろう。こうした主題を論じるときの一つの難点は、問われている現下の重要な科学的問題があるだけでなく、科学的用語を用いて「科学」、「宿命」、「自然の秩序」の名の下で人々を従わせようという、恐るべきイデオロギーの伝統もあることだ。

現代合衆国で世界史的な遺伝子の進み方を問う

アメリカ合衆国では、ハイポデセント——つまり少しでもアフリカ系の血を引く人はすべて黒人とされる「一滴」ルール——に基づいて、人を黒人と分類する傾向がある。私たちはさらに、非黒人集団を、アジア系、先住民、白人に分ける。先祖に先住民がいる場合は、一般にハイパーデセントのルールが用いられる——つまりわずかに先住民の血を引くヨーロッパ系アメリカ人は一般に白人と考えられる。人種に対する扱いとは対照的に、多くの集団遺伝学者は系統分岐図《クラドグラム》——一種の系図——を使って民族間の遺伝子的隔たりを表す。クラドグラムを作図するためには、二つの集団の枝を共通の分岐点《ノード》までさかのぼる距離をたどることによって、共通祖先から分かれて以後の進化論的時間を測定する。この進化論的時間は、遺伝子の違いを表すための代用ともなる——分離からの時間が長いほど、二つの集団に相異なる新しい突然変異がいくつか生じる時間が多くなる（遺伝子の差は遺伝的浮動によっても影響されるが）。★2

図5・1に示したセーラ・ティシュコフらによって描かれた遺伝子無根系統樹（共通祖先をたどるのではなく、現存の集団の差異を見る）を調べれば、合衆国の「公式」人種分類が、人間の各集団間に見られる遺伝的差異と合っていないことがわかる。人種区分がそもそも遺伝学上の違いを捉えようとすることだとすれば、公式分類は相当にひどい。たとえば、アフリカ内の集団間の遺伝子的距離は、世界の他のところにいる、いくつかの大きく「人種的に離れた」集団の遺伝子的距離なみに大きい。東アジアからヨーロッパまでの道をたどっても、タンザニア北部中央のハッツァ族から西アフリカのフラニ牧羊民（現代のマリ、ニジェール、ブルキナファソ、ギニアに暮らす）までの枝に沿って進んだとした場合よりも短い距離をたどることになるだろう。これは東アジア人とヨーロッパ人の方が、ハッツァ族とフラニ族よりも遺伝子的には似ているということを意味する。合衆国でふつうに用いられている人種・民族区分は集団間の遺伝子的違いにぴったりとは対応しないという事実は、合衆国の人種的歴史を知っている人々には意外ではないはずだ。合衆国の諸集団を、あらためて一から遺伝子的に分類したいとすれば、どのように進めればよいだろう。典型的な遺伝子の差異に基づいて、「白人」はアジア系やインド系とまとめるべきだろう。そしてたぶん、先住民は東アジア系と一群をなすだろう。そしてもちろん、「黒人」には複数の区分を立てたいところだ。

近代においては、私たちが人種と呼んでいるものは、おそらく一八世紀後期のヨハン・フリードリヒ・ブルーメンバッハの研究とともに始まる。★3 当時の学術的・法的議論の大部分は、「黒人と未開人」が完全

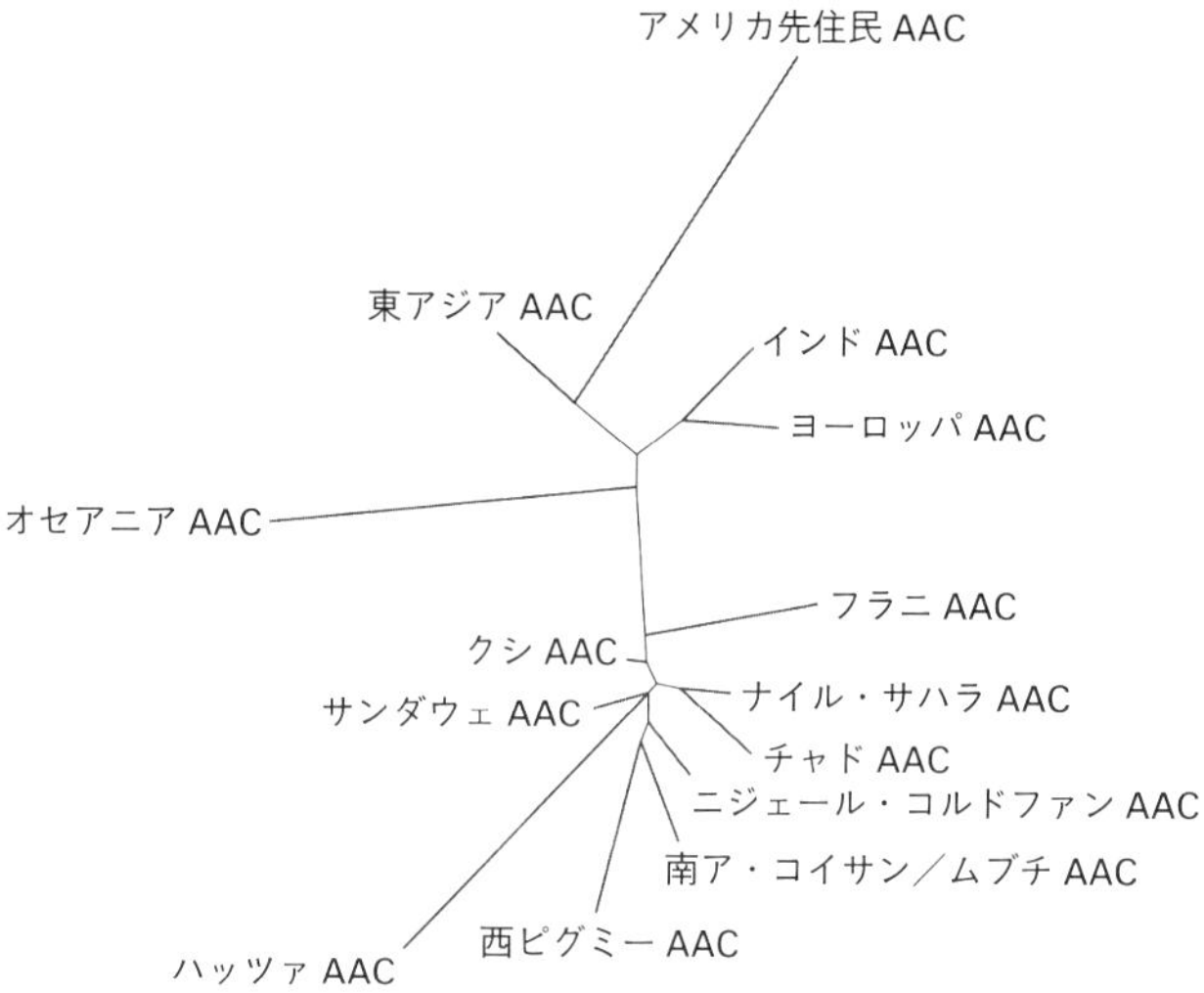

図5・1 無根系統樹〔図中の AAC は、associated ancestry cluster ＝「〜系を祖先とする人々の集団」の略。また、下半分に集中しているのはアフリカ系の各民族〕(Tishkoff *et al.* The genetic structure and history of Africans and African Americans. *Science* 324, no. 5930 [2009]: 1035–1044 より)。

From Sarah A. Tishkoff *et al.* (2009) The Genetic Structure and History of Africans and African Americans. *Science* 324 (5930): 1035–1044. Figure S12. Reprinted with permission from AAAS.

に人間なのか、動物なのか――種のレベルで問われる問題――が中心だった。ブルーメンバッハの新機軸は、人類は一種であると唱え、亜種（人種）分類の問題を取り上げることで、一七七五年には、ヨーロッパ人、アジア人、アフリカ人、北米人からなる四人種を唱えた。後には、「南方」世界の人々（フィリピン人など）からなる第五の人種も唱えた。一七九五年には、人間に五種類の総称的変種の名をつけた。コーカサス人、モンゴル人、エチオピア人、アメリカ人、マレー人という、今日もいくらか残っている名称だ。★4

二〇〇〇年ほど早送りすると、合衆国の社会科学者はまだ同様の怪しい定義を用いていて、自身を白人、黒人、アジア人、先住民、その他のいずれかを示すよう求める国勢調査の質問への人々の回答によって人種を定めている（ヒスパニック系かどうかは別の質問で問われる）。選べそうな区分の数は増えているが（混合人種、太平洋諸島人など）、することは同じだ。ほとんどの人々は、自分の前にある、社会的に構成された人種の選択肢のうち、自分の皮膚の色や祖先や自己認識に対応する、一つを選ぶ。一方、生物学系の多くの研究者は「人種」という用語を「大陸系統（continental ancestry）」という用語に置き換えている。これは「人種」を生物学的分類とすることの否定の表れとも言える。たとえば、いわゆる人種はすべて同じタンパク質を表す遺伝子を持っていて、ヒトという種の下位区分をなす明瞭な遺伝的境界線はない。「人種」ではなく「大陸系統」という語を使う理由には、ゲノムを見るときに、歴史的・地理的由来を特定する精度が向上することもある。つまり、大陸系統によって、もっと遺伝学的に正確な限定が可能になる。たとえば、オバマ前大統領は、単に初の社会的に見た「黒人」の大統領なのではなかった。初の（私たちが知るかぎり）「ヨーロッパかつアフリカ」系の大統領でもあった。詳細なデータがあれば、自分のフィンランドやアイルランドやケチュア各系統の相対比を確かめることができる。★5 私たちはここでの「何とか系」という言い方の短縮表現として人種とか民族をあたりまえに使う一方で、遺伝子データを使えるようになった今、それを続けるべき理由もない。実は、遺伝子データを自分で利用すれば、私たちのＤＮＡに記録された人類の混じり具合について、実は複雑な話を単純化して押しつける、一家に伝わる不正確な俗説をひっくり返すことになるだろう。[6]

合衆国での人種・民族分類体系は、遺伝子的に見た人種・民族の違いが実際には最大の人種集団——アフリカ系アメリカ人——に対し、「民族的」アイデンティティを破壊しようとしてきたことになる点で、いっそう皮肉なことになる。他の集団——南米系、先住民、アジア系、白人——には独自の民族集団があるが（先住民の場合には、これは明示的に民族あるいは部族だが、それ以外については出身地に結びつく）、黒人アメリカ人には民族的下位区分がない（多数の黒人国からの移民の数が増えるとともに、黒人の民族は「系」つきのジャマイカ系アメリカ人、ナイジェリア系アメリカ人などとして再登場しているが）。そうなったのは、奴隷所有者が、奴隷の団結を断ち、そうして反抗を防ぐために、意図的に地理的出身地の異なる奴隷集団を混ぜたからだ。アフリカ系アメリカ人の部族・民族的起源の混合は、出身地からの完全な隔離や、あらためて新たな文化的習慣を構築する（そして古い習慣を改造する）必要とあいまって、アフリカ系アメリカ人が自分の「民族の誇り」[7]——つまり、合衆国を形成する移民社会の国境の外に存在する独自の歴史、伝統、民族性をもった集団に所属する誇り——を実効的に奪われていることを意味した。[8]黒人には、他の移民にあるような、聖パトリックの日（アイルランド人）や五月五日の戦勝記念日（メキシコ人）に対応するものがない。[9]実際のところ、合衆国の祝日が遺伝的区別に基づいて配分されたとしたら、ケニアのいくつかの部族それぞれのために複数の祝日があり、聖パトリックの日はまったくなくなることだろう。集団の分類に対する鍵として遺伝子の違いに注目するもっと正確な人種的／民族的区分体系があったら、それはどのように機能するだろう。

遺伝的多様性の測定

人類略史はおおよそ次のように進む。化石によれば、約二〇万〜三〇万年前、サハラ以南アフリカの北東部、大地溝帯《グレート・リフトバレー》のどこかに、最初のホモ・サピエンスが現れた。現存する中でヒトに最も近い親戚はチンパンジーで、こちらとは五〇〇万年ほど前の共通祖先から分かれた。中間の種には、アウストラロピテクス、ホモ・エレクトゥス、もちろんネアンデルタール人など、絶滅したものがたくさんあった。もっともネアンデルタール人は私たちが思うように絶滅してはいないかもしれない。中にはネアンデルタール人系が入っているという人もいるからだ。★10 一〇万年ほど前、ネアンデルタール人は東アフリカを出て、北へ向かった（図5・2）。これは何度もあった出アフリカ移住の一つだった。アフリカから出たか、アフリカを出た集団から進化したか、いずれかの種には、デニソワ人やホモ・ハイデルベルゲンシスなどがある。

こうした早い時期の、ホモ・サピエンスには入らない種は、約四万年の間、ユーラシア大陸を我が物としていた（少なくともヒト科の間では）。しかし約一〇万年前、ホモ・サピエンスの一団がアフリカを出て、世界中に広がった（ただしそのようなホモ・サピエンスの移住は複数回あったと考える学者もいる）。証拠からすると、この集団についての実効的人口（つまり子孫ができる交配プール）のサイズは一〇〇〇人から二〇〇〇人ほどしかなかったらしい。この小規模な社会が、アフリカの角《つの》から徐々に北へ進んだ少数の先駆者によるのか、旅立ちを試みたもっと多数からなる集団の多くが厳しい環境を越える移住の苦労で死亡したせいな

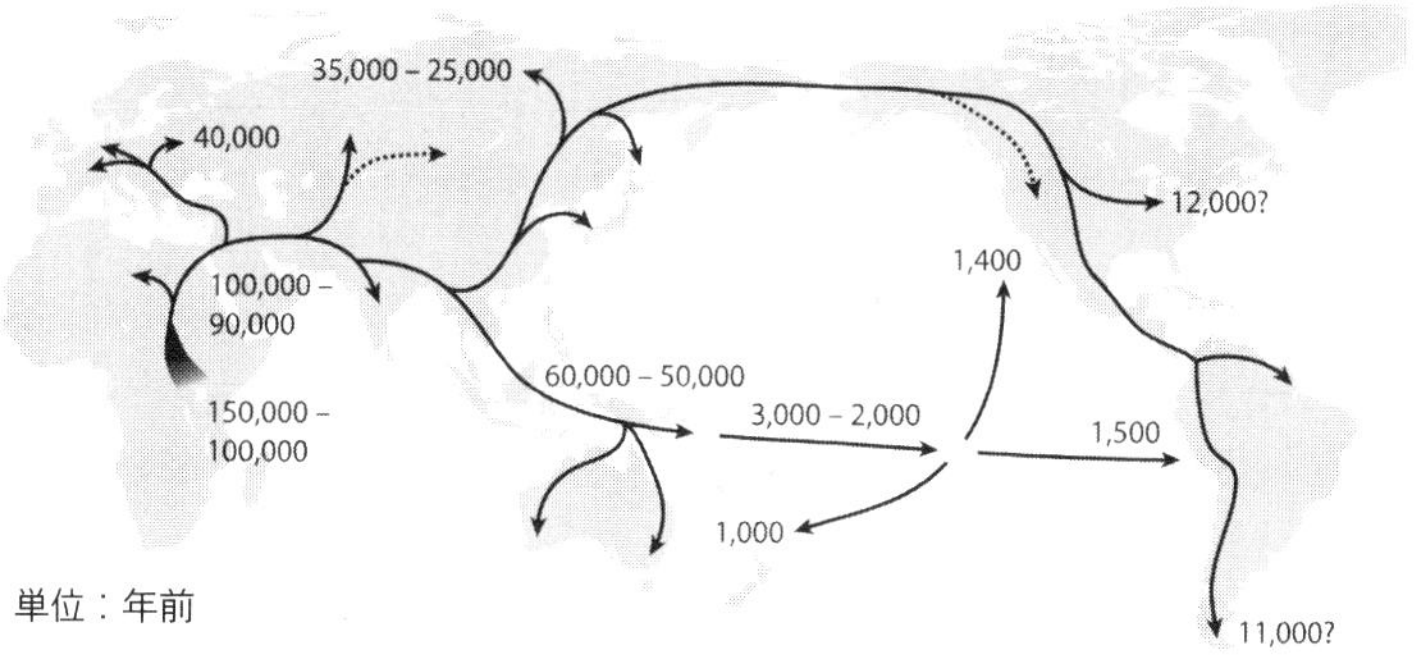

図5・2　現生人類のアフリカからの移住

のかは明らかではない。いずれにしても、鍵になる事実は、アフリカ人の直系の子孫ではない人類は、この一〇〇〇人から二〇〇〇人の先祖を共有しているということだ。[★11]

このアフリカからの移住の際の「ボトルネック」は、今日の人口集団間の大陸系統に関する最も根本的な遺伝子的断絶を生んだ。アフリカ人と非アフリカ人の間の遺伝的多様性の量の違いだ。実効的交配人口が小さければ、一部の遺伝子多様体は「固定」によって消滅してしまう可能性が高い。つまり中立進化説は、淘汰圧がなければ、集団における遺伝子マーカーは偶然によって上昇したり下降したりすることを説く。[★12]集団が大きければ、しかじかのマーカーがある世代で偶然に消えるというのはありそうにない。しかし小規模な集団では、そうなる可能性はぐっと高まる。集団の一〇パーセントに存在するSNPを考えよう。調べる生殖プールに一〇人がいて、それぞれが二つの染色体を持っていれば、マーカーは二部しかない。ある世代で、その二つのいずれも伝わらないことは大いにありうる――具体的には四分の一の可能性だ。しかし、一〇〇人の人口となると、特定の多形の二〇部のうち、一つも次世代に伝わらない可能性はごくわずか、一〇〇万分の一となる。つまり、アフリカから出る移民の小規模な集団が、多様性の部分集合だけを持って出て行くと、時間を経て、このとき残っていた多様性の一部を「失う」ことになりがちだ。どちらの力も、アフリカから遠くまで（徒歩で）離れるほど、そこでの始祖となる集団はさらに小さくなって、遺伝的多様性の刈り込みをもたらす。実際、人類が世界中に広がるにつれて、遠くまで行った人々の間では遺伝的多様性は小さくなった。パンにジャムを塗るように考えてみよう——ナイフでジャムを伸ばすとき、ジャムの量は少なくなり、反対側の耳に届く頃には塗布面は薄くなっている。同様に、東アフリカからの移動距離は、集団における遺伝的多様性を表す非常に良い代理となる。

　遺伝的多様性を測定する方法は多いが、最も単純なのは、ヘテロ接合率（両方の染色体の同じ遺伝子座に同じ対立遺伝子を持たない個体の頻度）だ。特定の多型が集団の二つの形の異なる対立遺伝子で均等に分かれているなら、ヘテロ接合率は高くなる（五〇パーセント——ランダムな交配を仮定して[★13]）が、二通りの対立遺伝子の一方の普及率がゼロに近づくと、その遺伝子座でヘテロ接合となる個人の割合は実質的にゼロになる。集団での遺伝的多様性を評価する方法には、しかじかの配列——たとえばＡＧＧＴＣＴ——が連続して繰り返す回数の違いを調べることもある。これはコピー数の多様性〔ＣＮＶ〕（縦列型反復配列での）と呼ばれる。

　ＣＮＶに対するＳＮＰヘテロ接合をグラフにした図5・3からは、二つの尺度が互いをよく予想することが見てとれる。さらに、いくつかの例外はあるが、アフリカ人集団はグラフの右上（多様性が大きい）に固まっているのがわかるが、アメリカ先住民や太平洋諸島民は、左下（多様性は限定的）にあり、それぞれのアフリカからの距離に基づいて予想されるとおりになっている。[★14] 下側の図〔Ｂ〕は上図〔Ａ〕の拡大版で、元のグラフの右上部分を拡大している。この図解に出ている「部族」の中には、「ノースカロライナ」や「ピッツバーグ」というのがあり、それが高い水準の遺伝的多様性を示していることに注目しよう。こ

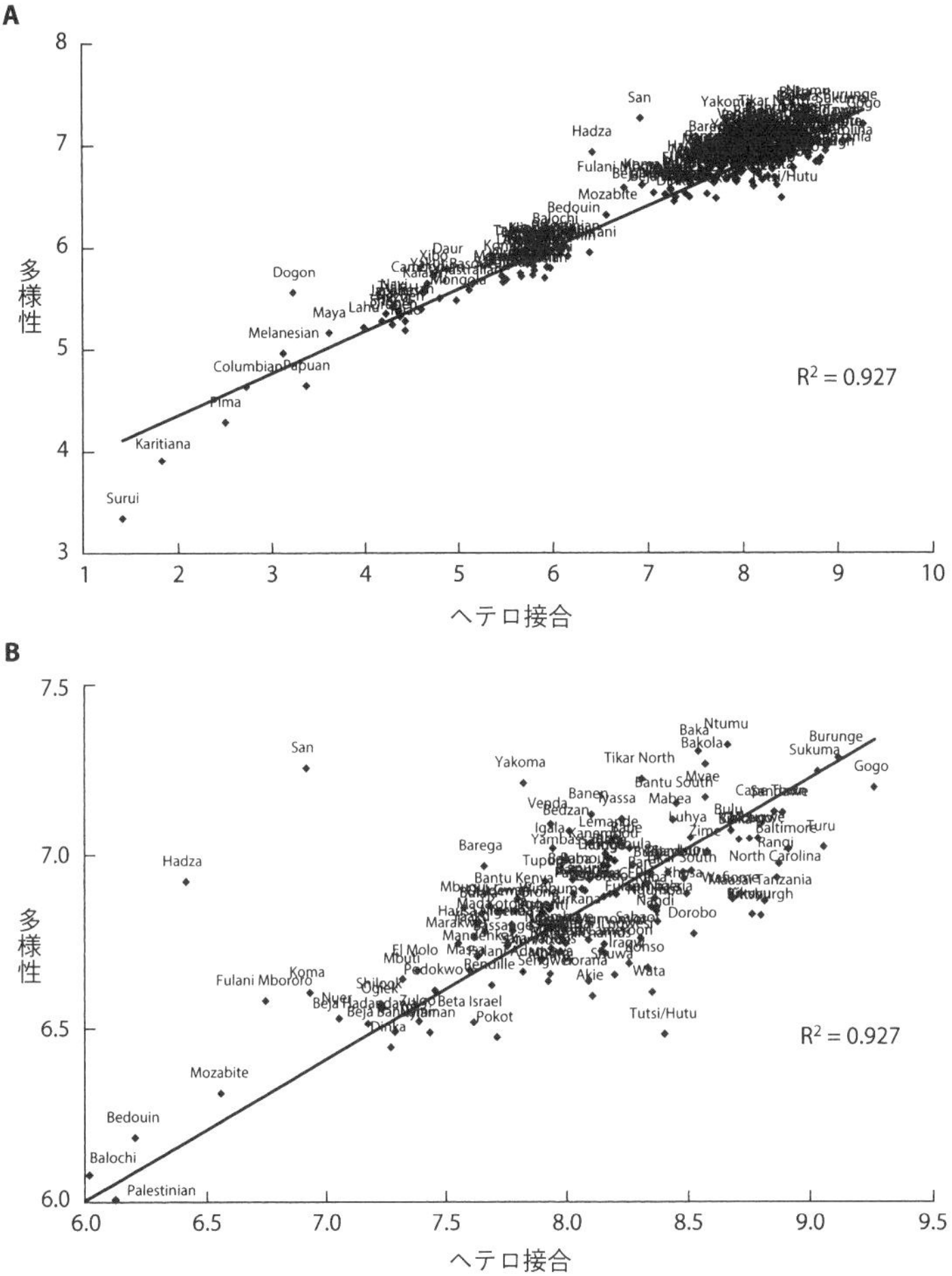

図5・3　世界人口について、SNP ヘテロ接合（*x* 軸）とコピー数多様性分散（*y* 軸）を照合した遺伝的多様性尺度のグラフ（A）〔重なっているのは民族名の略号――下記の原資料を参照〕と、世界全体のグラフの右上にある部分についてのグラフ（B）。図Aの右上にあるものは、遺伝的多様性の水準が最大（東アフリカの人類のゆりかごに近いところにいた傾向のある集団）。下側の図では、合衆国のアフリカ起源の人々が図Aの右上にある集団の間にいることがわかる（Tishkoff *et al.* The genetic structure and history of Africans and African Americans. *Science* 324, no. 5930 [2009]: 1035–1044 より）。

れはこうした地域出身のアフリカ系アメリカ人の例で、ヨーロッパ人や先住民との混合があるにもかかわらず、また奴隷貿易での中間航路の強力な創始者効果（つまりボトルネック）があるにもかかわらず、黒人アメリカ人は高い水準の遺伝的多様性を維持していることを示している。アフリカ系の人々の間の方が（アフリカを徒歩で出た人々と比べて）遺伝的多様性が大きいということは、遺伝的多様性の高低の主な断絶がアフリカ系によって決まることを補強している。[★15] まとめると、今用いられている人種区分は、意図的に生み出された誤情報を含む、入り組んだ、しばしば悪意に満ちた歴史に基づいている。五つの集団が妥当な一次近似だったとしても、私たちが用いている区分は、集団間の遺伝子的差異を最大にすることに基づく科学的基準を満たさないだろう。これは、私たちがこうした差異を正確に測定できても成り立つ。測定は難しいとはいえ。[★16]

祖先の差はものを言うか、それとも背景ノイズでしかないのか？

人種は科学的には成り立たない。以上。しかし大陸系統は、確かに遺伝子に基づいている。しかしこの大陸に基づく遺伝子の違いは現代社会で何を意味するのだろう。そろそろ遺伝的多様性について、左派も右派もともに広めているいくつかの神話を退けておくべきだろう。左派では多くの人が、集団どうしより集団内の方が遺伝的多様性は大きいことを指摘して、集団間の差異の根底に遺伝的多様性があるという説を否定しようとしている。全人類の遺伝子の九九・九パーセントは同じで、人の集団には、別の集団にはない遺伝子（つまりそれで表されるタンパク質）を持つ集団はないことを挙げるという扱い方もよくある。どちらの論旨も根も葉もない話だ。何と言っても、私たちはチンパンジーとも九八パーセントの遺伝子が同じだし、ネアンデルタール人とも九九・七パーセントが似ている。その二パーセント（あるいは〇・三パーセント）の違いはどうなっているのだろう。

単純に言えば、遺伝的多様性全体を見ても、重要な具体的差異より教えてくれることは少ない。*FOXP2*遺伝子——言語遺伝子と呼ばれることも多い——に突然変異があって、この転写因子（他のいくつかの遺伝子の発現を刺激するのを助ける遺伝子）が機能しなくなった人々の集団というのを考えてみよう。こうした人々には、言語によって意思疎通する能力が欠けることになる。実は、この遺伝子の意義が最初に発見されたのは、あるイギリス人一族で、三世代にわたって半数の構成員が重度の言語障害——口頭での意思疎通ができない——にかかっていた例の研究による。この一族は、周囲の人々と遺伝子的には九九・九九九パーセント同一だったかもしれないが、〇・〇〇〇一パーセントが巨大な差となった。全体的相似に対するこの特定の遺伝子の差の重大さは人類に特有のことではない。わずか四つの遺伝子の操作によって、シロイヌナズナを木質の樹木に変えることができている。これは一九七〇年代のテレビ番組「Name that Tune」〔その曲を当てよう〕の遺伝子版のような感じがする。どれほど少ない音（遺伝子）が、生物の表現型を変えてしまえるかということだ（SNPのようなよくある多様体は集団総体に対する影響は小さいとはいえ、遺伝子を変えたり機能しなくすると、他の高度にポリジェニックな表現型に対してさえ大きく影響することがある。たとえば小人症や知的障害など）。

人類がすべて同じ遺伝子を（遺伝子の形態は違っていても）共有していることを強調すると、進化による変化や生物学的差異の多くは新しいタンパク質の発達というより、その遺伝子の発現の調節——つまり、遺伝子のスイッチがいつ、どこで入ったり切れたりするかの範囲、タイミング、位置——の方によるものだということが見えなくなる。実は、ヒトゲノム・プロジェクトが始まったときは、ヒトのタンパク質を表す遺伝子の数は一〇万程度と予想されていた。何と言っても、私たちはきっと遺伝子が三万二〇〇〇種のトウモロコシよりは複雑だろう……そうではないのか？[★17] 結局のところ、人類の遺伝子はわずか二万（未満）だった。つまり人間の差異のほとんどは、この二万の遺伝子のスイッチが、特定の組織、特定の時間で入ったり切れたりすることによっているのだ。同じ遺伝子が脳と肝臓で発現していることもある。攻撃的な細菌によってスイッチが入ることもあり、熱い食べ物で切れることもある。それぞれの遺伝子が、会社で八時間働き、それから急いで帰宅して夕食を作り、それからＰＴＡの会議に出る、マルチタスクの働き者の親のようなものだ。

私たちがみな二万の遺伝子を共有しているという事実は、ゲノムの調節領域――プロモーター、エンハンサー、マイクロＲＮＡといった分子のスイッチ――での違いに基づいて表現型に差が出る可能性を排除しない。私たちは異なるタンパク質を持っているかと問うより、私たちは異なる対立遺伝子を持っているかと問う方が良い。ある集団が持っていて、他の集団にはまったく見られない対立遺伝子があるかどうかを問うと――特異的遺伝子の調査と類似する問い方――答えはイエスとなる。図５・４に示すように、最も「固有《プライベート》」な（つまり共有されていない）対立遺伝子を持つのはアフリカの集団だ。これはもちろん、サハラ以南アフリカの多様性の方が、アフリカから他のところへ移動したときのボトルネックに陥った集団と比べて大きいことを反映している。しかし要点は、集団の差異を説明するときに、こうした固有対立遺伝子の大きな影響を初めから排除する理由はないということだ。

観察される集団間差異の遺伝子基盤をいっさい否定するために左派が立てる第三の論旨として、有意差

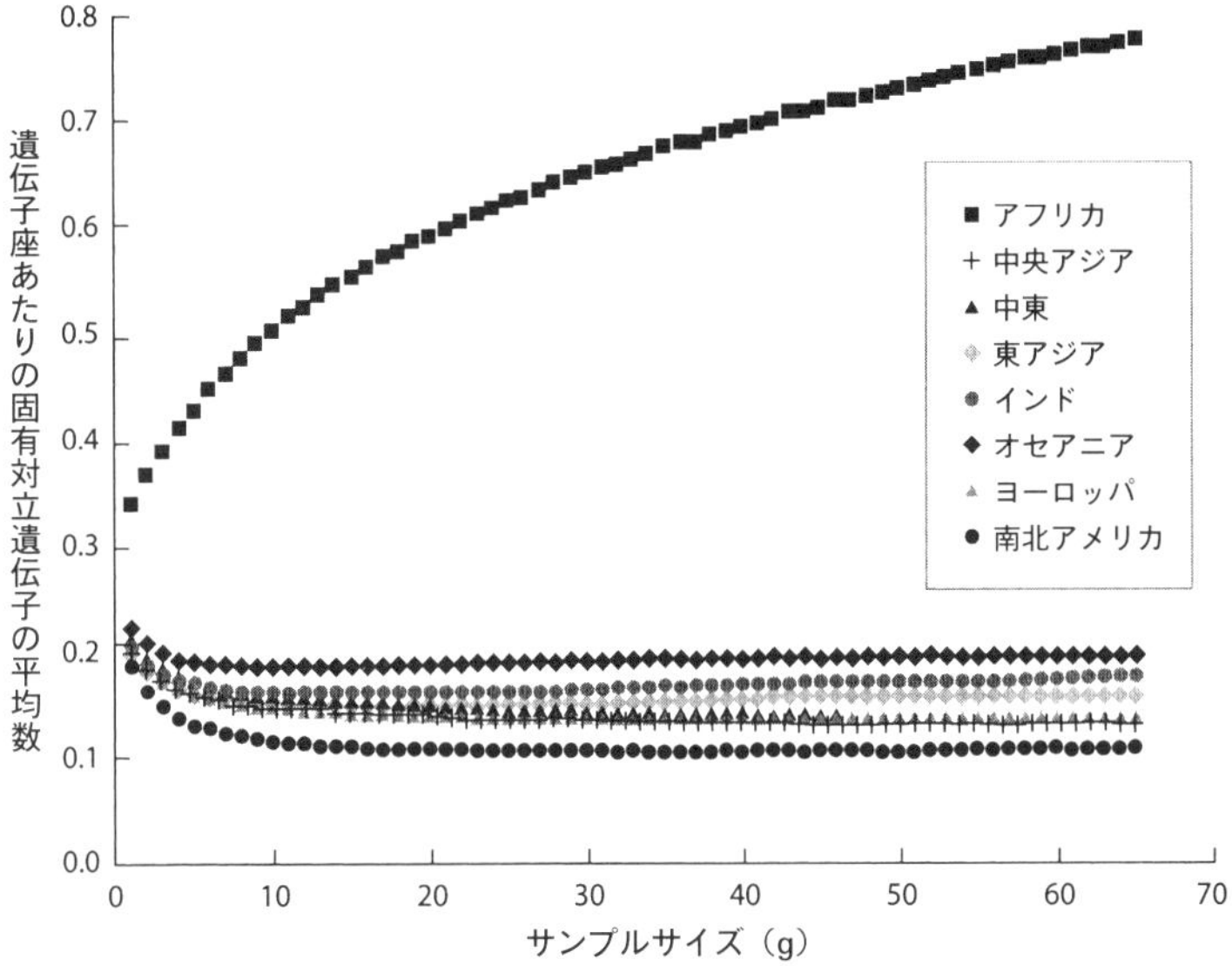

図5・4　祖先集団ごとに抽出した、違いのある遺伝子座あたりの固有対立遺伝子（つまりその集団に特有のもの）と、対立遺伝子数（千単位）とを対比（Tishkoff *et al.* The genetic structure and history of Africans and African Americans. *Science* 324, no. 5930 [2009]: 1035–1044）。

が現れるための時間が――進化論的に言って――十分でないという点がある。スティーヴン・ジェイ・グールドの、よく引用される有名な発言。「人類には四万年あるいは五万年の間、生物学的な変化はなかった。私たちが文化と呼んだり文明と呼んだりするすべては、同じ体と脳で築かれた」[★18]。この視点によれば、人類の進化は大地溝帯で解剖学的な現生人類が登場するとともにだいたい終わっている。結局、六万年と言っても、ヒト科の歴史全体と比べればあっという間だ。アフリカの外の集団どうしの違いをたどる場合には、その時間幅は、図5・2で見たように、さらに大きく減る。それでも、重大な集団的差異は新たな突然変異についてのプラスの淘汰を通じてだけでなく、高度にポリジェニックな形質についての淘汰を通じても現れうる。この形質についてはゲノムにすでに多くの遺伝的多様性があって、そこに淘汰による選別と再生産がはたらく。私たちはすでに、身長や認知能力は高度にポリジェニックで、ヒトゲノムにある小さな違いが何千と集まったものに影響されることを知っている。頭のいい人ほどそうでない人よりも高い率で生殖するなら、IQ分布における全体の遺伝的移行は数世代程度で達成される（IQの生殖と生存での有利さが十分強ければ）[★19]。この見方では六万年は一瞬ではなく永遠となる[★20]。つまり、出生率と異なる行動的形質――IQだけでなく信頼、根性、自己節制など――に対する生存の有利さに差があれば、私たちは容易に数千年にわたる遺伝子の分化を目撃できるだろう[★21]。

確かに、これはまさしく、人類学者のグレゴリー・コクランと故ヘンリー・ハーペンディングのような議論を呼んだ学者が著書の『一万年の進化爆発』（古川奈々子訳、日経BP社、二〇一〇年）で論じたことだ。二人は新石器革命と定住文明の勃興こそ、人間の社会的配置――自然の地形に対する――が集団遺伝学上の変化を起こす第一の原動力になったと想定する。結果、今日の差異の多くが農耕社会によって加速した淘汰圧にたどれると二人は論じる。そのような圧力は、肉体的耐久力など、狩猟採集向きの形質を犠牲にして、高度な計画性のような心的形質に有利に作用する。しかじかの社会での農業の発達以来の時間は、いろいろな集団の遺伝子分布の様子がこうした生存のための要求の変化にどう適応したかを予測する。二人の説は、もっともではあるが、手に入るデータで立てられたのではなく、状況証拠に基づく語りの代表となっている。最近の研究は、進化は技術や社会の進歩のせいで「停止」はしていないと説くが、最近の淘汰をどんな力が動かしているのか、その力は現代世界にどんな影響を及ぼすのかはわからない[★22]。言い換えれば、確かに人類はまだ進化していて、淘汰圧のおかげで（遺伝的浮動に加えて）遺伝子的には互いに離れつつある。しかし生存と生殖の勾配——とくに社会的・心的技能に関して——が大陸や亜大陸の位置によって異なると主張することは、データには支持されていない。

人類の進化や集団の差異を語るときに、証拠を挙げるよりただ断言するようになるのは左派の専売特許ではない。右派も独自に真実でないことを大いに広めている。たとえば、ニコラス・ウェイドは著書『人類のやっかいな遺産』（山形浩生・守岡桜訳、晶文社、二〇一六年）で、集団に表れる結果の差を説明する方法として、無視できない地理的あるいは民族的差異を示す一つの遺伝子座での遺伝子型に注目する。単一の遺伝子では *FOXP2* ほど巨大な影響を持ちえないというのではなく、ただ、「人種的」集団による頻度差がはっきりしている遺伝子がそうなっていないということにすぎない。たとえば、ウェイドなどは、しばしば、*MAO-A* のコピー数多様性を「戦士遺伝子」として論じることが多い。初期の候補遺伝子研究が、この対立遺伝子の存在が暴力的行動を予測することを示したからだ。その上で、「暴力的」対立遺伝子が見られる頻度は黒人集団の方が高いと言われる。しかし第3章からわかるように、そのような候補遺伝子研究——とくに暴力遺伝子に関するもの——は、集団層別化の扱いがもっと優れた追試には耐えられていない。さらに、耐えたとしても、当の対立遺伝子は結果としての表れについて測定された多様性の取るに足らない分しか説明しないので、行動について集団の差異の遺伝子モデルを構築する堅固な土台とは言いがたい。

右派の第二の誤りは、自然淘汰を過大評価し、遺伝的浮動を過小評価するところだ。[★23] 自然淘汰では、遺伝子多様体が生存の有利さをもたらし、理論的には集団間の差異についての遺伝子に基づく説明を生む。遺伝的浮動は、遺伝子の違いが有利さに結びつかないランダムな過程であり、それが地理や時代に基づいて集団に「タグをつけ」、集団（たとえばアメリカの黒人と白人）によって違いうる。集団の身長やＩＱのような表現型も、環境的理由によって違うことがありえて、それが遺伝子の差異と相関するというのは疑わしい。人類が地球全体に広がるときに遭遇した様々な環境の様子に順応するために、それぞれで純化する淘汰が起きたことはわかる。非常にわかりやすい例として、鎌状赤血球遺伝子型——マラリアに対する抵抗力がある——の保有率がある。これは世界でも有数のマラリア発生率が高い地域である西アフリカや中央アフリカの集団に存在する（やはりマラリアの率が高くても、G6PD欠損症のような、別の遺伝子に基づく抵抗力を発達させた地域もある）。あるいは皮膚のメラニンの発現における明瞭な濃淡（肌の色）は赤道からの距離と強い日光に曝される程度によって予測できる。あるいはアレンの法則に明らかなような体形もある。これは寒冷な気候では、温血動物は体長が短く、ずんどうになって熱を維持するが、暑いところでは耳や鼻や手足が大きくなり、体重に対する表面積の割合を高くして、放熱しやすくなることを言う。この関係は確かに人間でも他の恒温動物でも成り立つ。

いくつかの肉体的特徴にこの環境と遺伝の明瞭な関係を観察できるからといって、それを高度に複雑な人間の行動と精神的特徴に問題なく拡張できると間違って思い込む遺伝子決定論者は多い。これは外的妥当性あるいは少数の経験的観察例からの一般化という問題だ。少数の遺伝子に依存する形質における表現型の差異——肌の色、眼の色、乳糖耐性など——を生み出す淘汰圧が実際に作用していて、それが見られるからといって、認知能力のようなきわめてポリジェニックな形質と社会的あるいは物理的状況との明瞭な関係に簡単に移し替えることはできない。たとえば、体の大きさを取り上げるとき、アレンの法則で予測されるような人間集団における四肢の長さの変動を見ることができるが、四肢の大きさは、全体としての身長に比べてあまりポリジェニックではない（ほとんどHOX遺伝子系列によって制御されている）[★24]。そして確かに、身長は緯度・表現型の関係を明瞭には示さない。ピグミー族とバンツー族（占めている地域の赤道に対する位置は似ている）、あるいはイヌイットとスウェーデン人（やはりおおむね同程度の緯度のところで暮らす）を比較してみよう。これは高度にポリジェニックな形質が強い淘汰圧を受けることはありえないという意味ではない。六〇年で鶏の体重を四倍にした養鶏業者に尋ねればわかる[★25]（図5・5）。

ある時点での多くの行動の複雑でポリジェニックな構造に加えて、この五〇年の経済的運命の急速な変化は、現代世界の民族集団による相対的な成功不成功を単純に遺伝子で説明することをいっそう怪しくしている。この一万年というのは、社会経済的に表れた結果を形成する遺伝子基礎構造の地理的差異が生まれる時間量としては確かにありそうだが、二〇〇〇年となるとおそらくそうは言えないし、五〇年だと明確にない。それでもたとえば台湾や韓国は、集団が食うや食わずの貧しい社会から世界でも有数の高い生活水準の社会へと進んでいる[★26]。つまり、生活水準や関連する社会的に表れた結果の地理的多様性を説明する

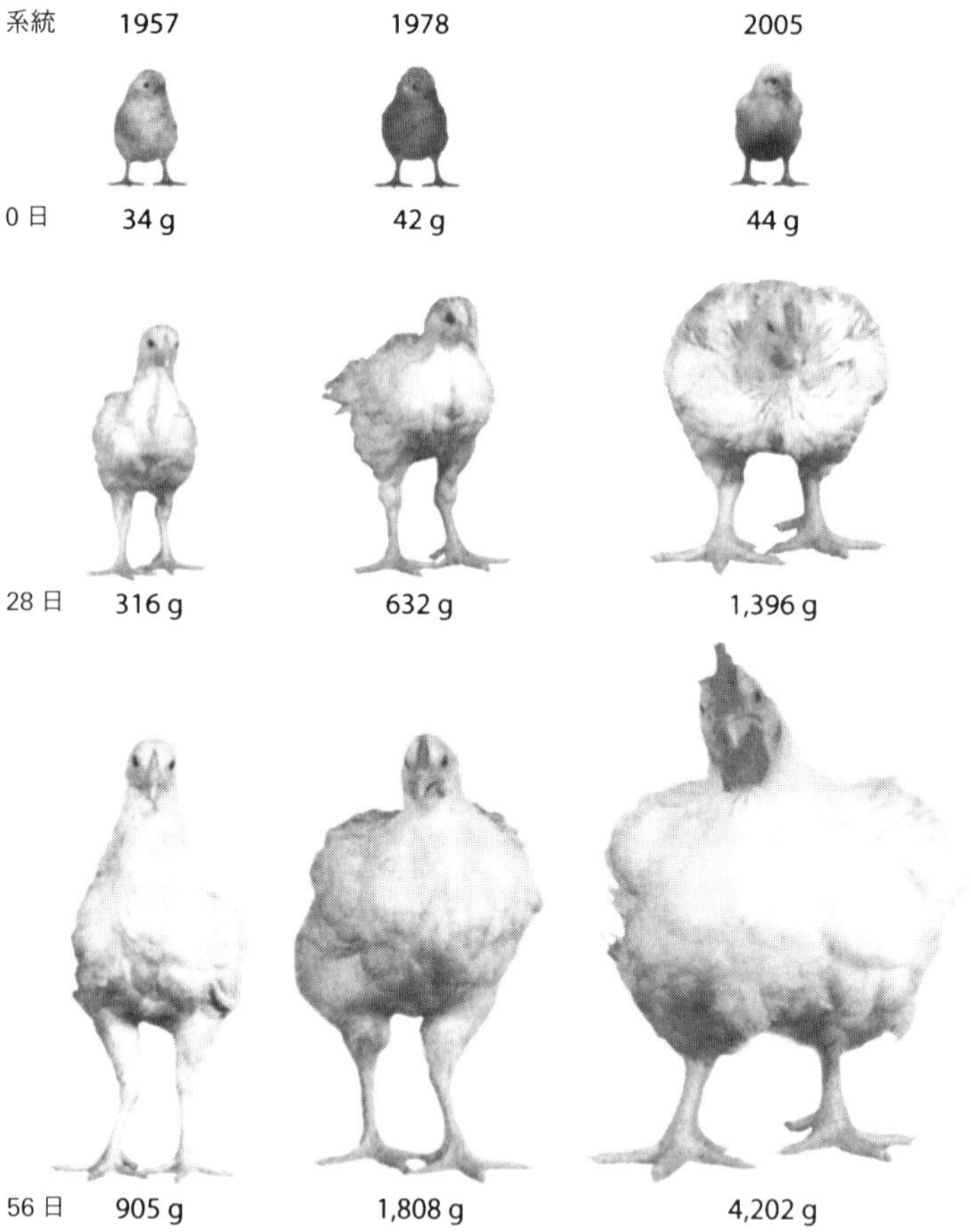

図5・5　巨大型を作る。60年間、大きさを元に交配されたひな。Zuidhof, MJ, Schneider, BL, Carney, VL, Korver, DR, and Robinson, FE. (2014) Growth, efficiency, and yield of commercial broilers from 1957, 1978, and 2005. *Poultry Science* 93[12]: 2970–2982.

ためにはおそらく、たとえば制度的違いなどの、遺伝子よりも優れた説明があるのだろう。この点は第6章で取り上げる。当面、研究と理論からすると、遺伝的差異は、行動や社会経済的成功についての国民、民族、人種的差異についての説明になる可能性があるらしい——ただし可能性は低い——が、そのような説明は非常に成り立ちにくい。今やどれほど難しいかもわかる。

大陸系統は確かにあるが、それは何を意味するか?

今や大陸系統(人種と相関するが合わないことも多い)による有意な遺伝子的差異があることがわかったので、さらに議論のある問いに答えるために必要なことが問える。祖先集団の下位集合による遺伝子的差異は、現代の合衆国における、自分が属していると思う人種集団間での観察に表れる結果の差異を説明するだろうか。つまり、重要であることがわかっている環境の差異に加えて、実際に学歴や社会経済的成果にとって重要な、人種による別々の遺伝子型がやはりあるとしたらどうなるか(付録5では、合衆国の人種的格差の非遺伝子的説明を総説している)。大陸系統によって頻度の異なる個々の多様体はあるが、手に入る証拠からすると、そのような対立遺伝子はIQや社会経済的地位の多様性についてはこれと言える量の説明はつけられないらしい。しかしアメリカの黒人と白人のゲノムのわずかな違いすべてが積み重なって、認知や社会経済的な差異の大部分を説明することはありうるか。そしてこの違いすべてを積み上げるためにどんな方法が使えるか。

これは長い、しばしばイデオロギーを動機にした歴史の伴う、「醜い」問いになりかねないことを、われわれは認識している。科学者が実際にそれを問うべきでさえない理由についての堅固な論拠もある。すなわち、そのような研究によって及ぼされる害は、それによって生まれる知識の価値を上回るということだ。[★27] しかしそれでも私たちはその問いを立てて、それに科学的な——イデオロギー的でない——形で実際に答えるのがいかに難しいかを明らかにする。遺伝の分析を人種内に限るためのうまい方法論的理由はあるが、社会遺伝学について一冊の本を書いて、人種を直接に取り上げないというのは、逃げているように見える。それに人種／大陸系統に関する合衆国を中心とする章を書いて、表れる結果に観察されている格差を説明するうえでの遺伝子の潜在的な役割を取り上げないとなれば、私たちが何かを隠しているようにも見えるだろう。さらに、そのような省略は、私たちは遺伝子と社会科学の統合を恐れるべきではないという本書の精神に反する。もう一つ、最も重要なことに、私たちが人種、遺伝的由来、成果という議論のある問題を取り上げるのは、いずれ他の人々——おそらくイデオロギー的・人種差別的意図のある学者——が、遺伝子データを社会的調査と大規模に組み合わせることによって、そうした問題を取り上げるのは確実だと思うからだ。むしろ先手を打って、そのような探求に科学的正当性が得られるには、どれほどの仮定を立てなければならず、どんなデータが必要かを明らかにしたい。そういうことで、これから始めよう。

たぶん、わかりやすい進め方は、データ集合にある平均的な黒人と平均的な白人のゲノムどうしの小さな差異すべてが「足し合わされて」、一方の集団が、平均して、学歴などの重要な表現型のレベルが高い方を予測するような遺伝子的特徴を有していることを示すかどうか、直接に調べてみることだろう。ゲノムを「足し合わせる」方法は少なくとも二つある。まず、読者にもおなじみの、ポリジェニック・スコアを用いること。次に、後で論じるが、主成分分析を用いること。

黒人と白人の教育についてポリジェニック・スコアを比べたらどうなるだろう。スコアにある潜在的な差異は、学歴にある人種差が遺伝的なものであることを示すのだろうか。この比較を行なうには、大量のハードルがある。技術的なものもあれば、概念的なものもある。技術的な問題点は処理できるものと考えられるので、そこから始めよう。まず、ポリジェニック・スコアは全面的に(あるいはほとんど)ヨーロッパ系の祖先のサンプルを使って構成されている。これは外的妥当性の問題や欠落データなどの異論をつきつける。外的妥当性の問題が生じるのは、ポリジェニック・スコアを構成するためにデータに捉えられている環境が、非白人が生活する(教育を受ける)多くの環境を含んでいないので、ポリジェニック・スコアは黒人のサンプルではそれほど予測できないことが予想されるはずだからでもある。欠落データが生じるのは、本章でも先に論じたように、アフリカ系の集団は「固有対立遺伝子」(つまり他の集団と共通でないもの)がはるかに多いからだ。ヨーロッパ人が先祖の民族はそうした対立遺伝子を持っておらず、ポリジェニック・スコアはゲノムのこうした領域について情報をもたらせない(関連する欠落データの問題点は、遺伝子データにおける組み入れ《インピュテーション》の使用だ。付録6を参照)。ゲノム全体の配列決定を伴う、アフリカ系の大規模なサンプル(UKバイオバンクにある五〇万人のような)があったら、この二つの問題を原理的に克服できるような教育に関するポリジェニック・スコアが構成できるのだが。

しかしそのようなスコアが各集団について生成できたとしても、ヨーロッパ系の子孫の人々についてはりんごでできたポリジェニック・スコア、アフリカ系アメリカ人についてはオレンジ(つまり、付与される重みが異なる別の対立遺伝子)でできたスコアが得られることになる。こうしたそれぞれのポリジェニック・スコアは人種内の教育的階層化を理解できるようにしてくれても、人種をまたいだ個人や集団の差を説明するのにはほとんど使えないだろう。それは、こうした別々に構成されるスコア間の差異を増幅しようとするどんな試みも、箸規則に反することになるからだ。つまり、集団間のどんな対立遺伝子の差も、ある程度の大きさであれば、両集団間の潜在的な環境的差異を抽出するための主成分によってピックアップされるはずだろう。

私たちにとれる第二の方式——遺伝子的祖先を直接に測定し、注目する結果の表れに対する影響を評価する——も重大な欠陥を伴う。一見するとそれは有望に見えるかもしれない。私たちはすでに、大陸系統と呼ぶもの、あるいは人によっては人種とも呼ぶものについては明瞭な遺伝子的特徴があることを知っている。アメリカの二つのサンプルにおける、最初に挙がる二つの主成分《プリンシパル・コンポーネンツ》（PC）のマップ（図5・6）を見よう。ただし、PCが拾う変動は抽出する個々の集団に大きく依存することは忘れないように（たとえば、ヨーロッパでは最初の二つのPCは地理的に南北と東西に対応する）。[★28] 主成分分析《アナリシス》（PCA）は、データにある変動の大部分を捉える第一主成分（PC1）という一つの尺度を計算する統計学的演算で、データにある変動のうち、できるだけ大部分を単一次元で捉える。遺伝子データについては、PC1は、ゲノムを通して相関する傾向のあるSNPの違いを捉え、したがって祖先を反映する方法となる。第二の（さらにそれ以下の他の）主成分は、第一（あるいはそれ以前）のPCと無関係な残りの違いを抽出する——つまり一部は共通祖先の他の次元を表す。[★29] この二つのPC尺度上のスコアがわかれば、相当の正確さで（ただし決して確定的にではない）、その人が米国勢調査の書式で人種とヒスパニック系を尋ねる質問でどこにチェックを入れそうかを推測できる。さらにいくつかのPCを加えれば、人種集団内での民族的構成さえ区別できるほどに精度を向上することになるだろう。先祖の情報がわかるマーカーに数えられる他の手法も非常によく似た結果を生む。

わかるとおり、図5・6（PC1）におけるx軸（横軸）に沿って左から右へ横に見渡すと、黒人は右側に広がるが、自分で白人と報告する人々は左側に集中している。[★30] つまり、この軸でのスコアは自分で黒人と考える人々と自分で黒人とは考えない人々とをよく区別する。y軸（縦軸）——PC2——は、さらに非黒人集団を、アジア系（下）と白人（上）に識別できる集団を区別する（方向——上下、左右——にはまったく意味はないことを忘れないように）。その一方で、ヒスパニック系や南米系一般はこの三つの集団の組合せに混じっていることが、図5・6のBに示されている。メキシコ系アメリカ人は、他の集団に比べてアジア系の祖先の比率が高く、プエルトリコ人はアフリカ系の比率が最も高いが、ヨーロッパ系が優勢となっている。

従来、こうしたPCは、遺伝子分析で人口構造（祖先）を抽出するのに用いられる。先に触れた、ある結果の表れの根本原因を、環境・文化・歴史的差異と遺伝子の差異を混同しかねない箸問題を避けるためだ。第3章で述べたように、統計学的に単一のSNPを単一の表現型に対応させようとする何百万もの回帰を推定するGWAS研究では、個人のゲノムについて、他の部分を一定に保つために、一〇あるいはそれ以上のPCを使うことが多い。第二の典型的なPC利用は、集団間の混合のパターンや歴史的移住パターンを追跡すべく、個人を時間と地理的空間にわたって比較するためのものだ。[★31]

さらに以下のような第三の計量の使い方が登場して議論の的になる。制御変数（関心を向ける因子を浮かび上がらせるために背景に回す変数）としてだけでなく、関心を向ける第一因子として、つまりこうした「祖先」のPCマーカーを使って社会経済的な結果の表れにおける差異を直接調べようとするのだ。この種の分析には、方法論的利点がある。人種の通俗的定義はカテゴリカルで（つまり連続体上のグラデーションでは

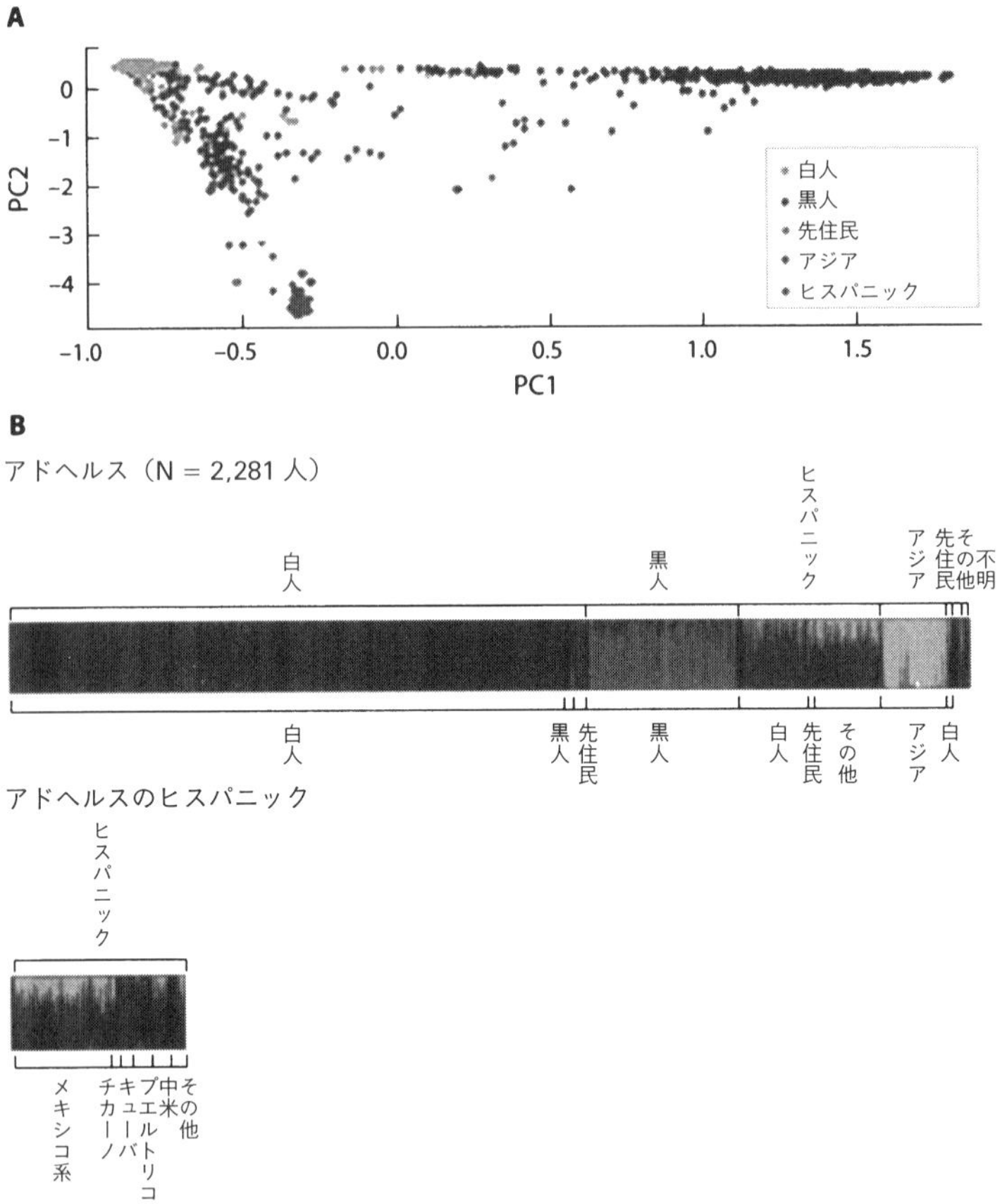

図5・6　アメリカの回答者の混合状態。「思春期から成人までの全国長期健康調査（アドヘルス）」での、自分で認識している人種に基づく。図Bの下側はヒスパニック系と答えた人の分だけを表す。（図Bは、G. Guo *et al.* Genetic bio-ancestry and social construction of racial classification in social surveys in the contemporary United States. *Demography* 51, no 1 [2014]: 141–172 による）。

なく）、ほとんどがハイポデセント則に基づいているが、系統は連続体《スペクトラム》上に並ぶ。私たちの白人、黒人、南米系、アジア系、先住民、その他という定型的な区別の中には、祖先の遺伝子型がいろいろ混じっている。合衆国のようなとくに高度に混合された社会の中ではそうだ。黒人集団の中ではとりわけ、アフリカ度とヨーロッパ度の分布がある（先住民度は比較的少ない）。実際、自分を黒人と分類する合衆国民はふつう、平均して一〇パーセントほどのヨーロッパ系の先祖を持っている。★32

主成分をアフリカ系の尺度として用いた先例がないわけではないが★33、私たちは非常に慎重に進める。この方向では、少なくとも二つの理由でもっと深く掘り下げる。まず、この分析の方向は、研究者を遺伝学と社会科学の問題が交差するところへ連れて行く明瞭な一歩を示す。人種区分から大陸系統へ（医学や生物学での同様の試みのように）移行する一歩だ。第二に、われわれの論考はこの方向の探求での落とし穴を描くようになり、過去の科学的手法を最もひどく濫用したものの焼き直しにならない方向に今後の努力の舵を切ることになりうると私たちは信じる。

PCの使用は、知能についての「正しい」原因対立遺伝子を測定するのをやめる。PCはアフリカ系の先祖の比率（あるいはその裏返しのヨーロッパ系の先祖の比率）がIQや学歴を予測するかどうかが見えるように展開できる。私たちはどの特定の対立遺伝子が認知能力で重要かについては不可知論のままで、あるアフリカ系アメリカ人が二〇パーセントの欧州系スコアを持っている場合、自己認識がアフリカ系アメリカ人で欧州系が四パーセントの人よりも認知テストでのスコアが高いか低いかを問うことはできる（逆転して白人についても同じことができるが、ハイポデセント則のせいで、白人集団ではアフリカ系の先祖の比率は逆の場合に比べてずっと少ない）。

この手法を用いるときの主要なジレンマは、ＰＣを関心を向ける主たる変数として用いているので、また箸問題に戻るということだ。知能を予測しているのは祖先の遺伝子的特徴であって、対応する歴史や地理ではないことをどうやって知るのだろう。たとえば、深南部《ディープサウス》は今でもアフリカ系アメリカ人の比率が合衆国で最高だ。ミシシッピ州はどの州と比べても黒人人口の比率が高い。ミシシッピ州とその周辺のさらに広い領域は、全国で最も学校事情が悪いところだ——黒人にとっても白人にとっても。つまり私たちは、ミシシッピ州にいることの作用を拾うことになるのかもしれない（ここの黒人集団は、他のところの黒人集団と比べて、純粋にアフリカ系の子孫がたくさんいると仮定して）。実際、ある最近の論文は、ヨーロッパ系の比率が、合衆国の黒人集団の間での北と西への移住と——つまり、アフリカ系アメリカ人にとって良好な社会学的風土と——相関していることを示している。[★34] あるいはもしかすると、私たちは社会階層の背景による作用を拾っているかもしれない。ヨーロッパ系の分が多い人々は、有利な一族の出かもしれないからだ。どれほど多くのことを測定し抽出しようとしても、ＰＣを行なうと固まってプロットされる観察されない環境変数が必ずいくつかある。

しかし、遺伝子の違いの、表れる結果に対する影響を評価する別の方式があるかもしれない。ＰＣの値は一族の中でだいたい共通だが、[★35] ＰＣスコアは一族の内部でまったく同一というわけではない。[★36] 実は、ほとんど白人である回答者による二つのデータ集合では、ＰＣ1でのきょうだい間の相関は約0・95で、ＰＣ2については約0・90となっている。[★37] すべての民族的・人種的集団を代表する標本がある「思春期から成人までの全国長期健康調査」［アドヘルス］では、ＰＣ1はサンプル全体ではきょうだい間に九八パーセント以上の相関がある（ただ白人についてはは目立って低く、八九パーセント）。これは一族内にいくらか——場合によってはごく小さいが——祖先の違いがあることを意味する。第3章の、一族内での遺伝的多様性を見ることによって、遺伝子-環境というゴルディアスの結び目を断ち切れるという話を思い出すかもしれない。しかじかの対立遺伝子で一致しないきょうだい——たとえば私はAを持っているが、実妹はGなど——は、偶然によってそうなった。きょうだい間の差異を展開することは、個々の対立遺伝子についての箸問題を解決できるだけでなく、ポリジェニック・スコアの、さらに言えば、PCの因果的効果を評価するのも助けることができる——ただし、多くの前提をつけて。[★38]

実際の考えはこうだ。先祖におけるきょうだい間の差を見て（あるいは親の家系を一定に保持して）、この家族内家系差異（とくに言えばヨーロッパ系の比率）が認知能力を予測するかどうかを観察すれば、私たちは箸問題を解決し、原因対立遺伝子の特定/連鎖の問題を回避するかもしれない[★39]（人種による連鎖の違いについての詳しい話は付録6を参照のこと）。

この分析の問題点は二重になっている。まず、膨大なサンプルサイズが必要となること。PCはきょうだい間で0・98の相関なので、この手法を使って効果を発見するための有効なサンプルサイズは、集団内でランダムに選んだ個人間の家系を調べるだけの場合の五〇倍必要となる。第二に、そのような家系についてきょうだい間の0・98の相関を乗り越えられる大規模なサンプルを得たとしても、またさらに、家族内モデルでの結果が見つかったとしても、それは何を意味するだろう。当面、アフリカ系の比率——つまりPCについてのスコア——が、アドヘルスでの認知能力をマイナスに予測することがわかったとしてみよう。そのような結果は、「いかにして」の問題を立てることになる。脳の発達経路は検査スコアの差に包含されうるというのは真かもしれないし、そうでないかもしれないが、アフリカ系あるいはヨーロッパ系の家系が外観を予測するのはほぼ確実に真だろう。つまり、一家の中でさえ、アフリカ系の遺伝子の多い子は肌の色が黒く縮れ毛の、西アフリカ的な顔の特色をもった子でもあることに賭けられるだろう。合衆国でさほど明らかに人種化していない、家系と相関する他の身体的特徴——身長のような——さえあるかもしれない。

こうした身体的特徴は、それによって振り出しに戻ることになるので重要だ。すなわち、ハーンスタインとマレーなどが黒人は認知能力に関して遺伝子的に白人より劣るという論を立てるときには、胎児や子の発達のロジックにのみ内在する機構のことを言っている。言い換えれば、こうした論者は、中枢神経系の発達で大いに活躍する遺伝子に、観察された様々な環境状況とは無関係に有意差があると論じる。しかし私たちのきょうだい間差異方式——これまでに開発された他の手法でも——は、もっと状況からは独立した（つまり社会的に媒介されていない）生物学的影響を、色の白い皮膚の方が報酬が高い場合のような社会制度と相互作用する遺伝子作用から分離できない。つまり、認知能力の差は遺伝子に基づいていることはありうるが、遺伝子とＩＱを結びつける仕組みは、生物学的経路（脳の構造）ではなく、社会的経路（つまり皮膚の色への反応）を通じて作用するということもありうるだろう。色の黒いきょうだいの方が警察にとやかく言われることが多いかもしれないし、教師には（親にも）あまり知能が高くないように扱われるかもしれず、そのことが認知能力の発達にとって現実の影響があるかもしれない。言い換えると、遺伝子がＩＱの人種差を予測するとしても、そうなるのは人種的帰属や社会における待遇を遺伝子が相当に予測するからということもありうるのだ。

合衆国の黒人社会には（また白人社会、南米系社会にも）、肌の色序列があることの証拠は前々から——

W・E・B・デュボイス〔公民権運動の指導者〕の当時から――ある。もっと新たな研究は、これがアメリカだけの現象ではなく、ブラジルや南アフリカなど、クレオールという混合人口がある他の国々にも広がっていることを示している。私たちは肌の色を測定してそれを抽出しようとすることもできた。しかし結局、私たちが反応する人種的アイデンティティについての無数の手がかりをすべて測定することはできない。それはとりわけ、私たちがそれについて知らないこともあるからだ。アフリカ系やヨーロッパ系の家系が身長を予想するということ――先に触れた――もありうるし、背の高い人の方が学校での待遇が良く、家でも栄養源をたくさんもらえるなどのこともありうる。私たちは一般に身長を人種を分ける鍵になる境界とは考えないが、だからといって、それがひそかに人種によって差のある――遺伝子型レベルで――対立遺伝子に対応していないことにはならない。

科学的正確さのためには逆のことも言う必要がある。対立遺伝子の分布は、検査スコアの人種差を生物学的で非社会的な仕組みでは説明できないという結論は出せない。大陸系統によって分布が均一でない遺伝子多様体こそが、実は神経系の機能に、私たちがまだ理解していない形で影響しているということもありうるだろう。さらに、皮膚のメラニン量や鼻の形に影響するまさしく同じ遺伝子型が、私たちの脳について、他の（つまり多面発現的）効果を――差別的社会制度を通じての効果とは独立して――持っているということもありうるかもしれない。歴史について知られていることからすると、差別に基づく力学の方が、はるかに中心的な説明になりやすいというのがわれわれの見解となる。

本章に概略を述べたように、明瞭で科学的な手法がほとんど不可能であるということは、黒人と白人の検査スコアの差には遺伝的説明があると説く識者や学者のいいかげんな主張とは鋭い対照をなす。遺伝学的方法のロジックを調べるとき、われわれはこの論考が、科学者はいかに人種、遺伝学、社会経済的あるいは認知的な面で表れる結果の問題を組み合わせた研究を進めるべきか（べきでないか）についての戒めの話となると信じる。今日の社会で目にする遺伝子データの奔流をもってすれば、この方向にさらに危ない企てがあることに疑いはない。したがって、答えることができる科学的問いを鋭くし、またイデオロギーを動機にした、証拠とは言えない証拠からの推論に依拠する疑似科学的人種差別の過去の例を繰り返さないよう気をつけるために、明瞭な努力が必要とされる。

とはいえ、この歴史が怪しいからといって、人種分析における遺伝学の考察が必ずだめになるという意味ではない。遺伝子型について比較対照できることは、実は、差別のような社会的過程の影響をさらに鮮明に浮かび上がらせる。つまり、生物学的あるいは遺伝学的差異が集団間にあるという主張を、その差が出ないようにすることによって消してしまえば、構造的人種差別のような環境的（非遺伝的）過程の重みをさらに明らかに示せる。遺伝子の違いについて比較対照することは、表れる結果の性質を変える。たとえば、われわれが以前に行なった調査では、黒人の一卵性双生児での出生時の体重差は、乳幼児死亡率を、白人の双子の場合よりも強く予測した。この調査の設計では、双子間の遺伝子差が除去され、母親の行動差（双子は子宮にいるときから、二人とも母親がすることしないことに影響されるのだから）も除去されているので、この結果は、誕生後の新生児の健康管理に人種的不均衡があることが、出生時体重が少ないと白人よりも黒人にとってリスクが高い理由の説明として最も可能性が高いことを示唆する。[★40] あるいは、健康に対する肌の色による差別の影響に関心があったら、遺伝子差は一定に保ちつつ、両親が同じきょうだいで肌の色が違う場合について、両者を比べることができるだろう。そのうえで皮膚の色がたとえば高血圧に対して影響することを検出すれば、これは、血圧にも直接影響しそうな肌の色に対応する遺伝子差（家系差）についての比較対照なしに個人間の比較を行なったとした場合よりも、肌の色での差別による社会的ストレスが原因であることを示す、はるかに強い証拠となる。★41

本章は知的急流を急いで乱暴に流れ下ってきた。政府による流布した人種の定義は、実際の遺伝子分析とは整合しない根拠薄弱な社会的構成物であることを論じてきた。しかし、明瞭な遺伝子的特徴のある大陸系統の概念が生物学的に実在することも認めている――生物学的「実在」はそれ自体が、どう測定するか（すなわち、遺伝的多様性の基準を提供するためにどの集団が抽出されるか――本章の原註16を参照）の社会的選択に従属するとはいえ。集団にとって遺伝子データがさらに利用できるようになると、人種と遺伝子的系統の（大陸系統と亜大陸系統の）不適合が、人種的言説の改訂を生むはずだ。つまり、DNA判定で多くの白人が、自分もアフリカ系につながっていることを認識し、多くの黒人が自分のヨーロッパ系民族起源を発見すると、一滴ルールは崩れ、人種による二分割は和らいで、もっと複雑な細かい混合ということになりうるだろう。他方、社会学者のアン・モーニングが論じたように、「私たちが一九世紀に『クォーター』とか『八分の一』といった区分を立てるに至った人種的混合になじんでいてさえも、一滴ルールはほとんど崩れませんでした。実際には、そのなじみが自覚されるのに応じて強化されました」★42。人種混合について自ら得たなまの知識よりも、科学的知識の力や権威の方が問題をややこしくするということかもしれない。しかしそういうことではないだろう。いずれにしても――同類交配や階級流動性や出生率の場合にもあったように――社会遺伝学は私たちの直観を裏切るような人種の力学が隠れていることを明らかにする。それを見るのを恐れてはいけない。

第6章　諸国民の富——遺伝子に関係があるか？

社会の中で誰が栄えて誰が栄えないか、誰が増えて誰が増えないか、さらには誰が誰と結婚するかを決めるうえで遺伝学に出番があるとすれば、コミュニティ全体——国レベルでさえ——が豊かだったり貧しかったりする理由も、遺伝学が理解する助けになるかもしれない。本章では、これまでの章で述べたミクロの現象をいくつか取り上げ、それをマクロのレベルに拡張して、国全体の運命についての問いに取り組む。遺伝学や進化論から得られる概念やデータがどのように歴史の解釈を形成（あるいは再形成）するかを探ろう。注目するのは経済史、つまり各国の人口と世界中の富の地理的分布だ。このテーマは、歴史的な経済発展の理論と集団遺伝学の理論という、組合せとしては考えにくい分野の理論が交差するところにある。ここでは、この二つの理論を統合すると、私たちがとってきた道筋や、ある国が別のある国より一人当たりで何百倍も豊かになるような世界に達した事情を説明する助けになることを論じる。

この試み——経済学的、人類学的、歴史的、政治的、社会学的分析を融合すること——は、議論があったし今もあり、その中の学問分野全体が他の分野を指弾することもあった。人類学者は一部の経済学者による仕事を、「専門家ではない人々が、薄弱なデータと方法に基づいて、有害な深い社会的・政治的影響を及ぼしかねない乱暴な主張を広めている」と評する。[★1]学界で子どもがおかずを取り合う喧嘩をしているようなものだ。しかし同時に、新たな発見が私たちを経済史を理解するための新たな探求方向を考えるよう促している。

マクロ経済学での根本問題の一つは、この数百年の間、ある国が栄えてある国が停滞している理由を問うことだ。世界銀行から出ているデータは、七世帯に一世帯近くが一日に一・二五ドル未満で暮らしていることを示すが、この世界的な貧困分布は世界中で大きく異なっている。たとえば、ヨーロッパの人口のうち、この貧困ラインの下で暮らす人々は一パーセントにも満たないが、サハラ以南のアフリカで一日に一・二五ドル未満で暮らす人々の割合は半分に迫っている。[★2]マラウィでは平均的な家庭の年収は二二六ドルだが、ノルウェーでは一〇万ドルを超える。[★3]非経済学的な生活水準の尺度は、だいたいこうした明瞭な経済的な差を映し出している。スワジランドやシエラレオネのゼロ歳児女児の平均余命は五〇歳にも達しないが、日本、フランスなど多くの国々では八五歳を超えている（合衆国は八一歳）。[★4]世界中のこうした大きな格差はどう説明できて、それについての遺伝学の出番は――出番があるとしたら――どんなところか。

この数十年の間、国レベルでの経済格差の説明は政治的な風向きで移り変わってきた。一九五〇年代から六〇年代にかけての戦後の楽観的な時期には、ノーベル賞を受賞したロバート・ソローが関心を技術革新と資本蓄積に向けていた――つまり各国が機械、インフラなどに投資しているかどうかということだった。そのモデルによれば、各国の経済的成功の大きな格差は、その国が新しいテクノロジーの使用に投資する選択をするかどうかにかかっていた。その後の研究は「資本」の概念を拡張して、計算式には、経済学者が人的資本と呼ぶもの――教育や技能への投資――も加わるようになった。さらに拡張されて、経済で研究開発部門が考慮されるようになった。しかしこのソロー成長モデルが仕上げられた時期全体を通じて、発展のために勧められることは比較的明瞭で、各国は節約して技術と教育に投資せよということだった。そうすれば国の成功は、他の国々も合衆国とヨーロッパの成功と同様に進んで、急速に同じようなところに落ち着くだろうと。しかしこの処方を適用した成果はまちまちだった。このことにありうる理由の一つは、経済成長や発展に直結する原因に注目することで、一律のフリーサイズの規則群をもたらし、もっと長期の、広大な時間幅にわたって作用していたかもしれない、もっと根本的な因子を計算に入れていないことだ。こうした因子には、国土の地球物理学的側面、制度や国民風土、そうしてもちろん、人間集団間の遺伝的違いもある。

経済学は歴史と合流せよ、歴史は経済学と合流せよ

マクロ経済学的思考は、今この世界に見られる発展のパターンをさらに理解するために、ますます時間をさかのぼって調べるようになっていて、長期的過程の歴史的、文化的、社会学的理解を組み合わせることも多い。この一派の経済学者は、制度の長い歴史や文化の差を取り上げて、経済発展の「深層」にある根について考える。

新しく議論を呼ぶ仮説も数多く提起されている。これまでの章で論じた生まれか育ちかについての論争の場合と同じく、不一致の鍵を握る領域は、さらに重要なこと――環境因子あるいは社会組織構造――だ。

一方では、国レベルの所得、発展、健康の根本的な決定因子はまずもって地理歴史的なこと、つまり比較的無時間的な地理的利点（河川、有利な気候、土壌の質、疾病負荷など）と、有利な歴史的偶然（たとえば早くから家畜化が行なわれた）の組合せだと思っている人々が多い。資源の有利さと技術の「衝撃」が「適切な時期」に合流することだ。他方では、国の成功を決める鍵は、主として制度的なもの——財産権の公認、法の支配、民主的代表制など——だと信じる人々も多い。

　この違いは多くの理由で重要だが、利益に向かう根本的な原動力は、世界中どこでも、発展、成功、健康、成長を促し、奨励し、生み出す方法を理解しようとする欲求だ。おおまかに言えば、議論の両陣営が問うているのは（そうして考え方を変えさせようとしているのは）、成功した発展は何らかのレシピに従うことで達成されるのか、それとも発展は「あらかじめ仕込まれている」、つまり予定されているのかということだ。一方の極にある、根本として制度に注目する見方は、現に成功している人々の例に従うことで成功を計画する能力を説く。合衆国や世界銀行からの、使途の制約つきでもたらされる開発支援のことを思い浮かべるとよい。反対側の極の、地理歴史的な恵みや歴史的偶然に注目する側は、今の豊かな国々を延長して考えることはできないと説く——そして合衆国や豊かな国々をモデルにして努力した途上国の成功物語がないこととも整合する。

　熱を帯びる論争とはそういうものだが、どちらについても支持する統計や具体例が豊富にある。たとえば、北朝鮮と韓国の所得水準や健康水準にある大きな差を、地理や人口の構成を一定にしたうえでの、制度の重みを調べる「実験」の結果と見る人もいる。どちらも同じ半島の、似たような気候、貿易相手、共通の祖先（遺伝子）の系統を占めているのに、韓国は世界でも有数の豊かな国の一つで★5、二〇一二年の国民一人当たりのGDPは三万二〇〇〇ドルを誇っているが、北朝鮮は、一人当たりGDPは二〇一二年で一八〇〇ドルという、世界でも貧しい国の一つだ。[★6] 多くの人々は、南北の分割と同盟相手の違い（合衆国とソ連）を、国の発展や成功の物語と、成功の「輸出能力」において、制度の位置が目立つことのさらなる証拠と見る。暗黙のうちに、分割のしかたが逆だったら、つまり北朝鮮が合衆国の監督下に置かれ、韓国がソ連の監督下に置かれていたら、今多くの国々からうらやまれる、豊かで成功した国になったのは北朝鮮で、韓国は経済的に無力だっただろうと想定する人々もいる。[★7]

こうした見方は、最近、経済学者のダロン・アセモグルとジェームズ・ロビンソンによる大著『国家はなぜ衰退するのか』〔上下巻、鬼澤忍訳、ハヤカワ文庫NF、二〇一三年〕にまとめられ、解説されている。そこで二人は、環境が経済的成功を左右するものであることをおおむね否定している。その代わりに成長に有利な制度（民主制、財産権、法の支配など）の開発と拡張こそが、豊かな国とそうでない国がある理由を説明する因子だと考える。一部の国々には、「収奪的（extractive）」体制がある。つまり、小さな集団が他の人々を搾取するということだ（アパルトヘイト期の南アフリカの少数の白人による支配を考えるとよい）。逆に「包括的（inclusive）」体制、つまり多くの人々が統治に参加する体制を発達させる国もある。こうした論旨の決め手になるのは、地理が一定で、制度が異なる例だ。朝鮮半島の南北の例に戻ると、二人は近年の韓国の包括的な統治と北朝鮮の収奪的で高圧的な支配の歴史を指摘している。それはどこの傘下か（合衆国かソ連か）というだけのことではなく、現地で形成される制度の仕様の問題だ。

また、東西ドイツの経済的成果、あるいはリオグランデ川の合衆国側とメキシコ側の町の経済成長の軌跡を考えてみよう——似たような環境、似たような集団、疾病負荷もほぼ同じだが、制度が違い、そうして成長の軌跡も違った。そのような事例からうかがえるのは、世界中の発展に表れる結果では制度が大きくものを言うということらしい。

こうした東西ドイツのようなミクロの比較では制度がものを言うことを認めても、レンズを広角にして他の比較を考えると、この説は成り立たなくなると言う人々がいるかもしれない。合衆国とメキシコはどちらも民主国家で、強い制度を支持するのにまずまずのインフラを備えているのに、なぜこれほど違うのかと。制度論を批判する人々は、一国内の境界を接する州や郡の経済的発展が異なることも指摘する。たとえばインドのケララ州は他の州に比べると未開発だ。北ナイジェリアは油田が豊富な南ナイジェリアと同じ国でありながら貧しい。アラブ首長国連邦をなす七つの首長国は、天然資源の水準が異なるために豊かさが大きく異なり、アブダビは一人当たりの所得が五万ドルなのに、隣のシャールジャはその三分の一しかない。またアパラチア山脈地方と他の東部といった、合衆国の物理的な違いで画される両地域も巨大な格差を示す。

確かに、環境がまったくものを言わないと言えば単純化が過ぎるらしい。たとえば、熱帯性の病気はザンビアのようなところの平均寿命を短くし、訓練を積んだ労働者も経済的生産性を一〇年ほどしか期待できないが、合衆国では三五年以上が見込める。アメリカの土壌から上がる単位面積あたりの農業生産は、アフリカの土壌の約一〇倍ある。またアフリカは、せっかく土地が肥沃になる傾向があって成長を刺激する交易もしやすい川や沿岸があっても、アフリカ糸状虫症《しじょうちゅう》による脅威を避けるために、川から離れたところに人口が集中する唯一の大陸となっている。★8

今のマクロ経済的統計分析は、国の所得の差のうち約五〇パーセント（から三分の二）が少数の地理的環境的変数――緯度、気候、その国が内陸国か島国か――によって説明できることを示している。約一三パーセントは当該国の緯度を知るだけで説明できる。[9]

地理的仮説はこの少数の変数だけにとどまらない。それは今の各国の地理的条件がその各国の経済的成功に直接影響する――たとえば温度が高いと労働が停滞し、生産性が下がるといった――としているだけではなく、地理的条件は今の成果に間接的な、歴史的影響も及ぼしていると論じる。たとえば、何千年か前の暑さは生産性が低い農業が続く可能性を高めたかもしれず、それがさらに技術的成長を遅くしたかもしれず、[10]結局、今見られている長期的な経済成長の減退になるのかもしれない。こうした二重の過程は、今日の熱帯気候の労働者（と国）が、環境から二重の不利な条件をつきつけられていることを意味する。気温が高いと今日働きにくいのは、暑いからでもあり、暑さのせいで何千年もの間、土地がきちんと整備されていなかったからでもある。この蓄積的過程は豊かな方がますます豊かになる現象を生む――出遅れた国々が、好スタートを切った国々の側に回ることはないかもしれない。

ジャレド・ダイアモンド（『銃・病原菌・鉄』〔上下巻、倉骨彰訳、草思社文庫、二〇一二年〕の著者）などは、両方の影響が高度にからんでいると考える――当初の地質学的状況と、初期の成功による「豊かな方がますます豊かに」効果の両方だ。まず、狩猟採集社会から農耕社会への移行（つまり紀元前一万年頃の新石器革命）のとき、温和な気候と低い疾病負荷のような地理的・環境的有利さは、ヨーロッパやアジア各地の集団に偏っていた。その後の「豊かな方がますます豊かに」効果は、家畜化、作物化できる動植物の多様性、ユーラシア大陸が東西に延びていて農業実践での改革が（同じような気候にわたって）広がりやすかった――アフリカ大陸（南北に延びる）のようなところにはない――ことなど、様々な因子の結果だ。同様に、最後の氷河期の後の氷河の後退は、世界の一部の領域間あるいは領域内の表土の質に多大な多様性をもたらした。「地理が定め」説によれば、こうした当初の有利はその後雪だるま式に大きくなった。豊かな方が豊かになり、豊かになった側がさらに豊かになった。ユーラシア諸国は人口爆発を経験したし、技術革新の蓄積は東から西へ、また西から東へとシルクロードやインド洋の交易路を通じて、また移民やモンゴル帝国のような侵略を通じて伝わった。[★11] 初期の技術や人口増加の利点が時間を経て蓄積されると、武器、病気への抵抗力、技術（つまり「銃、病原菌、鉄」）の点でも有利になった。

こうしたダイナミックな過程は繰り広げられるのに何百年、あるいは何千年もかかり、一部の集団の成功についての「深層因子」と呼ばれる。この理論はさらに、成功の直近の原因のいくつかさえ先史時代に根ざしていることも説く。こうした因子の例としては、現代的水準の発展は、一部は集団の先祖が、何千年も前の農業のおかげで、時間選好（今使うか将来のために残すかを秤《はかり》にかけること）に移行が生じたかどうかに元をたどれるという説などがある。[★12] あるいは共同体が米を栽培したか、そうして強い共同体規範の感覚を発達させたかどうか。[★13] あるいは鋤《すき》を用いて耕作し、畑に鋤を通していくには上半身の筋力が必要となるので、鍬《くわ》に基づく農耕社会と比べて男女の労働分業をもたらしたか。[★14] ごく初期に、地理的・技術的有利さが雪だるま式に膨らんで、一連の直接・間接の影響を通じて、今の国の繁栄と停滞になったかもしれない。[★15] こうした発展の深層因子の存在は、経済発展に対応する主要な因子を理解しきって、開発途上国のための対策となる政策を提案できるかどうかにとってはハードルとなる。

制度的な説明も地理的な説明も、現代諸国の繁栄と停滞を捉えきれない。地理歴史的批判にとって、因子の多くはあまりに漠然としすぎていて、表れる結果にある局所的で実質的な違いを説明しない。ヨーロッパの大部分は陸地が東西に連なることのおおまかな有利さは享受するが、イギリスは大陸よりも先に産業革命を経験した（イギリスは地表近くの石炭層という物理的な有利さを享受したとはいえ）。先に述べたように、南北朝鮮やかつての東西ドイツも、地理歴史的ないきさつが結果の違いを説明しきれない例だ。

制度論者は自分たちの説明に限界があること――とくに、なぜ収奪的制度が場所によって登場したりしなかったりするかの理由が説明できないこと――も明らかにする。なぜ収奪的な制度を発達させる国と包括的な制度を発達させる国があるのかについて予測を立てる理論を生み出さずに、特定の形の制度が、経済的成功にとって必須のものとして決定的な重みをもつことを指摘しても、あまり満足できるものではない。極端に言えば、貧しい国に対する「もっと包括的な制度を育てる」ようにという制度論者からの政策助言は、地理歴史学者からの「ハリケーンと地震を受けないようにしましょう」という助言と同じくらい納得できず、実行できないものかもしれない。

国の繁栄と停滞についての制度論的説明と地球物理学的説明の違いは、豊かな国々、非営利的団体、状況を気づかう世界市民を困らせる。豊かな国々の多くは、人々が貧困から脱出するのを助けることを道徳的な義務だと思っている。豊かな国々はインフラを建設したり、現地の鉱業や農業を支援したり、教育を普及させたり、統治構造を築いたり、現金と食糧を送ったりしようとする。しかしこの努力は、成否半ばするところと経済発展を決める必須の因子に関する声高な異論とによって、ひどく混乱している。実際、地理歴史と制度の役割が整理されるにつれて、経済発展、制度、地理の交差に関心を抱く経済学者は、こうした大きな理論を増補しそうな集団の別の面を調べるようになった。それが集団遺伝学だ。

国の発展と成長における新たな論争——遺伝学を加える

社会科学者の小さな集団が、進化論、遺伝学、生物学の概念を、国レベルの成功の説明に導入することによって、新たに不穏な説を出すようになっている。こうした説は、経済発展の深層因子を明らかにするという新たな焦点とよく合っている。この集団は、ありうる深層因子の一覧に集団遺伝学を加えることによって、環境的な過程と人間社会の形成の連鎖に形を与える。この領域での研究はまだ芽生え始めているところにすぎない。私たちが取り上げることはすべて最近になって発表されたことで、将来の探求に大いに機会を提供するものだが、それはまたこの研究がほとんど固まっておらず、進行中だということでもある。研究はまだバージョン1・0にもなっていない。

ヒトについての集団遺伝学は、特定の遺伝子多様体の頻度を測定し、私たちが地理的・政治的境界を越えて観察しているものを形成する歴史的進化論的過程を探る。集団遺伝学とマクロ経済学と経済史を組み合わせることによって、自然淘汰、遺伝的浮動、突然変異、集団間の遺伝子流動といった概念が、経済発展や、もちろん、紛争や交易のような他のマクロな過程についても、一部を説明する可能性があるものとして含められつつある。地球物理学的環境が集団の経済的成功に影響しうる一つの道は、集団そのものの遺伝子構成を形成するところにある。

すでに見たように、自然環境は国や民族間の遺伝的多様性を形成する。マラリア負荷にさらされることが私たちの遺伝子の基本構造の方向を決めて、鎌状赤血球の形質が存在し、維持されるようになる。日光に対する曝露の違い（あるいは曝露の欠如）は、皮膚のメラニン量の方向を決める。同時に、時間とともに生じるランダムな遺伝的浮動は集団の遺伝子型に無数の差異を生む——中には重要なものもあれば、影響のないものもある。そうした遺伝子の違いそのものが流動的だ（遺伝子流動と呼ばれる）。集団遺伝学は環境を形成し、民族は拡張し、収縮し、移住し、隣人や病気を支配し、またそれに支配される。

集団の遺伝子的構成は、しかじかの時期と場所で、環境のどの面が利用されるかを決める助けになるかもしれない。環境は、この過程では受動的どころか、さらに発展を促したり（たとえば家畜化）、将来の住民を排除したり（たとえば疫病による人口減）することもある。環境には、人間によって開発されるものもあれば、そうでないものもあり、環境が開発されるかどうかは、それが人間の遺伝子に合うかどうかによるし、そのことがまた流動的だ。この過程は歴史的時間を通じての人間の遺伝子の特徴と環境の大規模な相互作用を通じて展開される。しかしこの相互作用は国々の繁栄と停滞を説明する役に立ちうるだろうか。

（マクロ）遺伝経済学の登場

第5章で取り上げたように、集団移動の自然史――東アフリカに始まり、細々とアフリカから（今では）人が住む各地への流出があった――には比較的異論の余地はない。おさらいすると、アフリカの集団は、現生人類の起源として、世界中に見られるヒトの遺伝的多様性のほとんどすべてを保持している。その後アフリカから流出した小さな集団は、遺伝的多様性の一部を持ち出し、他の地域に住むようになった。こうした基本的な遺伝学的・歴史的事実は、世界の様々な遺伝子の特徴に見られる。少なくとも一五世紀に始まる世界の植民地化までは。アフリカの集団の多様性が最も高く、東アフリカから（徒歩で）遠ざかるほど多様性は小さくなり、その結果、南アメリカの集団は（一五〇〇年以前は）最も多様性が小さかった。

しかし何度かの集団移住、ボトルネック、遺伝的浮動など集団遺伝学的な現象が今の世界中に見られる発展状況の差にどう寄与したというのだろう。遺伝子の多様性に、諸国民の健康や経済の繁栄を助けたり邪魔したりできるような面はあるのだろうか。[★16]

　クワムルル・アシュラフとオーデッド・ガローは、二〇一三年、主要経済学誌の一つ『アメリカン・エコノミック・レビュー』で論文を発表し、諸国内部の遺伝子の多様性が所得を高め、成長曲線をよくするような「ちょうどよい《ゴルディロックス》」（高すぎも低すぎもしない）水準がある証拠を提示した。[★17] この二人の著者は、遺伝的多様性が低い多くの国（今のボリビアのように先住民が主の国々）と、遺伝的多様性が高い集団（アフリカのサハラ以南各国など）の多くは経済成長率が低いが、遺伝的多様性が中間（つまり「ちょうどよい」――ヨーロッパやアジアの集団）の国々の多くは、植民地化以前にも現代同様高い発展の水準にあったことを見てとった。図6・1はアシュラフとガローの論文にあるもので、国レベルの一人当たり所得と国レベルの遺伝的多様性の尺度を対照している。「こぶ」の頂点が、経済的繁栄についてのちょうどよい遺伝的多様性水準となる（合衆国やヨーロッパの大部分）。

　国レベルでの発展状態の違いの遺伝子的説明がアフリカの低い発展度とヨーロッパや合衆国の高い発展度を指し示すことが、どれほど「都合が好い」かに注目した人々はいくらかいる。実のところ、この発見は、経済的繁栄が国レベルでも「自然」なことで、したがって政策的介入をまぬかれることを示すものと誤解されることもありえた。

　アシュラフ＝ガロー理論は、ヨーロッパ人による歴史的征服は、遺伝的多様性を増したことによって、先住民集団の成長にとっては「良いこと」だったという含みも伝えている（もちろん、病気や大虐殺はその中には含められなかった）。二人は自分たちの発見をそのように単純化しすぎた解釈をすることは止めさせよう

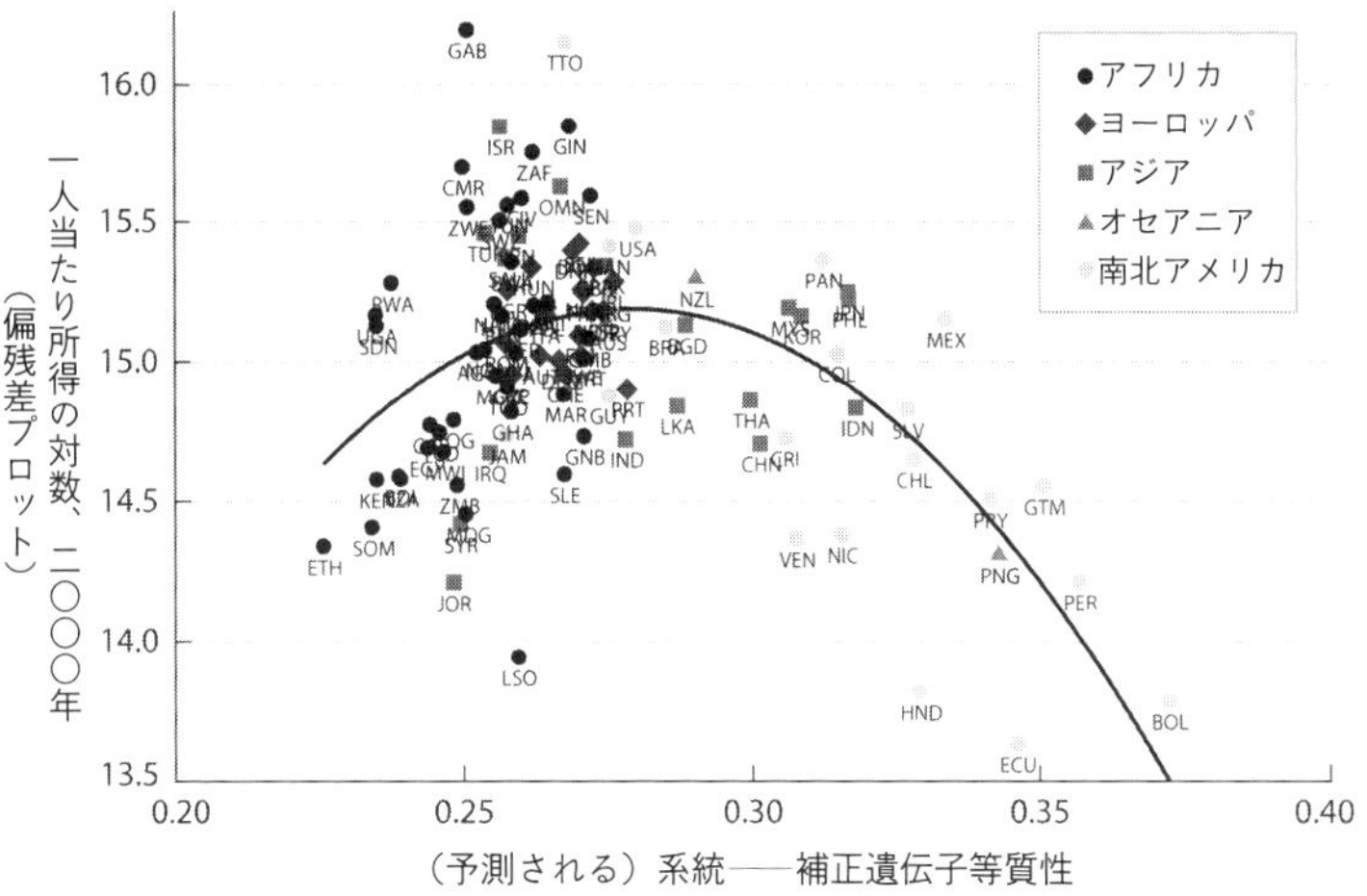

図6・1　Q. Ashraf and O. Galor. The "Out of Africa" hypothesis, human genetic diversity, and comparative economic development. *American Economic Review* 103, no. [1] 2013: 1–46 より。

として、読者に別の解釈（文化的形質の活躍する場面が多そうだといったことなど）を示しているが、そういう細部は扇情的な説明の方に紛れて見失われることが多い。そうした扇動的な解釈や政策予測は、生物学や遺伝学を発展の経済的・社会的説明に統合するときに有害な手違いを避けるのであれば、私たちはこの特定の分析を考えるときには警戒しなければならないということを示している。

理論と発見をさらに深く掘り下げる

基本的な理論的考え方（と仮説）は、集団と国が、集団レベルの遺伝的多様性に関して相反する事態に直面するということだ。研究者たちは、人種や民族、あるいは経済（あるいは所得、あるいは言語、あるいは宗教）の概念に結びついた多様性の測定結果を借りて、次の思考実験に訴えることによって遺伝的多様性を測定している。一つの集団（つまり一つの国）からランダムに二人を選び、二人の特定の場所（遺伝子座）の遺伝子が違う確率がどれだけかと問うことを考えよう。ヌクレオチド（A、C、T、G）がヒトゲノムの三〇億字の文字列を形成することを思い出すと、仮想の二人の人物について、どのくらい文字が違うかと問うことができる。各国の多数の人々についてこの種の分析を行なうと、どの国の遺伝的多様性が高く、どの国が低いかがいくらかわかるだろう（図6・2）[★18]。

アシュラフとガローは、国が協調とイノベーションの相反する事態に直面するという仮説を立てる。それは次のようになる。遺伝子的に等質な集団から始めると、遺伝的多様性の増大には、二つの広い影響があるという仮説が立てられる。多様性が大きくなるとともに新しいアイデア、文化、習慣が現れ、それが既存のものと混合、合体して、イノベーションや創造性をもたらす。さらに、二人は多様性が高いと「進んださらに効率的な生産方法を社会が取り込む能力を強化し、経済圏の生産可能性の境界を広げ、向上した生産性の恩恵を与える」と論じる[★19]。つまり、多様性は社会内部の専門化と比較的有利なところを――そうして成長を――を強化する。たとえば、ある遺伝子型が詳細な精密運動作業に秀で、他に大まかな運動課題が得意な遺伝子型があれば、専門化が生じる。「精密運動人」は自分が得意なもの（つまり「精密運動産物」）を生み、「大まか運動人」は自分が得意なもの（「大まか運動産物」）を生んで、二つの集団がその商品を交換する。専門化と交易に関係する経済理論は、集団が恵まれるのは、それぞれの型の仕事で最も効率的な人が、その労働課題に専念してその製品を交換するときだと説く[★20]。

しかし多様性には仮説される裏面がある。遺伝的多様性が大きくなると、不信や対立も生じる。アシュラフとガローは、「高すぎる」遺伝的多様性のある地域では、混乱、内紛、紛争の確率が高くなり、それによって協調が減り、社会経済的秩序が崩れ、生産性の低下が生じると論じる。たとえば高い水準の遺伝

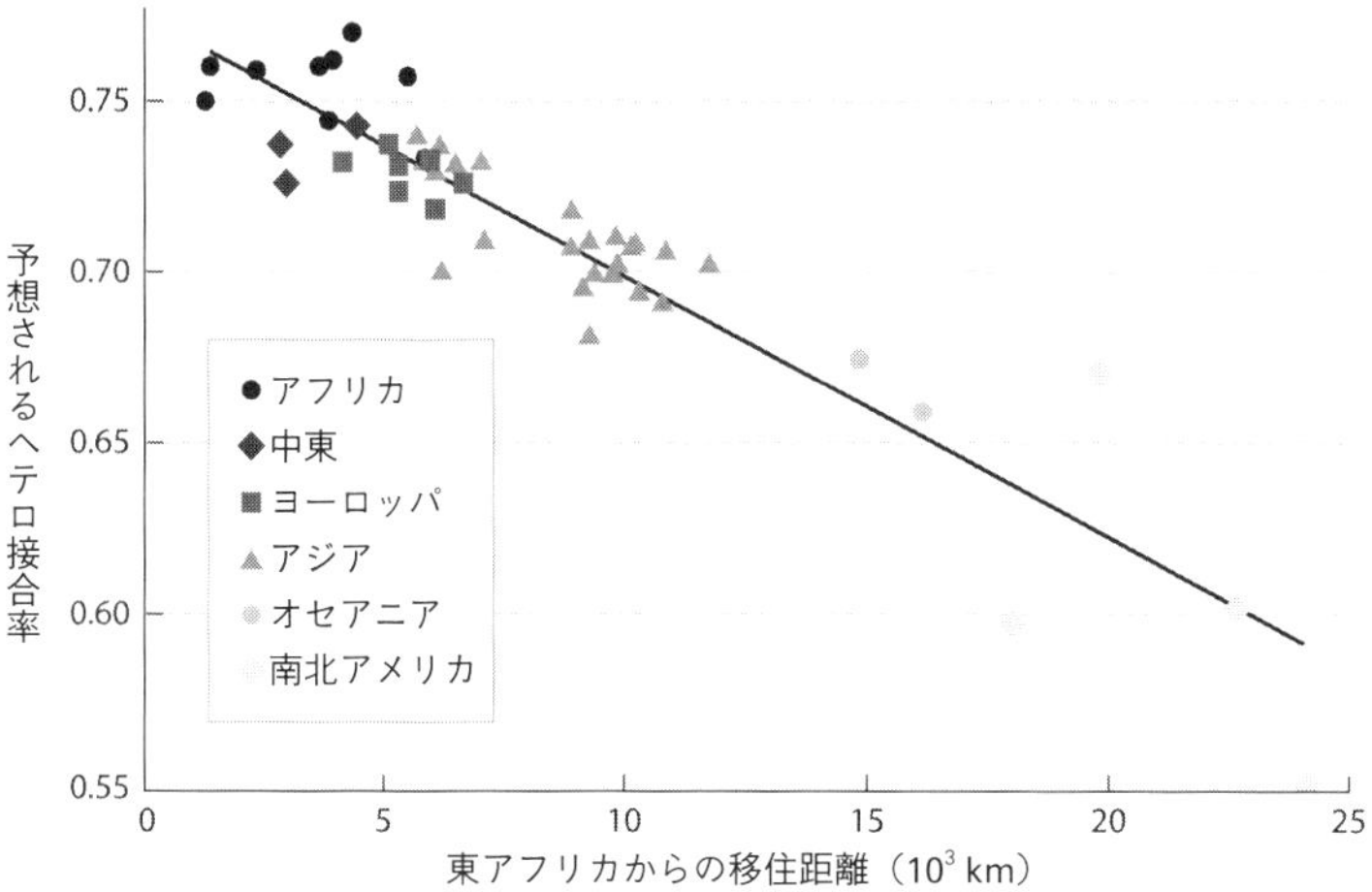

図6・2　予想されるヘテロ接合と東アフリカからの移住距離。Q. Ashraf and O. Galor. The "Out of Africa" hypothesis, human genetic diversity, and comparative economic development. *American Economic Review* 103, no. [1] 2013: 1-46 より。

的多様性があるアフリカのいくつかの国（民族）は、紛争や隣国への不信が大きくなる事態に直面することが予想される。★21

遺伝的多様性のこうした対価と利益の相反は、「中間レベル」――遺伝的多様性の長短の最適な折り合い――が成長と発展パターンを最高にするという説を生む。実際この二人は、世界中の一四〇か国以上について経験的に分析したとき、そうした折り合いのつけかたを、過去（西暦一五〇〇年頃）と現在（二〇〇〇年頃）の両方で見つけた。著者は過去の時期に注目して、結果がヨーロッパ帝国主義時代の前後で同じかどうかを調べる。すると征服された集団の中での遺伝的多様性の固有の水準が、国レベルで表れる重要な結果をどう予測するかを調べることができる。調べた結果が似たようなものなら、理論は補強される。早い時期についてわかることによって、ヨーロッパによる征服が征服された国々の長期的経済的繁栄にとって「良い」ことだったかという説を避けることもできる。

二人は何を発見しただろう。遺伝的多様性が低い国々（たとえばボリビア）については、多様性が少し増せば（百分率で一ポイント）、人口密度（経済発展の尺度）を西暦一五〇〇年までに五八パーセント増やしたかもしれない。[★22] 遺伝的多様性が高い国々（たとえばケニア）では、遺伝的多様性が一ポイント下がると、一五〇〇年までに二三パーセントの人口密度増になったかもしれない。

二人は現代の結果に早送りして、遺伝的多様性の一ポイント増が等質な国（ボリビア）の所得を二〇〇〇年で三〇パーセント増やし、すでに多様な国（ケニア）で多様性が一ポイント低下すれば、その所得は二一パーセント増えたかもしれないことを見る。これほどの効果はあだやおろそかなことではない。

コロンブス以前と二〇〇〇年についてのこの二つのパターンは、同型の結果――「こぶ形」の、「ちょうどよい」効果のパターン――を生む。つまり、遺伝的多様性が高くても低くても現在の国の所得が低いことを予測するが、多様性の水準が中程度だと高い所得水準を予測する。

こうしたパターンは、諸国民の富における差についての従来からの説明とどう適合するのだろう。アシュラフとガローは、遺伝的多様性についての発見は経済的発展の物語に対する地理歴史的・制度的説明の代替ではなく、追加であることを唱える。実際、そのモデルで統計学的比較対照を使うことによって、二人は農業の始まりについて言われているいろいろな時代（ダイアモンド）から制度の重要性（アセモグルとロビンソン）などまで、文献で唱えられている多くの仕組みを考慮に入れる。しかし二人は自分たちが得た結果には追加の説明力がある――遺伝的多様性の水準は今の国レベルでの結果の差を予測する新たな重要な因子である――とも言う。遺伝的多様性の水準が国の発展を形成するかもしれないという発見は、理論的にも、重要な現象をさらに理解しようとするときの集団遺伝学による理論、方法、データを利用する試みの例となる点からも重要だ。

しかしこの明確な結果をどう解するのだろう。国の繁栄と停滞は、今表れている結果にも及ぶ影響がある遺伝子移動の長い歴史によって、部分的にでも定められるのだろうか。これは仮説であり、理論に導かれ、さしあたりいくらかの経験的支持もある。しかしアシュラフとガローが指摘するところでは、二人の得た結果にはいくつかの別の解釈がある。

遺伝的多様性と経済発展の対応が因果関係を示すと仮定したとしても[★23]、発見の解釈は明らかとはいえない。この著者が好む解釈はあるが、他の多くの解釈を捨てることはできない。たとえば、遺伝的多様性は国レベルの人種・民族構成と相関している。そうした相関の可能性は、遺伝的多様性と国の成功とのつながりがアシュラフとガローの理論的な考え方に結びつくのか、それとも人種や人種差別と関連する他の過程——植民地化の歴史、戦争、天然資源の搾取など——を捉えているのかを知るのは難しい。

アシュラフとガローは遺伝的多様性を、自分たちのデータでは測定できないもっと広い文化的過程から分離できないことも認めている。これは無視できず、この研究の政策にかかわる意味を解しにくくする。遺伝的多様性は、世界中で集団が自らを近隣の集団から区別する様子に関係するもっと大きな文化的過程を「タグづけ」(つまり統計学的に対応させること)しているのかもしれない。この場合、遺伝的多様性の尺度がA、T、C、Gの多様性とほとんど関係ないこともありうる。たとえば、直近の一族と結婚することを禁じる文化的タブーは、集団間の遺伝的多様性に大きな差をもたらしうる。

アシュラフとガローの結果の解釈についての最後の問題点は、二人が提案する枢要な仕組みであるイノベーションあるいは不信と対立に遺伝的多様性が影響することについては、間接的で限定的な証拠しか示されていないことだ。二人は遺伝的多様性と科学的独自性（つまりイノベーションの尺度）のつながりを示すが、イノベーションに表れる結果のもっと大きな集合に対する影響を明らかにすることはできていない。不信、暴力、紛争が増えた証拠も示さない。二人の理論を構成する枢要な経路に有利なもっと明瞭な証拠がなければ、その結果の精密な解釈は不明確になる。二人は経済発展を予測する新たな因子を見つけたかもしれないが、それが何かはわからない。

その結果は制度的説明とどう合致するか。この発見は、制度が発展に必須だというアセモグルとロビンソンによる説とは合わない。あるいは、それは、社会遺伝学を使った制度的パターンの起源の説明によって、制度的説明に欠けている成分をもたらすのだろうか。たぶん、アフリカからの移住の距離も、今日まで残っている文化的営みにおける違いに関係するのだろう。その結果、今の水準の国の生産性に影響するのは遺伝子そのもの（あるいはその多様性）ではなく、むしろ、こうした遺伝的多様性の尺度は、長持ちする文化的営みや産業的営みを「タグづけ」しているということなのだろう。

アシュラフとガローの論文が説いていることは幅広く、遺伝的多様性の集積的（つまり国レベルの）生産過程に対する有害な作用という心配な仮説を立てる。私たちが明らかにするように、この仮説は決定的に明らかにはなっていないので（単独の研究では不可能なこと）、発見の重要性について大々的なことを言うのはまだまだ早すぎる。実際、もっと証拠が集まるまでは、科学的結論についての謙虚さの教えをあらためて学ぶ必要があるのかもしれない。とくに世界中に科学的に人種差別をしようとする伝統があることをふまえれば。遺伝的多様性と経済的発展を結びつける機構をさらに識別するためには、こうした効果が検出可能で国のレベルよりも下の単位でも「実在」することを示す追加の証拠となる、様々なレベルでの――

ミクロの、国未満、たぶん産業界、工場、生産チームでの──新たな調査が必要だ。

この調査の追加の主張──生産的な試みが多様であることの有利な効果──には長い歴史があるが、それを（遺伝的）多様性の利点を含めるよう拡張することについては、ほとんど経験的検証にかけられていない。ここに、直観をある領域（互いに補完する新しいアイデアから結果する労働生産性の増大）から別の領域（そうした補完の遺伝的由来があるということ）へ拡張することのリスクがあるのかもしれない。二つのアイデアを支持しうる発見があるとしても、[★24] 仮説を支持するにはもっと多くの証拠が求められる。この生まれつつある領域での多くの主張と同様、こうしたアイデアは正しいかもしれないが、まだ確かめられてはいない。

遺伝学と戦争と平和

ここまでのところ確証されてはいないが、こうした当初の刺激的な見解は、他の研究者をこの探求の領域に引き寄せている。アシュラフとガローの論文ほど（まだ）調べられていないが、こうした考えを他に表れる結果に広げる多くの新しい論文が次々と発表されている。エンリコ・スポラオーレとロマン・ワジアルグによる論文は、集団（国）レベルの遺伝的距離が国どうしの紛争の可能性と関係するかどうかを調べている。[★25] この論文も取り上げる範囲が広い。著者は一八一六年から二〇〇一年までの一七五か国以上について国家間紛争や戦争を調べ、遺伝子構成が似ていない（「遺伝的距離」が大きい）国どうしが戦争になりやすいかと問う。長年の民族の違いをめぐる戦争といったことだ。

しかし、遺伝学と国際関係論との統合は古い結果を裏返す。新しい発見は、似ていない集団が対立しやすいのではなく、（遺伝子的に）似ている集団どうしの方が対立や戦争になりやすいことを示す。この発見は一見して思われるほど奇妙ではなく、必ずしも「遺伝的」ではない説明もたくさんありうる。まず、遺伝子的に似た集団は隣り合って暮らしているもので、潜在的に、その（遺伝子的にも）近い存在が「神経に障る」ために戦争や紛争になりやすい。二人はこの問題に取り組むために、国どうしの地理的距離についての分析を統計学的に調整した。遺伝子的距離はやはりものを言う。遺伝子混合も、強い「社会的な」含みがある「遺伝子的」現象だ。集団どうしが遺伝子的に似るようになる一つの経路は、歴史的な征服、交易、その他の作用から生じた（潜在的には強制された）遺伝子プールの混合による——一八一二年の米英戦争を考えよう。このときは戦争した両国（アメリカとイギリス）の遺伝子の差は小さく、紛争の理由の一部は以前の征服に由来している。すると、遺伝子的に似た国どうしが将来に紛争になりやすくても意外ではないだろう。類似性は部分的に過去の対立（征服と混合）を通じても生まれるからだ。ここでも二人は、紛争と戦争を予測するこうした（また他の）因子について統計学的調整をしているが、それでも集団について遺伝子的類似の分の効果が残っていることを見ている。遺伝的多様性と経済的発展とをつなぐアシュラフとガロールの発見と同様、こうした国家対立と遺伝的距離を結ぶ結果は新しくまだ理解しきれていない。

自然淘汰、変異、健康、持続

集団遺伝学の役割とその歴史的時間を通じた環境資源との相互作用を考えるようになった経済学者は他にもいる。そうした研究者は、集団遺伝学の一定の面が各国の成長パターンの違いにどう作用するかに関心を抱くが、遺伝的多様性の「最適」水準を定めるのではなく、私たちのゲノムの具体的な配列を調べ、時間が経つうちにゲノムに明瞭な変化が生じ、その環境が別の集団に有利になったかを問う。好例として、私たちのＤＮＡの、ある実に局所的な変化――乳糖分解酵素遺伝子――のせいで経済的成功に違いが生じるかもしれないことが挙げられる。[★26]

経済学者のジャスティン・クックは、離乳後に乳糖を消化できる（遺伝的）能力は人類史の初期に現れたが、一五〇〇年頃になって人口密度に多大な有利さをもたらしたことを示した（集団にある有利な遺伝子多様体の普及が百分率で一〇ポイント大きくなることが、人口密度の約一五パーセント増しに対応した）[★27]。他にも過去の経済的発展の違いが顕著に持続していることを示す研究があるので、その含みは、適切な時期、適切な場所で（新石器革命期の牛を育てられる地域）、ゲノムにおける（比較的）小さな変化があれば、国と国の間に大きな差が生じて、それが持続し、蓄積するということだ。

マクロ経済学者は集団遺伝学が集団の健康を通じて経済的発展にどう影響し、ひいては生産性や所得にどう影響するかも調べるようになった。たとえばクックは「遺伝的に多様」な免疫系を持つ集団は、近代以前には健康上の有利さがあったことを示した[★28]。要するに、病原体は免疫機能にある特定の弱点を狙って進化し、遺伝的多様性が限られている（したがって免疫反応の多様性が限定されている）集団は、感染症の病原体が広がって集団の健康を目立って下げるリスクが高くなる。しかし集団内の遺伝的多様性はそのような健康被害が広がるのを防ぎ、疫病の広がりを抑えることができる。

一部の社会科学者にとってはこの仮説はきわめてわかりやすい。それは経済学で確立しているゲーム理論の数学から出てくることだからだ。硬貨合わせ《マッチング・ペニーズ》という集団ゲームを考えよう。各プレーヤーが硬貨を裏か表にして見せる。単純な二人ゲームの場合で言えば、プレーヤー1は、硬貨がそろえば（表／表または裏／裏なら）勝ちで、そろわなければ（表／裏または裏／表なら）プレーヤー2の勝ちとなる。この単純なゲームに参加するなら、プレーヤーは何をすべきか。「最適戦略」は何か。まず、「必勝」の答えがあるかどうか考えよう――プレーヤー1はプレーヤー2がどちらと予想されてもおかまいなしに、つねに表を出すか、つねに裏を出すかすればいいだろうか。ゲーム理論の多くの重要な例とは違い、このゲームは「必勝」の答え――いわゆる純粋戦略――がない。あるプレーヤーが必ず表にするか必ず裏にするかしたら他のすべての戦略に勝てるということはない。実際には、プレーヤーの最適戦略は「混合」戦略をとって、表を出したり裏を出したりすることになる。各プレーヤーは自分の選択を相手に読まれたくはないからだ。したがって、マッチング・ペニーズの最適戦略は、自分の選択をランダム化することとなる。この単純なゲームが現実世界の多くのことにかかわっている。アメフトについては、単純化して、各チーム（オフェンス側とディフェンス側）をランかパスか（したがってディフェンス側はパスに備えるかランに備えるか）を決めるものと考える。ディフェンスとオフェンスが同じオプションを選べば、ディフェンスが勝つ可能性が高いが、選択が別々ならオフェンスの方が勝つ可能性の方が高い。もちろん、相手にはこちらの選択を知られたくない。そこでゲーム理論は方針を部分的にランダム化しなさいと教える――ファーストダウンではときどきミドルフィールドからエンドゾーンに向かって突破攻撃をかけるが、サードダウンで距離が残っているときにはスクリーンパスを放るといったことだ。

このゲーム理論への回り道がなぜ集団遺伝学と健康にとって重要なのだろう。人間と病原体による似たようなゲームを考えてみよう。人間は病原体に対する防御態勢を生み出すが、ありうる攻撃すべてに対抗できるわけではない。逆に、病原体は人間に感染するために特定の道を「選ぶ」。ゲームは変化する。人間が特定の攻撃様式をかわしたとしても、病原体は進化して別の攻撃方法をとるようになる。[★29] それは人間も病原体も同じルートを選べば適切なところで相手の手（攻撃）を止めて人間が勝つという意味で、マッチング・ペニーズ（あるいはランとパス）と似ている。人間と病原体の選択が違えば、病原体は人間の防御をかいくぐって——ランと見せかけて相手陣地へボールを投げて——感染できる。このゲームからは明瞭な予測ができる。病原体に対しては、今も昔も、混合戦略方針をとれる人間の集団の方が生き延びて繁栄できるということだ。

実際、クックは一見するとありえないことを見つけた——ここでも遺伝子多様体が国レベルで表れる結果に重要な役割を演じているらしいということだ。具体的には、集団レベルでの免疫の遺伝的多様性が増すと、（ヒト白血球型抗原［HLA］系を通じて）集団の（国レベルでの）寿命が増すことになる。★30 しかしクックはすでに確かめられている関係をわかりやすくしているだけかもしれない。もしかすると、HLA遺伝子の多様性は、国レベルの移民の流入によるもので（混合はHLA多様性を高め）、クックは移民が流入する国は少ない国よりも長生きするということを「見つけて」いるのかもしれない。その仮説をもっと明瞭にするために、クックは追加の試験を提案する。二〇世紀後半には感染症と闘うために、何種類かのワクチンが開発されたことが挙げられる。こうしたワクチンは実際には集団にHLA多様性があるという利点を取り除く。つまり、現代科学や医学は病気に対する「自然な」（遺伝的）防御の代わりをしつつある——集団レベルで。かつては（医療が十分でなく病気の多い環境では）、遺伝的多様性は病気に対する緩衝機構として動作し、国レベルの寿命の違いを一部は遺伝子の違いに基づいてもたらした。しかし今では環境が変わり、新しい医療やワクチンとともに、以前の遺伝子による有利さはほとんど消去された。クックは自分のデータにあるこの含みを検証し、得られた結果はその説を追認する。クックは、二〇世紀半ばにはHLA多様性が高い国々が寿命に関して大きく有利になっていたが、そうしたHLA多様性の有利さは、二〇世紀後半にワクチンや新たな医療が普及するにつれて消えたことを示す。

当初はHLA多様性が有利だったのに、その後、環境（医療やワクチンの利用しやすさ）が変化するにつれて有利さがなくなるのも、遺伝学と環境の相互作用の一例だ。ただし歴史的な時間にわたり、集団レベルで生じることだが。私たちは先の乳糖分解酵素遺伝子の例でも同様の話が展開されるのを見た。それが有利になるのは、動物の家畜化を進める能力がある環境だけだ。牛も山羊も他の家畜哺乳類もいなかったら、この遺伝子は集団的な有利さはもたらさない。この遺伝因子と環境因子の相互作用については第7章で取り上げる。

この新しい証拠は、諸国民の富を決める因子を理解しようという私たちの探求に何を残すだろう。地理歴史的、制度的取扱いをひっくり返すわけではないが、集団遺伝学の概念とデータはその物語全体に寄与するようには見える。もっと一般的には遺伝子分析と同様、この手法はトップダウンの視点とボトムアップの視点を組み合わせる。これまでの章で取り上げた候補遺伝子（ボトムアップ）方式に似た形で、一部のマクロ経済学者は乳糖分解酵素遺伝子のような特定の遺伝子多様体を、明瞭な、仮説を立てて検証できる、機械論的レンズで注目している。単一の突然変異がそのような国レベルの数百年に及ぶ繁栄に関与しうるとは信じがたく、この可能性は、マクロ経済学的成長パターンについて地理歴史的視点を、集団遺伝学の影響を含めて考えるように拡張する機会を示唆する。GWAS（トップダウン）方式と同様に、経済学者による、幅広い遺伝子尺度（たとえば遺伝的多様性や遺伝子的距離）と経済的発展との関連を明らかにする試みがあるが、そこでは機械論的理解が実践から遠く離れている。おそらく、発展や移住の枢要な予測因子についての私たちの理解にさらなる研究が加わるだろう。しかし新たな結果が現れるにつれて、諸国民の富を「自然化」する（ゲノムにあるので、もともと与えられたものと考える）危険を増やす可能性も高い。それは打ち克つべき衝動だとわれわれは考える。（第7章で見るように）人間の行動に表れる結果の多くについて現実を最もよく説明するのは、遺伝子か環境かではなく、遺伝子×環境だからだ。

第7章　環境の逆襲——オーダーメイド政策の光と影

科学はたいてい、結果に対する環境因子あるいは政策（もちろん遺伝子も）の典型的な（平均的な）作用を調べる。これは無作為化比較対照試験の基幹で、赤の錠剤を投与された人々の平均の結果を、青の錠剤（プラシーボ）を投与された人々の平均の結果と対照する。平均的効果に注目することは、赤の錠剤がたいてい青の錠剤よりも成績が上かどうか（あるいは医療扶助の利用が、それができない場合と比べて良好な健康として表れるかどうか。あるいは鉛曝露が、それがない場合よりＩＱを下げるかどうか）を問う場合には意味をなす。もちろん、極端な表れもものを言う。治療にプラスの平均的効果があるが、少数の人に重大なマイナスの副作用があるなら、それが市場に出るのを防ごうと思うこともある。

小学校一年生に読み方を教える新しい方法を考えついて勇む社会科学者になったと考えてみよう。学者として無作為化比較対照試験を念入りに実施する。国語を新方式で教わるクラスと、従来の方式で教わるクラスに分ける。年度初めに読む能力を測定し、年度末にもう一度測定する。学年終了後、せっせとデータを分析して、読み能力テストの成績については、自分が考案した方式の集団の方が比較対照用のクラスより、一五パーセント（標準偏差一つ分）、つまり統計学的に有意に良かったことがわかる。うれしくて飛び上がる。これは教育学界ではものすごい効果だ。きっとその研究を発表できるだろう。さらに重要なことだが、教育行政官僚を納得させられれば、たぶんその教育法を組織的に実施できて、多くの子どもの役に立つだろう。しかしそこでもっと細かくデータを見ると、二つの集団の平均の違いは一標準偏差分（一五パーセント）あるが、個人個人で見ると効果には大きな差があることがわかる。結局、新方式のクラスにいるわずかな生徒がものすごく伸びていて、スコアが二倍以上になっていた。実際には、その猛烈な向上（従来方式の対照群にはそれに匹敵する例はなかった）で、新方式グループ全体の平均が一五パーセント上昇した効果すべてを説明できた。さらに、新方式集団では、少数の生徒の読みの能力がわずかながら下がっていた。対照群では下がった例はなかった。

明らかに、処置の効果が非常に不均一な例に陥っている。典型的な、つまり中央値あたりの生徒については、新方式は違いをもたらさない。わずかながら害を受ける子さえいる。しかしこれが妙薬のようになる集団もいる。どの子に効いて、どの子に効かないかがわかればいいのだが。そういうことは珍しいわけではない。結局のところ、社会的介入に対するそのような均一でない反応は、例外どころかむしろあたりまえなのだ。反応の違いが、特定可能な次元、たとえば所得水準、ジェンダー、場合によってはＢＭＩに沿って生じていることもある。しかし、違いの源はやはり平均効果の影に隠れている場合の方が多い。平均の処置効果という白色光を、等質ではない虹色の効果に屈折させることができるプリズムがありさえすれば、それをセットするところなのだが。それが社会科学者の遺伝子×環境研究の背後にある動機だ――

何なら最終目標と言ってもよい。

環境と遺伝的因子の相互作用について理解すればするほど、私たちは、ある遺伝子多様体を持っていたり、特定の環境にさらされたりすることの平均的効果だけに注目していると、話の多くを見逃すことがわかってくる。遺伝的因子は、環境がどう私たちに影響するかをフィルターにかけて屈折させることができるので、赤の錠剤は遺伝子多様体Aを保有する人々には優れた効果を見せるが、遺伝子多様体Bを持った人には効かないということもありうるだろう。しかし同時に、遺伝子多様体Bを持った人にとっては、赤の錠剤は青の錠剤よりも悪くなっているが、全体としての平均的治療効果は遺伝子型による差がゼロということになるかもしれない。遺伝的因子と環境因子の相互作用についてさらに知ると、私たちはつねに遺伝子A型に赤の錠剤を与え、遺伝子B型には青の錠剤を与えて、最善の結果を得るのがよいということになるだろう。ゲノム薬理学やオーダーメイド医療の分野はまさにそうしたことを問うているが、考え方は投薬だけで終わるものではない。ある政策は多くの人々の助けになるが、害になる（あるいは無関係）という人もいる。そうだとすれば、たぶん私たちは、オーダーメイド政策や「政策評価生物学《ポリシー・エバリュエーショノミクス》」を専門にする分野を発達させる必要がある。

実際、遺伝子と環境の作用の重なり方を調べる研究は、遺伝学と社会科学や政策評価との両方での通説を問い直し、解釈し直す方へ進んだ。そうした重なり方からすると、私たちは薬や政策の平均的な影響に狭く注目するのではなく、効果の分布（平均だけでなく）や、無作為化比較試験のための被験者の遺伝子型の測定（そういうことが行なわれつつある）などに注目した、新しい別の形態の証拠をもたらすために、生物学や社会学の分野をまたいで各分野の専門家が一緒に研究する必要があるらしい。

遺伝子 - 環境相互作用とIQの場合

遺伝子 - 環境相互作用の中にはすぐにわかるものもある。カロリー摂取から脂肪を蓄積するのにかかわる遺伝子は、食料がたまにしか手に入らず、不確実な狩猟採集の環境ではきわめて有利になるだろうが、この同じ生物学的機能を持つ同じ遺伝子多様体があっても、安価で濃密なカロリーが豊富な現代の食料環境では、病的な肥満やメタボリックシンドロームになりかねない。どちらについても遺伝子は同じことをしているが、当該の遺伝子の違いから表現型に結果として表れるものを環境が形成している。同様に、人のリスクをとる行動を強化する遺伝子型があれば、狩りに出て獲物を殺さなければならないときには有利だったろうが、今日の社会では、投獄の可能性が高くなるかもしれない。この場合も、環境は必ずしも、ある遺伝子の内部的生物学的機能を形成するわけではない（ありえないわけではないが）。むしろ下流での表れを形成しているのだ。[★1] こうした例からすると、行動に対する遺伝子の影響を確かめようとするときには、環境無視という欠陥がないか考慮せざるをえなくなるはずだ。一方では、特定の遺伝子座で、タンパク質をコード化している配列が（CCCではなく）CGCになっていてインスリン生産を変化させるというような、社会的・環境的に媒介されない場合には、遺伝子型に注目するのは役に立つ。逆に、社会的な決定要因もある表れについては、狭く遺伝子だけを見ても成り立たないこともあるし、遺伝子 - 環境相互作用はあってあたりまえで、例外的なことではない。[★2]

遺伝子 - 環境に関する文献世界では、生まれか育ちかというよりは、むしろ生まれと育ちの相互関係こそを調べるべきだという基調が明瞭になっている。後から見れば、たぶんそう考えるのは当然だろう。遺

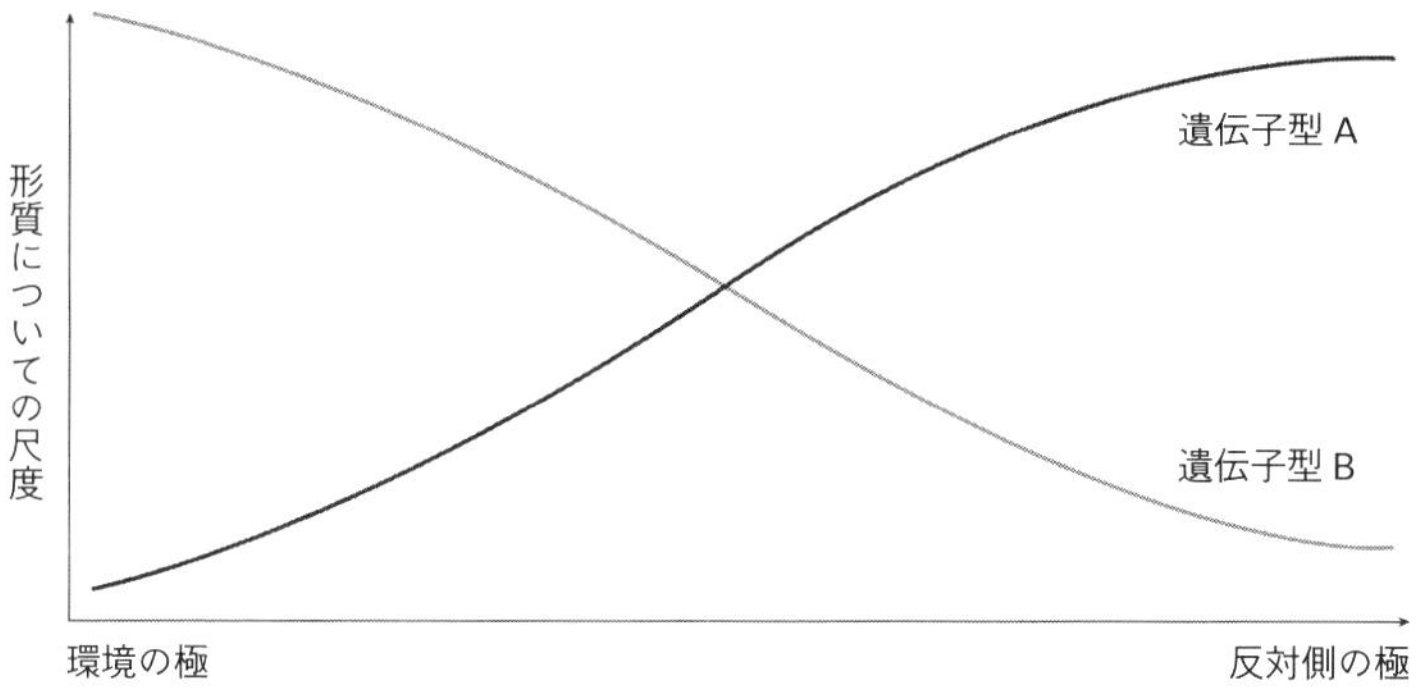

図7・1　遺伝子 - 環境相互作用効果を重ね合わせるとこのような形になることがある。

伝子ＸがＹをするというよりも、遺伝子Ｘは、環境Ａにさらされて発現するとＹをするかもしれないし、環境Ｂにさらされているとｗをするかもしれないということなのだ。環境Ａにさらされる影響は、ある人が持つゲノムの特定の位置の塩基がＡかＴかで違うことがある。こうした差は、様々な環境にわたる遺伝子型の反応の分布を探り出すことによって提示されることが多い。図７・１は、遺伝子型Ａと遺伝子型Ｂについて、様々な環境での仮想の表現型に結果する事態を示している。グラフが平行でなければ、反応の分布の差が、遺伝子‐環境相互作用があることを示唆する。それをどう描こうと、あるいはどう名づけようと、要は行動に対する遺伝子型の影響は環境の影響も受けて決まるし、環境の行動に対する影響は遺伝子の影響も受けて決まるということだ。さらに複雑さを増すことに、私たちは一部は遺伝子型に基づいて能動的に環境を選んだり形成したりする（つまりある遺伝子座にＡ多様体を持った人はＴ多様体を持った人とは異なる生態的地位を探すことがある）。

社会経済的な面に表れる結果における、遺伝子‐環境相互作用の役割についてはどうか。ＩＱと経済的地位の遺伝率に関するある初期の研究は、触れておくに値する興味深い所見を示した。第２章の、社会経済的な成功の尺度が全面的に遺伝で決まる――つまり遺伝率ができるだけ一

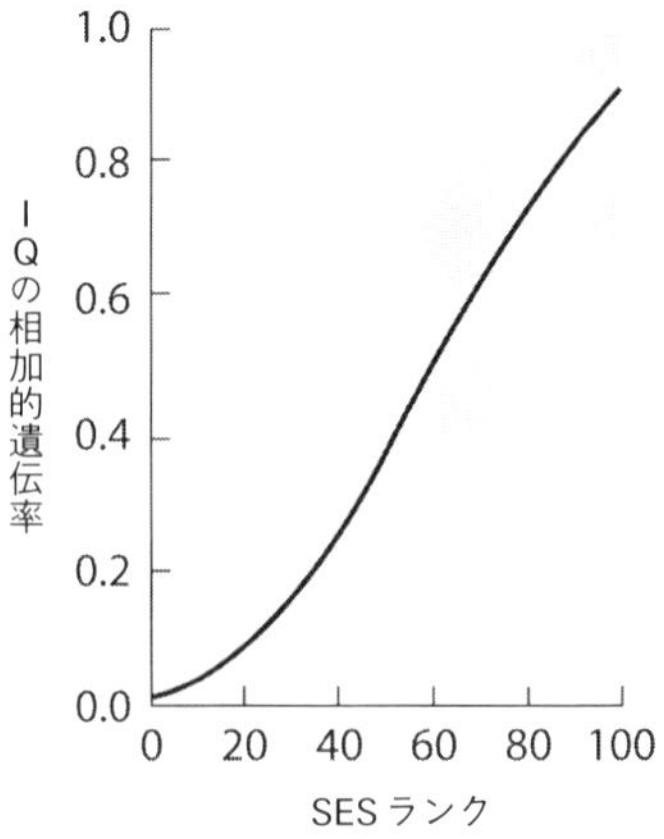

図7・2　社会経済的地位（SES）によるIQの遺伝率（E. Turkheimer *et al.*, Socioeconomic status modifies heritability of IQ in young children. *Psychological Science* 14, no. 6 [2003]: 623–628）より。

○○パーセントに近くなる――ような社会を求めて努力すべきだと論じる学者がいるという話を思い出そう。一○○パーセントの遺伝率はディストピアの悪夢だと見る人々もいるだろう。支持派から見れば、どんな社会的影響も――とくに家族的出自は――非効率的で不公平となる。経験的現実（少なくとも以前の双生児研究に基づく形の現実）では、この遺伝子的理想郷《シャングリラ》が実際にある程度実現しているという人もいれば、まだまだ遠い夢だという人々もいる。

心理学者のエリック・タークハイマーは（図7・2）、遺伝子の効果となると平等はほとんどないと論じている。[★3]タークハイマーは、遺伝学は豊かな親の許に生まれた双子の知能に比べると、社会経済的分布の低い方出身の双子の知能は予測ができないことを見てとった。つまり、一卵性双生児と二卵性双生児の類似度の差――双子モデルでの遺伝子効果あるいは遺伝率の尺度――は、経済的階梯を上がるほど大きくなるということだ。こうした結果を、タークハイマーは、社会的に有利な家庭に生まれた双子は、金銭的な資源も非金銭的な資源も受けられて、与えられた遺伝子的可能性をめいっぱい実現できるのだと解釈する――少なくとも、認知面での尺度については。社会的に不利になると、機会均等な社会では「自然に」現れるはずの遺伝子的有利さは除去され、生まれつきの能力差を均してしまい、底辺では遺伝子の効果がない悲惨な状況になるということになる。

この理論は直観的には筋が通っている。黒人は誰も大学へ行けず、好条件の職業につけないという差別的な社会環境があるとしよう。そのような人種に関する力学は、一九六七年頃には見られていた。この頃、オーティス・ダドリー・ダンカンとピーター・ブラウが、「逆転した平等」という言葉を作って、アフリカ系アメリカ人という階層的出自が、就ける職業に及ぼす影響は比較的小さいことを表している。[★4] 差別は黒人医師の子どもも、黒人肉体労働者の子どもも同じように抑圧する。一方、申し訳程度の人種差別撤廃によって、各世代について、「才能ある一〇分の一」(W・E・B・デュボイスの用語による)が生まれるようになった――出自からは表れる結果が予想しがたい黒人専門職集団のことをいう。

タークハイマーが取り上げていたのはIQのスコアで、ブラウとダンカンが取り上げていたのは就いた職業だったが、そこで語られていることは見事に符合する。[★5] 生まれ、育ち両陣営の間にまたがりうる話だ。タークハイマーは、白紙説――学界左派に流行することが多い「純粋に育ち」説――とは対照的に、遺伝子がものを言うことを論じる――それでもタークハイマーは、不平等な環境が決め手になる役割を演じるのを認めている。直観的には、タークハイマーの説は、資源の再配分をすれば、表れる結果を平等にするのに役立つだけでなく(低い社会経済的地位[SES]の子が陥る穴を埋める)、低所得環境に陥っている個人の、利用されていない、潜在的な遺伝子による才能を解放することによって経済的効率を高めることにもなることを説いている。そうすると、公共経済学の立場からは、コストについてはプラスマイナスゼロで、収入についてはプラスになるかもしれない。[★6]

しかし、遺伝子‐環境相互作用に関するこうした説は正確だろうか。もしかすると、社会経済的分布の低い側での環境的な違いの影響が増しているのではなく、実際には遺伝子の影響が弱くなっているのかもしれない。つまり貧しい家庭では、遺伝的多様性が少ない傾向があるとしたらどうだろう。そうだとすると、二卵性双生児は五〇パーセント以上の類似のおかげで一卵性双生児のように見え、タークハイマーが環境因子のせいとした結果と同じパターンが生まれることになる。そのような状況は、ＳＥＳが低い集団での同類交配の程度が大きいせいで生じうるのかもしれない[★7]。観察された結果のパターンは同じになるが、その含意はまったく異なり、介入は教育制度よりも交配市場にすべきだということになる。

双生児モデルでは、遺伝子型が実際に測定されるのではなく、推定されるので、何がどうなっているのかを正確に知るのは難しい。つまりわれわれは、一卵性双生児の方が遺伝子的に二卵性双生児よりも似ているという論理的に言えそうなことを想定している。問題は、その似ている程度にどれだけの差があるかのところにある。とくに言えば、二卵性双生児はどの程度遺伝子的に似ているか、その答えはＳＥＳによって変化するか。たとえば、低いＳＥＳ集団では遺伝子的選別（プラスの同類交配）の程度が大きくなるおかげで、低いＳＥＳの二卵性双生児は平均の五〇パーセントよりも近親度が高くなるということもありうる。近親度が高ければ、その集団の遺伝率（遺伝的作用）を過小に見積もることになるだろう。しかし、タークハイマーが仮定するように、遺伝子的選別は高ＳＥＳ家族でも低ＳＥＳ家族でも同じで、両集団間で環境が同等なら、遺伝的効果（遺伝率）が同じになることもありうるだろう。こうした二つのありそうな（それでも政策に対する含みは大きく異なる）説明を区別する方法は、ゲノム（や環境）を直接に測定する以外にはない。双生児モデルでは、部分集団内での、根底にある遺伝的多様性（遺伝的同類交配）の程度は実際にはわからないからだ[★8]。

次の一歩は、学歴についてそれまで測定されていなかった遺伝的予測因子を測定し、その予測因子は高SES家庭の方が低SES家庭よりも学歴を正確に予測するかどうかを確かめることだと、われわれは考えた。この変数――学歴の根底にある遺伝的構造――を測定するには、得られているデータの中に、学歴についての遺伝的可能性を測定するための新たな変数を立てる必要があった。

この変数を立てるために、学歴を予測するとき遺伝的多様性の相加的効果全体を測定できるGWAS分析を行なうための、一〇万人を超える人々の遺伝子型と学歴に基づくデータが用いられた。これまでの章で述べたように、GWAS分析はサンプルとなる参加者のゲノムを限なく探して、注目する結果の表れがある人々――今の例の場合、高学歴の人々――に、どの遺伝子多様体が突出して現れているかを見つける。学歴を予測するすべての多様体を調べ、ポリジェニック・スコアを作成する。すると、ポリジェニック・スコアは、ゲノムワイドのデータと学業（他のことでも）に表れる結果を含む他のどんなデータ集合ででも再現できて、それによって、ポリジェニック・スコアと教育的成果との関係の根底にありそうな機構を明るみに出すための追加の分析ができる（新しいデータ集合が、幅広く定義された系統の点で、同じ基本的集団から引き出されているかぎり）。GWASからの結果は第一段階として有望だった。スコアは、データの数万人の人々での学歴の分散のうち二～三パーセントほどを説明できた。双生児研究を用いた学歴の遺伝率推定は四〇パーセント近い数字を示すので、当初のGWASの発見は、第3章で概略を述べた足りない遺伝率の問題の対象となる。しかしそれは出発点だ（そして、先に述べたように、その後改善されている）。

そこでわれわれは、二つの独立したサンプルについて構築された教育に関するポリジェニック・スコアによって、タークハイマーの説を（そして社会経済的地位が遺伝率に影響しないという別の仮説を）、二つの関連する問いによって検証しようと試みた。まず、ポリジェニック・スコアの分布（回答者の間でそのスコアにどれほどばらつきがあったか）は、出自となる社会的階層（父母の教育によって測る）によって違ったか。これは、社会経済的地位によって変動するのは遺伝子の状況であって、必ずしも環境的状況ではないという可能性を評価する方法となるだろう。第二に、教育に関するポリジェニック・スコアの実際の影響は、どんな理由であれ、背景となる階層によって変動したか。

最初の問題への答えは「ノー」で、スコアの幅は社会階層によっては変動していなかった。二つのデータ集合――フラミンガム心臓研究とミネソタ双生児家族研究――では、なまスコアの標準偏差は、高卒（以下）の母（また父）の子については、少なくともいくらかの追加の教育を受けた回答者と比べて同じだった（他の分布の尺度も有意な差は見せなかった）。[9] これまでのところは、相互作用効果についての環境による説明を採るタークハイマー解釈にとってはいい話だ。その結果は、貧しい子どもについての発現しない遺伝子作用は、遺伝子にある違いのせいで明らかになったのではなく、環境の違いのせいで違うのかもしれないという見方と整合した。

しかしわれわれは、子どものスコアの効果が親の教育によって変動するかどうかを確かめ、これには変動がなかった。論旨のテストとしては不十分だが、[10] 結果からは、遺伝的な有利あるいは不利が、子どもが高SES家庭の出身でも低SES家庭の出身でも、同じ大きさの効果があるという、タークハイマーが双生児調査で見たことには反することがうかがえる。[11]

ポリジェニック・スコア方式には、直接測定という利点があるが、相加的遺伝子効果全体のうちわずかな部分しか捉えないという無視できない不利もある。[12] もっと深い問題もあるかもしれない。スコアは、広い範囲の様々な環境にわたるコホートのメタ分析から計算されているので、環境の影響はほとんどない遺伝子効果を、正確に捉えているのかもしれない。つまり、ポリジェニック・スコアに現れる遺伝子効果は、この発見分析での多くのデータ集合（多くの環境からの、いろいろな時期の）にわたって比較的類似しているものだ。たとえば、当初の教育関係ポリジェニック・スコアは五四種のデータ集合を用いて得られた。そうしてポリジェニック・スコアを使い、遺伝子効果が環境と相互作用するかどうかを調べようとすると、テストに失敗する準備をしていることになるのかもしれない。私たちの遺伝的尺度は、広い範囲の様々な環境にわたる結果を平均することによって得られるので、環境の差に対して比較的堅牢な（影響されない）遺伝的信号を用いている可能性が高い。[★13] つまり、すべての環境にわたって動作する多様体は、まさしく、遺伝子－環境相互作用をあまり示さないものと思ってよいだろう。しかし、スウェーデンやノルウェーのような社会民主主義諸国では、個人を協調的にして、競争的でなくする対立遺伝子があった方が有意に教育成果を高めることになるが、合衆国やオーストラリアのような競争的で自由放任的な資本主義的状況では、まさにその同じ対立遺伝子が、異なる文化規範や期待の結果、教育上の成績に負の効果を持つとしたらどうだろう。どちらの社会でも、この対立遺伝子は教育の予測因子となるだろうが、分析結果をまとめると、その結果は、北欧の分が合衆国の分を相殺して、ゼロになるだろう。ところが、それこそがまさしく私たちが求めている遺伝子－環境の作用なのだ。

ポリジェニック・スコアを遺伝子－環境研究に組み込む別の方式として、別種のポリジェニック・スコア尺度を作ることがある。教育面に表れる結果の平均的水準をいちばんよく予測するポリジェニック・スコアを使うのではなく、遺伝子－環境分析で用いるための、環境に対する感度を最もよく予測するポリジエニック・スコアが欲しいことがある。この方式はまだ開発中だが、第一歩はGWAS分析を使って、表現型のレベルよりも表現型にある変動を予測する方式だ。この方式はvGWASと呼ばれることがあり〔vは変動《バリエーション》のv〕、活発な研究領域となっている。[14]

つまり、階層の境界をまたいで進行することの問題点は決して解決されてはいないが、最低限、ポリジェニック・スコアを使う新しい方の結果は、何らかの集団区分——人種、階層、地理、家系——による遺伝子作用の違いを観察するとき、これが「真の」遺伝子-環境相互作用を映していると想定することの潜在的なばかばかしさを鮮明に浮かび上がらせる。

遺伝学と環境の相互作用を理解することが十分に複雑ではなかったかのように、この二つの因子は非常に複雑でダイナミックなフィードバックループで互いに作用しあうらしい。このループは、原因と結果をほぐすことのハードルをさらに高くする。[15] 要するに、人間が（とくに親が）、どこに、誰と、どのように住むかについて、いくらかの選択ができるかぎり、遺伝子型は環境を選んでそこに入り込むことができる。遺伝子-環境の相互作用を遺伝子-遺伝子あるいは環境-環境相互作用から分離するのはたやすいことではないが、人間の行動を理解し、政策のための正しい診断をつけるには、成否を左右するほど重要なことだ。

タークハイマーは、SESによって層別化した双生児分析による遺伝子-環境相互作用の先駆者だった。しかし、分子レベルで測定した遺伝子-環境相互作用の論文が発表されたのは、それから二〇年近く経ってからだった。最初に個別の遺伝子を特定して、その作用は環境的事情によって変動すると説いた研究者は、ニュージーランドでユニークな調査を実施することでそれを行なった。これは同国の南島にあるダニーディンの出生コホートを数十年にわたって追跡した調査だった。研究者は様々な研究分野に属していた。

テリー・モフィットは臨床心理学畑で、アヴシャロム・カスピは発達心理学者だった。二人は他の心理学者や遺伝学者と組んで、幼児期に暴力や虐待を受けた子の中でも、他の子ほど悪影響を受けていない子がいる理由を調べた。回復力《レジリエンス》の問題は社会科学では重要でよく調べられている分野だが、このチームの研究が出るまで、遺伝子データが用いられたことはなかった。このチームは、*MAO-A*という単一遺伝子の多様性を、様々なレベルの虐待を受けた男児の大規模なサンプルで調べた。そこでわかったのは、意外ではないが、暴力にさらされた子どもの方が、反社会的で暴力的な成人になりやすいということだった。もっと興味深い結果は、虐待と成人の非行の結びつきが、男児が持つ遺伝子多様体がどれかによって形成されるということだった。*MAO-A*の「低活動性」（つまり当該のタンパク質を生産する量が少ない）遺伝子型は、成人になったときの反社会的行動を決める影響が、「高活動性」遺伝子型をもった男児の虐待の場合と比べ、二倍以上あった。

*MAO-A*遺伝子は、セロトニンやドーパミンのような神経伝達物質を分解する酵素を表すコードをなしている。もちろん実際、*MAO-A*遺伝子は攻撃性と結びつくと言われていたため、初期の社会遺伝学文献では「戦士」遺伝子と呼ばれていた（第3章）。★16

この研究には良いところがいろいろある。先駆的でもあり、注意深く行なわれている。幼少期の虐待の測定は、この取扱いに注意を要する課題を評価するための、確立している手段に基づいていた。★17 注目する候補遺伝子は先行する科学的研究に基づいて注意深く選ばれた。動物（マウス）のモデルを用いて遺伝子の効果を実験的に明らかにする研究だった。

この研究の結果は、同様の問題を別の遺伝子（*5-HTT*）で調べた論文とともに、『サイエンス』誌に、それぞれ二〇〇二年と二〇〇三年に掲載された。[★18] *5-HTT*はセロトニン輸送遺伝子で、脳のシナプスでのセロトニン再取り込みにかかわり、抗うつ剤（ＳＳＲＩ）の標的となる。この遺伝子は、実験動物（マウスと猿）をモデルにして調べられていて、遺伝子多様体が異なると、ストレスのかかる環境がストレス反応のレベルに及ぼす効果に差異が見られた。*5-HTT*分析については、カスピらが、この遺伝子多様体はストレスのかかる出来事の、後のうつ病の症候に対する影響を和らげるという仮説を立てた。この研究者チームは、*MAO-A*研究で取り上げられたのと同じダニーディンのデータ集合を使い、動物モデルと整合する証拠を発見した。ストレスのかかる環境に敏感と思われる遺伝子を持っていて、実際に環境のストレスが大きかった人は、同様の環境にいてもストレスに強い遺伝子多様体を保有していた人よりも、うつ病の症候を多く示したのだ。

この研究は、生物学的因子と環境因子の相互作用を重要な結果の表れに対応させる研究方向を、ほとんど一発で打ち立てた。カスピらの『サイエンス』の二本の論文は、この一〇年余りの間に学術論文で一万件近く引用され、文献世界では、解釈、反論、統計学的批判、追試の試み（成功例、失敗例ともに多い）、概略分析の対象になっている。論争は続いていて、異なる結論に達する概略分析（「メタ」分析と呼ばれる）が競合している。[★19]

遺伝子 - 環境相互作用の理論

私たちは、カスピらの刺激的な発見を位置づけるための遺伝子 - 環境相互作用の理論を必要としている。遺伝子 - 環境相互作用が肝心であるという優れた理論の中心には、取り上げられる疑問がいくつかある。

ヒトの遺伝子が環境に依存「したがる」とすればなぜか。状況の影響を受けるこの感度が種の生存や繁栄にとって有益になるのはなぜか。人に表れる結果を（不確実な）環境に左右させるのはリスクが高くないか。それとも、遺伝子が環境からまったく独立して機能する方がリスクが大きいのか。

遺伝子‐環境相互作用を概念化する初期の枠組みは「素質・ストレス仮説」だった。これは、「高リスク」遺伝子多様体をもって生まれた人も、「安全」遺伝子多様体を保有する人もいるが、どちらも、中立的な環境にあれば結果はだいたい同じになるだろうと考える。しかし、「高リスク」遺伝子多様体を保有する人々が極端な環境に置かれると、そちらの人々に表れる結果が不釣り合いに異なる——遺伝子‐環境相互作用だ。実際、虐待され、かつ脳のセロトニン系に関係する「高リスク」遺伝子多様体を持つ子は、生活力の点で大きく下がるが、虐待を受けた子でも、他方の遺伝子多様体を持っていると、環境が悪くなっても、同じことになる数は少ないことを示す証拠がある（今も議論の的だが）[20]。そもそも利益がないのなら、人に「高リスク」遺伝子多様体があるのはなぜか。進化の淘汰圧がこうした多様体を一掃できないのはなぜか。二つの理論が唱えられている。一方の理論は、こうした「高リスク」多様体は、そう遠くない過去には恩恵があったとする。たぶん、今のストレスのかかる環境に「過大反応」をしている遺伝子多様体は、アフリカのリフトバレーでは持っていると有益な多様体だったのだろうが、そうした環境から移ったのが最近すぎて、そうした多様体が淘汰を通じて消えるほど時間がたっていないということなのではないか。「戦士」遺伝子は、生き残るためにライオンを追い払う戦士を必要とする集団にとっては良かったかもしれない。あるいはひょっとすると、この「リスクのある」多様体はある結果としての表れにとってはリスクになるかもしれないが、実は、測定されないでいることが多い別の結果としての表れにとっては

防御になるのかもしれない。統合失調症は、たとえば創造性や知能の尺度と正の相関を示すことが多い。[★21]

もう一つの理論は、この遺伝子を個人レベルではなく種レベルで考え、「タンポポ」多様体と「ラン」多様体があると想定する。タンポポはほとんどの環境でやっていける。ランは理想的な環境では栄えるが、そうでないと枯れる。タンポポは、環境での不利な変化に対する群《ぐん》のヘッジだ（群淘汰は進化論ではまだ異論の多い概念だが）。種として見れば、ヒトは大がかりな保険として、遺伝子プールに両方の遺伝子を持っておきたいだろう。今の環境に合わせて微調整されたラン型を一掃しかねない大きな（破局的）変化が環境にあった場合（気候変動など）、集団にタンポポがあることは、種の生き残りには必須になりうる。

この種の進化論的リスク管理は、シロイヌナズナの発芽時間に関するものから、[★22]出芽酵母の成長と増殖戦略に関するものまで、[★23]様々な種に見られる。シロイヌナズナの場合には、（遺伝子的に下される）「決断」の一つは、種子が環境条件（雨、日照など）を最適に利用できるよう発芽するタイミングだ。たとえば日照が最大の日に発芽するのが理想だとすれば、北半球の植物は夏至（だいたい六月二一日）に発芽することになる。しかしその日がたまたま曇っていたり、たまたま日蝕だったりしたらどうなるだろう。シロイヌナズナの集団の中に、それほど注意深く発芽のタイミングを調節しない個体もあると有益かもしれない――つまり、群れは一種の保険として発芽時期に幅を設けることで、利益を最大化できるのだ。この場合、六月二一日一点張りの群れはランで、発芽日に少々無作為を加えるのがタンポポということになる――タンポポは特定の日の実際の日照量にはランほどには影響されない。安定した、雲のない環境では、ランの方が有利になる。発芽のタイミングを完璧にすることによって、景観で優勢になるだろう。しかしもっと不安定な状況（地球規模の気候変動）の場合には、リスクをヘッジするためのタンポポ型を持っている種が優勢になるだろう。自然淘汰は環境での変動に合わせて適切なバランスをとる。

さらにまた立ちはだかる壁……

こうした考え方は、私たちに利用できるデータで難なく検証できると言わんばかりに、ある社会科学者グループは、遺伝子‐環境相互作用の文献の一部にある、致命的な欠陥になりかねない点を指摘している。遺伝子‐環境相互作用を適切に調べるためには、次のような問題についても考えなければならない。私たちが関心を抱く環境は人間の管理下にある（研究対象の選択にかけられる）ものか、それとも「外部的」（個人の作用や選択、とくに遺伝子型とは無関係）かということだ。この争点が重要なのは、遺伝子と環境の相互作用を評価する試み全体が、要となる二つの段階にかかっているからだ。一つは、社会的過程の「遺伝的」成分を、「環境的」成分から分離すること。もう一つは両者が互いにどう依存しているかを調べること。最初の方は思うよりも難しい。作用や因子が遺伝的か環境的かを明瞭に区別するというより、私たちが経験する環境は、私たちがどの遺伝子多様体を保有しているかによって動かされる部分があるとしたらどうなるか。遺伝子と環境は私たちに作用する二つの別々の力ではなく、私たちの遺伝子が、両者それぞれの直接の作用と両者の相互作用の両方を通じて、私たちと相互作用する環境を形成するのではないか。遺伝子型が私たちが経験する環境に影響する状況（遺伝子が環境を選択する）は、遺伝子‐環境相関と呼ばれ、いくつかの形がある。★24

第一の遺伝子‐環境相関の源は、能動的遺伝子‐環境相関だ。人々は（大人も子どもも同じように）、自分が身を置く状況のタイプ——もちろんすべての状況ではなく、一部——に対して何らかの決定権があり、自分がどう「収まる」か、その環境からどう利益を得るかに応じて決定していることもある。この過程は選択的遺伝子‐環境相関と呼ばれる。たとえば、外向的な人々は内向的な人々とは異なる環境（友人、党派など）を求めるかもしれない。こうしたこととは逆に、一つの環境を選ぶのではなく、遺伝子が環境的反応を引き出すこともある――こちらは喚起的遺伝子‐環境相関と呼ばれる。たとえば、周囲になじまない（一部は遺伝子に基づいて）子どもは、親や教師や他の大人や子どもからの処罰的反応（環境）を生む（喚起する）ことがある。

こんな例はどうだろう。*SCHOOL*と呼ばれる遺伝子のある位置がAとなった多様体の子は、Tの多様体の子よりも、成績の良い子の入る学校に入学するのに有利になりやすいとしたら、A多様体の子はT多様体の子よりも良い学校に行くことになる。A対立遺伝子が学校の選択にのみ影響するなら、これは問題にはならない。それは、A対立遺伝子が、流れの末端の方に表れる結果――たとえば賃金――に効果を持つ機構が学校選択を通じて動作する世界を示すことになる。しかし今度は、*SCHOOL*のA対立遺伝子が二つの効果を持つことを考えてみよう。一つは学校の選択に影響する。もう一つはIQを上げることによって賃金に影響する。この力学は、学校の影響を分析した社会科学者を騙して、それが実は学校と賃金の両方に作用する*SCHOOL*遺伝子の多面発現（多岐に分かれる）効果なのに、「良い」学校は一定の結果の表れをもたらすという結論を間違って出させるかもしれない。つまり、私たちがTを持つ子をいわゆる名門校へ行かせる仮想世界では、学校の影響は実は、遺伝子選別が進行中であるという統計学的な作為の結果なので、賃金の上昇はまったくないかもしれない。

私たちが原因と結果を推論する能力は、ある結果の表れに複数の遺伝子が影響する場合にはさらに複雑になる。先の例のように、*SCHOOL* 上のある位置のＡがＴよりも良い学校へ行くように選択するが、今度は *SCHOOL* 遺伝子はＩＱや賃金への直接の効果がないとしてみよう。ただそれに加えて、ＣかＧかの二つの多様体がある第二の場所を考える。*SCHOOL* の第一の位置にあるＴについて、この第二の *COGNI* という遺伝子における変動は何の効果もないような、遺伝子‐遺伝子相互作用効果があるとしよう。*SCHOOL* の位置のＴは、*COGNI* がＣでもＧでも、良い教育を受けず、認知力評価も低く、賃金も低いということになる。しかし巨大な効果を生む特定の組合せがあるとする。*SCHOOL* の方がＡで、*COGNI* の方ではＣだと、ＩＱと賃金が、ＡとＧの組合せの人より高くなるという。つまり、*COGNI* の対立遺伝子にＣが存在するときのみ、*SCHOOL* の賃金への効果があるということだ。これをひっくり返して、私たちは *COGNI* 遺伝子の違いが賃金やＩＱに及ぼす作用は、*SCHOOL* 遺伝子にＡがあるときだけだと言うこともできる。*SCHOOL* 遺伝子を明示的に測定しておらず、またこの遺伝子相互作用を探していなかったら、*COGNI* だけを調べる科学者は間違って、*COGNI* のＣだけが、その対立遺伝子を持っている子どもが良い学校へ行くとＩＱと賃金を上げるような遺伝子‐環境相互作用があると推論するかもしれない。実際上、遺伝子‐環境相関があるため、学校の質の測定は、実は密かに *SCHOOL* 遺伝子がＡ対立遺伝子かどうかの検査として作用しているのだ。つまり、測定されていない遺伝子‐遺伝子相互作用が遺伝子‐環境相互作用のような仮面をかぶっていることになる。

　世代間で考えると、事態はもっと複雑になる。子どもは親と遺伝子的に相関があり、親は住所、学校を選び、さらには友人、スポーツ、映画、ストレス因子もある程度は（少なくとも間接的に）選ぶので[★25]、遺伝子‐環境相互作用の分析に問題を抱えることになる。親がこうした子の環境がどういうものになるかについて重要な選択をするとき（もしかして自身の*SCHOOL*遺伝子に基づいて）、それは概念的には（また統計学的には）、子の遺伝子がその子の環境を選ぶのを助けているかのようになる。ただし受動的に――いわゆる受動的遺伝子‐環境相関となる。親は子に*SCHOOL*遺伝子も*COGNI*遺伝子も伝えるので、子が当該の環境について見かけ上自分では選択していないときも（どこに住むか、どのくらいの所得があるかは親が決めるものなので）、実は親が環境と遺伝子の両方を伝えているため、外見上は遺伝子‐環境相互作用となるものが、遺伝子‐遺伝子相互作用を隠しているのかもしれない。

つまり、アヴシャロム・カスピらの元の虐待された子の研究[★26]――「環境」尺度――は、実は親の（ひいては子の）遺伝子型の成分を捉えていて、両者を分離してその相互作用を分析する能力を邪魔しているのかもしれない。このことがカスピらの分析についてとくに懸念されるのは、子を虐待したりネグレクトしたりするのは親だという場合が多いからだ。*5-HTT*の多様体と相互作用して子にうつを生じさせるのは、一定の親が作り出す環境（虐待）だったのか？　それとも他に遺伝子があって――*ABUS*と呼んでおこう――親にそのような行動を引き起こしたのか？　後者なら、*ABUS*というリスクがある多様体は、短くなった*5-HTT*プロモーター領域とともに受け継がれ、その二つの遺伝子が相互作用して子にうつを生じさせるという仮説を立てることができる。しかし子が*5-HTT*の短い対立遺伝子だけ（*ABUS*遺伝子はない）を受け取ると、その子がうつになる確率には影響がない。*ABUS*と*5-HTT*がともに遺伝子‐遺伝子相互作用の一部を形成することになる。*ABUS*を明示的に測定しなければ（あるいは*5-HTT*と組むかもしれない遺伝子を探すべき場所を知らなければ）、間違って親によって作られた環境がたまたま*5-HTT*と相互作用しているものだと思い込み、親がその環境を作る元になったのは、何らかの測定されていない遺伝子だとは思わないかもしれない。

　したがって、親の遺伝子型（そして子の遺伝子型）は、遺伝子が環境と相互作用するだけというより、環境を選ぶ（予想する）という意味で、子どもの虐待を行なう（さらされる）リスクを予想するかもしれない。つまり、私たちはカスピらの研究が遺伝子－遺伝子相互作用を捉えているのか、遺伝子－環境相互作用を捉えているのかを決定的に区別することができない。第一の場合には、子どもの測定された遺伝子型は子どもの測定されていない遺伝子型（つまり行動に影響するかもしれないが、候補遺伝子方式で明示的に測定されていない別の遺伝子座）と相互作用していることになる。これは子どもの測定されていない遺伝子型（たとえば*ABUS*対立遺伝子）が親の遺伝子型に沿っていて、親の子に対する虐待リスクに沿うことで起こりうる。第二の場合には、相互作用が子の遺伝子型と子の環境のみにある遺伝子－環境相互作用を捉えている。

　遺伝子－環境相関（タイプにかかわらず）が存在することから出てくる重要な意味は、その存在が、遺伝子－環境相互作用を解明する能力に立ちはだかることだ。明らかにしているのが遺伝子－環境相互作用なのか、遺伝子－遺伝子相互作用なのか、確信できなくなる。遺伝子が遺伝子－環境相関を通じて環境に作用するなら、われわれが評価しているのは「行動遺伝子」の「環境選択遺伝子」との〔遺伝子－遺伝子〕相互作用であって、環境そのものについてはとくに見るべきことを明らかにしているのではないことがありうるだろう。この問題点は遺伝子－環境相互作用での重要問題になっていて、遺伝子－環境相互作用を示す証拠を提示した初期の顕著な研究のいくつかが再現できず、今も議論の的になっている理由の一端になるのかもしれない。

　遺伝子因子と環境因子を分離するという問題は、遺伝子－環境相互作用の現代的（分子的）分析以前からの長い歴史がある。たとえば一九八〇年には、クリストファー・ジェンクスがＩＱ調査で相互作用に焦点を向け、知的障害への注目を喚起した。[27] フェニルケトン尿症（ＰＫＵ）が、特定の肝臓の酵素を表す遺伝子に突然変異が起きて引き起こされるヒトの遺伝的症状であることは前々から確立していた。機能する酵素がないことが、脳の発達を阻害し、知的障害に至る。しかし現代のスクリーニング事業と簡単な食餌療法で、ＰＫＵの乳幼児はこの知的障害の原因を避けられる。遺伝的に引き起こされる低ＩＱ予測因子を引き継ぐ確率が非常に高くても（環境的／食餌的療法がない場合）、環境による介入によって、実質的にゼロにまで変えることができる。するとそれは、ＩＱがこの経路では遺伝子的に決まっているということになるのか、それとも環境的になのか。ＰＫＵのない子にとっては、環境（特殊な食餌）のＩＱに対するこの面での効果はゼロだ。危険性のある遺伝子多様体を持った子にとっては、環境が大きく作用する。一般に、どうすれば遺伝子のみの因子を環境のみの因子から分離することが望めるのだろう。[28]

遺伝的な違いの結果ではなさそうな（相関していなさそうな）環境の違いに関心を絞る研究を行ない、遺伝子‐環境相関や相互作用を分離しようとしてきた、小さくても成長中の研究分野がある。[29] 生年月日と遺伝子型との関係は非常に限られたものであるだけでなく、おそらく人生に表れる結果にはほとんど影響しないだろう。果たしてそうか。生年月日が人生全体を形成することもあるのだ。

一定の世代の人々なら、ベトナム戦争のとき、特定の生まれ年（つまり一九五〇年）の男性がそれぞれの誕生日（たとえば七月二二日）に基づく番号を与えられて、抽選が行なわれる徴兵制度があったことをおぼえているだろう。つまり誕生日には一定の意味があるが、遺伝子型とは無関係だ。[30] われわれはこの情報を使って、ベトナム戦争で兵役に就くリスクを上げる数字を割り振られることが、喫煙に関係する遺伝子型変動と相互作用して、成人の喫煙状況を予測するかという問いを立てた。軍務――ストレスもあればタバコへの曝露も高い――による遺伝的な喫煙傾向に基づく反応に違いはあるか。[31] われわれは、遺伝的な喫煙傾向が高い帰還兵は、非帰還兵と比べて、恒常的喫煙者でヘビースモーカーになる可能性が高く、またがんや高血圧の診断を受けるリスクも高いことを示す証拠を見つけた。軍隊のストレスは、喫煙の遺伝的リスクと相互作用しているらしい。しかもこの証拠は「クリーン」だ――つまり、遺伝子はベトナム戦争の抽選で当たる数字を引くかどうかには作用しないので、遺伝子‐環境相関に影響されていない。

「クリーン」な遺伝子‐環境相互作用の証拠に注目する新たな例としては、やはり重要な日付を用いるものがある。その日付は特定の世代の記憶に残るだけでなく、今日生きている人なら多くの人にとって忘れられない。二〇〇一年九月一一日のことだ。ベトナム戦争の徴兵抽選での誕生日を使ったのと同じく、われわれは9・11を、重みがありかつ遺伝子型と無関係な環境への曝露を探す試みの中で、重要なものとして用いた。[32] この調査を始めようとしていた頃、二〇〇一年八月と二〇〇一年九月、さらにその後に、大規模な全国調査が行なわれていたことにわれわれは気づいた――被験者から唾液を集めてDNA分析をし、提供者にうつの症状はありますかと尋ねるという調査だった。研究は五年以上にわたり、何千という人々を、高校にいるときから始まって追跡調査していた。われわれの研究方法はこの偶然の調査時期を使って、調査を終えたのが9・11のテロ攻撃の前か後かで人々を比べ（たとえば二〇〇一年八月の面接の応答を、9・11以後に面接を受けた人々と比べる）、遺伝子型（とくに*5-HTT*プロモーター領域の長い対立遺伝子）がこの攻撃に、うつの症状について差のある反応と関連するかどうかを評価した。[33] この調査はカスピらが『サイエンス』で発表した、ストレスのかかる出来事と*5-HTT*プロモーター領域の長さの違いの、うつ症状を予測するうえでの相互作用を調べた、後の方の論文と関係している。[★34] しかしわれわれが得た結果は、その先行する調査とは整合しなかった。カスピらは短／短遺伝子多様体はストレスのかかる事件の効果を、成人のうつ症状を増すと見ていたが、われわれは逆のパターンを見た。短／短多様体は9・11のうつ症状への効果を減らしたのだ。鍵は、面接を受けたのが9・11の前か後かはランダムだったことにあった。

　カスピらの見たこととパターンが異なる理由として考えられるのは、私たちは遺伝子‐環境相関を、遺伝子‐環境相互作用過程から分離できるような調査を考えたということだ。[★35] 両研究で原因と結果を推測するのに必要な前提は何か。各研究は遺伝子型が曝露と無関係である（遺伝子‐環境相関がない）ことを必要とする。われわれの調査については、この条件はとくに、遺伝子型が、面接を受けるのが9・11の前か後かとは無関係でなければならないことを意味する。カスピらの調査については、遺伝子型は子どもが虐待の被害者かどうかとは無関係でなければならないことを意味する。われわれの見るところでは、われわれの研究設計に必要だった前提の方が妥当だ。

　遺伝子効果を環境効果から分離しそうな調査は、遺伝子‐環境効果を理解する決め手だが、文献の中にはあまりない。これは板挟みの状況が含まれるせいでもある。社会経済的現象の重要な説明でありかつ遺伝子因子とは無関係でもある環境的因子を明らかにしようとする研究者の試みは、両方の基準に合う事例を見つけることが難しいせいで失敗の程度がきわめて高かった。

　この「自然実験」方式を批判する人々は、こうした「純粋」研究を、目新しいが世界を記述できないとして退け、徴兵の抽選やテロ攻撃に基づいていては、遺伝子‐環境相互作用研究での最も説得力のある問いを理解することはできないと言う。これは一部の人々がきわめて「局所的な」作用の扱いの問題と呼ぶことの一形態だと。教育分野から一例を取り上げよう。多くの経済学者は、合衆国各州の義務教育に関する法律の拡張を、賃金や寿命に対する修学年限の追加の「真の」因果的結果は何かを突き止めるための自然実験として用いた。[★36]この研究計画では、公教育の一年の追加は、生徒にもっと教育を受けさせる原因となるかもしれないが、収入あるいは死亡率に直接影響するかもしれない背景の因子（たとえばIQ、忍耐力などいくつもの因子）とは別となる。しかし、法律の影響は、周縁の子の公教育を一〇年から一一年に増やすことだけなので、検証からわかることは限られている。私たちはその特定の移行（就学一〇年から一一年）の、それがなければ一〇年で学校を終える子どもに対する影響はわかる。義務教育法規を調べても、その追加の一年が、法律のいかんにかかわらず学校にとどまった子のタイプに対する影響については教えてくれない。こうした法律は、学校の階梯の別の地点で就学が一年増えた場合の価値も教えてくれない。大学進学が成人の収入に及ぼす影響に関心があるなら、必要とされる公教育が一〇年から一一年に変わることを分析しても、必ずしも助けにはならない。就学年数が一〇年から一一年に変わったことについて私たちが明らかにする影響は、教育の作用がすべての子にとって同じだと考えたり、一年増えるごとの影響が同じだと考えたりすれば、確かに他の教育的変化について教えてくれることはあるかもしれない――しかし明らかに、それは相当に飛躍した前提だ。

局所的な扱いの効果を、注目するもっと広い問題に拡張することの潜在的な問題点を考えるとき、私たちは他の扱い方の問題点も考える必要がある。私たちが正確だと信じる「局所的」影響に注目することに対して主要な代替案の一つは、バイアスがかかっていると思われる推定に注目することだ。つまり、一一年から一二年への変化の影響に関心があるなら、選択がつきつけられる。義務教育法規とそれによる就学一〇年から一一年への変化によって生まれた「クリーン」な証拠から得られた知識を使うか、「クリーン」な証拠は生まないが一一年から一二年への変化を直接に調べるよう考えられた調査からの結果を用いるか。もちろん、両方の証拠を何らかの形で組み合わせることもできるだろうが、両者の結果が異なっていたらどうなるだろう。

自然実験は注目するところが狭い（就学年数すべての作用を調べるのではなく、一〇年か一一年かの影響だけを推定する）のに加えて、科学における別のテストにも合格しない――追試だ。遺伝子分析でよく用いられる証拠の重要な科学的基準は、研究者が様々なデータ集合、時期、場所にわたって同じ結果を生むことができるかどうかにある。★[37] こうした論文で用いられた規模での徴兵の抽選やテロ攻撃は、ありがたいことに稀で、科学のある分野では必要とされる追試が見込めない。追試の難しさは、この研究から生まれた発見が外部的妥当性を持つか、きわめて局所的かという問いも立てる。つまり徴兵の抽選が一九六九年ではなく、一九四九年や二〇〇九年にあっても――あるいは研究時期の外側にあるどんな時期でも――同じ結果になるかということだ。こうした遺伝子‐環境相互作用の「純粋」研究の多くには、遺伝子側を測定するために候補遺伝子方式に依存するという問題点もある。第3章で述べたように、多くの候補遺伝子の発見は偽陽性だった。遺伝子‐環境研究のために候補遺伝子方式を使うことは、発見が偽陽性である確率を上げる（可能性のある結果は何千という数になるだけでなく、テストすべき環境の数も多い）。候補遺伝子についての問題点に対する初期の応じ方の一つは、ポリジェニック・スコアを使うことだった。★[38] ただし、ポリジェニック・スコアはブラックボックスだという心配は残っている。★[39] 理想的に言えば、前に進む道は、それぞれの手法の利点を融合しつつ、それぞれの限界も正当に認識することだ。一つだけの完璧な分析はない。

遺伝子‐環境相互作用を利用した生活向上

何十年か前から、医療機関一般、とくに製薬業者が医療サービスや治療を個々人の必要に合わせて仕立ているところだと言われてきた。医療での遺伝学は、まさしくそういうことをする方法とされていた。開業医が唾液サンプルを用いて、患者が肥満になったりうつ症状に陥ったりしている理由を判定できるということだ。ほとんどすべての減量は失敗するし、うつ病の診断のための手順は試行錯誤の試みなので、この技術の進歩は見逃せない。臨床医は多くの因子に基づいて薬を処方する。経験（他の患者での）、七分ほどの診察で得られる患者についてのわずかな情報、それとは別の直感、製品に対する製薬会社の熱意（おまけや無料サンプルを通じた）といったことだ。[★40] そして臨床医はしばしば読みを間違える。間違った薬を処方し、服用中の薬とののみ合わせによる副作用を見逃し、何より基本的なことに、患者の遺伝的傾向と薬の選択をそろえることができない。結果、何週間か（間違った）薬の効果が出るのを待つと、患者は別の診療所へ行かざるをえなくなり、またあらためて試行錯誤の診断経路が始まる。

いわゆる精密医療という新たな方向は、とくにうつ病、アルコール依存、タバコ依存、肥満を代表とする様々な健康にかかわる行動や症状についての、かつて試行錯誤による処方に頼っていたことを克服しようとする。こうした症状の根底にある決定因子は集団の中で大きく変動する。多くの人々が、悲劇的な出来事の後でうつ症状にかかる。季節的情動障害（ＳＡＤ）になる人もいて、それは長く日光に当たらないこと（たとえばシアトルあたりで）に反応してのことかもしれないし、[★41] さらには青少年の思春期特有の変化に反応する人もいる。そうした原因の奥には、遺伝的なかかりやすさがある。

悲劇的事件を経験した人が皆うつに陥るわけではないし、シアトルにいる人が皆ＳＡＤになるわけではない。すると、うつ症状の遺伝や環境にある様々な原因が、今よりも的を絞った投薬や療法で処置されるかと考えるのは理にかなっている。うつ病の薬の多くは、それぞれ標的にする生物学的経路が違う（正確な仕組みがわかっていない場合も多い）。イフェクサー〔ベンラファキシン〕という薬は、シナプス前神経細胞によるセロトニンとノルアドレナリンの再取り込みをブロックすることで機能するのかもしれない。[★42] ウェルブトリン〔ブプロピオン〕はニコチン性アセチルコリン受容体を標的にすることによって機能するのかもしれない。[★43] レクサプロ〔エスシタロプラム〕はもっと特定してセロトニンを標的にすることによって機能するのかもしれない。[★44] それぞれ別々の副作用もある（いくつか挙げると、〔若い〕イフェクサー服用者には自殺指向があり、ウェルブトリン服用者には発作があり、レクサプロ服用者には性欲減退を起こす人もいる）。何から始めるかの判断を医師自身の癖に基づいて行なうより、どの薬がいちばん効くかを判定する前に、ドーパミン系やセロトニン系のよく調べられている多形（それぞれ、DRD_2やDRD_4や*DAT*と、*5-HTT*）を測定して、患者をグループ分けするのは意味をなすのだろうか。考えられる生物学的・環境的経路と処置の選択とをもっとうまく合わせるための努力が行なわれている。[★45]

同様に、人々が喫煙を始める（そして続ける）理由も相当に違っている。合衆国では、本当に喫煙を「始めた」人は（吸ったタバコが一〇〇本を超えたことと定義される場合が多い）、ほとんど誰もが、一四歳から二二歳の間にそうなっている。ほとんどの人が高校生のときに始めるが、高校では始めなかった人の中には、大学や最初の職場で始める人がいる。一方、最近では、三〇歳、四〇歳、五〇歳で始める人はほとんどいない。喫煙開始年齢に明瞭なパターンがあるのとは違い、やめるときのパターンは違う。多くの人にとって、禁煙は一生かかって成功するもので、失敗する人も多い。ほとんどの喫煙者は禁煙を試みたことがあるし、何度もという場合も多い。

この喫煙についての年齢的な特徴は、他の多くの健康にかかわる行動とは整合せず、治療が難しい理由の一つかもしれない。つまり、ほとんどの人々にとって、喫煙開始は強度に社会的な現象だ。人は友人の行動など、流布しているカルチャーに合わせるために喫煙する。そしておそらく、喫煙を始めたのはまずもって遺伝子による喫煙傾向のせいだという人は（合衆国には）ほとんどいないだろう。何と言っても、喫煙者が遺伝子的にニコチンを求めるようになっていたとしても、そのことを知るのは、まず吸ってからのことなのだ。

ほとんどの人が似たような形で喫煙を始めるが、喫煙のやめ方はいろいろだ。あっさり止められる人もいれば、何度も治療を受けなければならない人もいる。始まりとは違い、禁煙を決定する因子はおそらく逆で、社会的因子が遺伝的因子に補助的に働いている。喫煙する友人、同僚、配偶者を持つと止めにくいのに疑いはないが、禁煙成功の根底にある遺伝学を詳細に語る証拠は多い。だからといって、禁煙する能力が遺伝で決まっていて、試みるのは無駄な人もいるということではない。しかし、うつ病の治療と同様、禁煙が失敗することの根底にある生物学的事情と、そうした因子を標的にする治療とを合致させられれば、成功する率は高まるかもしれない。言い方を変えると、遺伝子‐環境相互作用を利用すれば——戦略的に「環境」を（つまり治療を）選べば——喫煙率を下げる新たな方法になりうるかもしれない。

うつ治療や禁煙治療の方針と患者をマッチさせる新方式は、精密医療という生まれたばかりの分野を構成する二つの例にすぎない。精密医療では臨床試験データがマイニングされ、可能性のある治療のヒントが探され、治療法が相手によって効果があったりなかったりする理由を理解するために、治療の遺伝的調整因子を見定めるという明示的な目的をもって、新たな臨床試験が行なわれる。

いわゆる薬理遺伝学の臨床試験——もっぱら人ごとの遺伝子コードによって治療効果がどう違うかに注目する臨床試験——の一例では[46]、研究者は、ニコチンパッチを受け取るか、鼻への噴霧を受けるか、ブプロピオン（抗うつ剤だがニコチン依存の治療にも用いられる）を投与されるかの効果を偽薬集団と比べて調べた。治療の翌週に止める能力を調べると、特定の遺伝子型（少なくとも *GLARI* 多形にある小さなC対立遺伝子、rs2717162）の人々がブプロピオン剤の投与を受けていると、禁煙の成功率が五〇パーセント下がることがわかった。ニコチンを求めることに関連するある遺伝子多様体が治療を無効化できたのだ。しかし、同じ遺伝子型を持つ人々でも、ニコチンパッチあるいは鼻への噴霧を使った場合には、同じ方法を用いた遺伝子型の違う人々と比べて禁煙能力は変わらなかった。こうした結果からは、この特定の遺伝子型をもつ人々は、第一の処置としてブプロピオンを服用すべきではないということがわかる[47]。

遺伝子‐環境相互作用研究の発見を臨床へと拡張すると、さらに禁煙が成功することになるかもしれない。しかし遺伝子情報が医療実践のいくつかの面を導けるようにしないと、多くの人々が、失敗しなくてもすんだかもしれない禁煙に失敗し続けるだろう。ここで鍵になる例として喫煙を用いるのは、それが世界中の公衆衛生に影響するからでもある。実際、世界保健機関（ＷＨＯ）は喫煙を、世界最大の回避可能な死亡の原因として挙げている[48]。しかし新たな研究が進み、こうした例をもっと広い範囲で表れる結果——肥満、食餌制限、アルコール依存、薬物依存など——に拡張することになるのは疑いない[49]。実際、禁煙、うつ病などの健康問題で利用できるいろいろな治療について考えるとき、遺伝子型に基づく標的治療は目立ってきている。

個人に的を絞って医療や育児を行なうときに遺伝子の違いを利用することには異論もあるが、その論議は根底にある倫理よりも、根底にある科学――とくに、この科学の現状が有益と言えるほど決定的なものかどうか――に向けられている。その後も、もっぱら薬剤の分子レベルでの標的に注目するオーダーメイド医療という見通しを、オーダーメイド政策に拡張して、人々が税制や教育資金などで政府や行政機関ともっと相互作用できるようにすることなど、重要で興味深い問いが続く。

関連する事例として、合衆国のタバコ税制の例がある。とくに医学研究所と疾病予防管理センターは、この政策を、過去一世紀に増進した公衆衛生にとって影響の大きかったもののトップテンの一つに挙げた。これは合衆国が、一九六〇年代の半ばに公衆衛生局長官報告に従って導入された最初の税制以来、喫煙の面で多大な変化を経験したからだ。喫煙率は半分に下がった。増税は政府にとっては安上がりで、費用対効果の比はものすごく有利だ。

しかしこの一〇年は逆のことが起きている。史上最大のタバコ増税にもかかわらず、タバコの使用量はほとんど変わっていない。経済学の法則が成り立たなくなったのだろうか。遺伝学と社会政策評価を組み合わせる新たな証拠が、ある説明の可能性をうかがわせる。一九六〇年代の喫煙者集団は、今の喫煙者集団とは遺伝子的に違っているということだ。人々が持つニコチン受容体遺伝子群には様々な多様体があり、その名からわかるように、そうした遺伝子は、人々が喫煙したときに放出されるドーパミン（快楽物質）の量に影響する。つまりタバコがどれだけ「好き」かを左右するのだ。こうした遺伝子多様体は喫煙者の環境とも相互作用する。一九六〇年代の喫煙者の多くは、禁煙をするのに（そもそも喫煙を始めないことに）

大きな後押し（増税や社会的圧力）は必要なかったという仮説が考えられる。その後は、当時の小さな後押しでも、遺伝子が大いに抵抗せずにタバコを止めることができた人々が多勢いた。そして残った喫煙者集団では、遺伝子が強力に抵抗する人々の比率が高まった。そうした人々にとってはニコチンがあまりにも快いからだ。私たちのタバコ税の政策評価からすると、喫煙の遺伝子的リスクが低い成人だけが税制に反応し、遺伝子的リスクが高い方の人々は喫煙者集団から動かないことになる。★50

これは政策にとって何を意味するのだろう。増税は続ける――残った喫煙者は、遺伝子のくじ運が悪かったせいで、その所得に対する税の割合が大きくなる――べきだろうか。好きすぎるのだから（遺伝子のせいで）、その喫煙に補助金を出すべきなのだろうか。あるいはそうした人々に的を絞って、そもそも喫煙を始めないような予防の努力をすべきなのだろうか。

成人の喫煙と同じように、なかなか解決できないように見えることもあるが、やはり重要な進歩がいくつも見られる問題として、生まれてくる子どもに対する影響というのもある。新生児について資料が蓄積され、追跡されている尺度の一つが出生時体重だ。これは赤ちゃんがじっとしていないことを除けば容易に測定できるわりには、生まれたときの健康状態をよく示すものとも考えられている。それは人生に表れる結果に長期的な影響が相当にあり、低体重児の率を下げる点で、合衆国は先進国の中では遅れているという事実は、さらに調べてみる必要がありそうだ。

遺伝子が同じ一卵性双生児どうしでさえ、体重が多い子の方が、様々な尺度について生活レベルが上と言えることが示されている。中でも一貫している証拠は、健康面に表れる結果と認知、とくにＩＱにかかわるものだ。サンドラ・ブラックらはノルウェーの出生データを使い、大規模なサンプルで、一卵性双生児について、出生時の体重が一〇パーセント多いことと、一八歳頃のＩＱで五パーセント上回る結果とが関連することを示した（他のことはすべて一定に維持するとして）。[51] 私たちの以前の研究によれば、一卵性双生児の低体重だった方は、通常体重だった方よりも、高校を通常の年限で卒業する率が有意に低い。[52] 出生時の体重差が、Ⅱ型糖尿病や、細胞老化マーカー（テロメアの長さ）など、さらに後に表れる結果に影響することを示した研究もある。[53]

それでも、カスピらの幼児虐待についての発見のように、低体重児についての発見は、レジリエンスも重要な役割を演じることを示す――低体重児すべてが大きくなってＩＱが低くなったり健康状態が悪くなるわけではないのだ。実際、われわれの研究からすると、神経可塑性（環境に応じて脳が変化する能力）の遺伝の度合いが、子が将来の結果について低体重のハンデを克服する能力を形成するらしい。ウィスコンシン州の一万人以上の住民（一九五七年に高校を卒業した人々）を五〇年以上にわたって調べてきた代表的な調査で利用できる三つの遺伝子（*BDNF, COMT, APOE*）の集約尺度を用いて、出生時の体重が多いほどＩＱが高くなる場合と、そうでない場合があることを明らかにした。[54]

ランとタンポポの違いがここでも作用しているらしい。出生時の体重が多いことはほとんどの人にとっては良いことだが（もちろん一定程度）、（遺伝子的）タンポポは成人になったときのＩＱを決めるうえで、出生時の体重にはほとんど反応しない。しかし遺伝子的ランは違う――出生時に低体重のときにはしおれるが、体重に恵まれると栄える。この作用はランの人々に残る。遺伝子的に敏感な個人の集団にいる青年期の間にＩＱが影響されるだけでなく、成人のときの賃金や雇用も影響を受ける。これは五〇歳以上の回答者について測定された。

タバコ税に対する反応の違い（一部は遺伝的因子に基づく）から明らかになりつつあるのと同様の、出生時体重と関係しそうな政策の可能性がある。従来、病院はこの問題の最前線にあるものだった。病院が出生時の体重を量り、遺伝子型も測る（あるいは測れた）。病院はふつう、新生児のかかとをついて血液を採取する。あと一歩追加するだけで、神経可塑性の遺伝的尺度について新生児を評価し、そのうえで、低体重の長期的に表れる結果に対する影響を減らすために誰がどんな処置を受けるかを選ぶ、もっと的を絞った方式を実施できるだろう。今では、低体重で生まれた新生児は様々な処置を受けるが（栄養補助、病院での看護、小児科医での受診が増えるなど）、その多くが死亡率の低減という点では比較的効果がないと判断されている。★55 しかし、先述のようなラン／タンポポの結果は、二つの重要な意味を示唆する。まず、低体重についての処置を受ける子の多くはタンポポなので、処置の影響が小さい、あるいはないことの理由は明らかになる。第二に、処置の利益がありそうな子どもを何らかの形で絞れたら、ドルあたりの影響（費用対効果）は大きく増すことになる。

この「オーダーメイド治療」は異論が大きい（今後も続くだろう）が、そう遠くない将来にはもっと使いやすくなる可能性も高い。先の的を絞った（オーダーメイド）タバコ税政策のように、遺伝的に対象を絞ることには、いずれにせよ倫理的に問題のある部分が生じる。遺伝子モデルからすると、処置に影響されないことが予想される低体重児に対しては、本当に処置を控えるのだろうか。処置を控えることを考えるには、予測はどの程度正確でなければならないだろう。人種、民族によって予測が変わる場合（大いにありうること）はどうか。

「オーダーメイド」化された世界については、規模の問題もある。州法や連邦法や政策で規制されているためにオーダーメイドが難しいが、同時に何百万という人々の人生にとっては我が身にかかわる問題だという処置もある。社会政策、とくに福祉のような所得移転は、多くの場合、貧困層の子どもの成果や人生で表れる結果を好転する上で、わずかながらの利得があったとはいえ、その子の成功に対する効果はまちまちだ。一方では、ペリー・プレスクール・プロジェクトのような小規模の成果はあった。一九六〇年代のミシガン州で、不利な状況にあるアフリカ系アメリカ人の一定範囲の子どもが幼児教育と保育を受けた事例だ。この事業は費用も手間もかかったが、子どもにとっては、四〇年後の犯罪行為の減少や健康状態の好転など、その後の人生の多くにわたる永続的な効果もあった。他方、給付付き勤労所得税額控除や現金給付する福祉など、対象を広くとった（つまりそれほど的を絞っていない）施策は、子どもが成長したときの影響はまちまちだった（一般的に影響はずっと小さい）。

遺伝子‐環境相互作用の領域では、研究者は所得——さらにはもっと一般的に物質的困難の減少——は、子どもの生物学的、遺伝的「資質」によって、影響が異なるかを考えるようになりつつある。確かにこの見方を支持する予備的な証拠が得られつつある。若手経済学者のオーウェン・トンプソンは、近頃、合衆国全土から抽出した青少年のサンプルから、「戦士遺伝子」は、将来の進学状況に対する世帯収入の影響を減じることに関与しているらしい証拠を発表した。[56] サンプル中、裕福な家庭出身だと、男性の方が平均して学歴が高かった。つまり、政策を通じて変えうるある環境（一家の収入）への曝露が子どもの学歴を予測するということだ。この家庭の資源と子どもの学歴との関係についてはよく調べられているが、[57] トンプソンは新しい問いを考えた。一家の収入の影響は、その子が持つ遺伝子型によって異なるか。実際、トンプソンの発見は、男子全体については、収入が多い方が学歴も高くなるが、*MAO-A* の低活性（リスキー）

対立遺伝子のある子では、一家の収入がとくに重要であることを示す。これに該当する男子は、裕福な家庭にあることの恩恵を、高活性の対立遺伝子を持つ男子と比べて約三倍得ていた。もちろん、この研究にも、元のカスピらの研究にあったのと同じような、因果の筋道をわかりにくくする内因性の環境や遺伝子－遺伝子相互作用の可能性といった不明瞭な部分があるが、収入が子に表れる結果に及ぼしうる効果の差異を理解するには有益な出発点となる。

遺伝子型、家庭の資源、子どもに表れる結果を結びつける仕組みをもっと深く掘り下げて、家族のストレスが重要な経路になるかどうかに注目した研究者もいる。社会学者、経済学者、児童発達研究者、遺伝学者のグループが、大不況の影響と「粗暴な育児」の程度とを結びつけたこともある。★58 経済的ストレスは、すべての親を、辛抱がきかなくさせ、きれやすくする（つまり子どもをたたいたり殴ったりしやすくなる）。しかしこの研究では、一部の母親が持つドーパミン系の特定の遺伝子変異体（DRD_2）が、経済的ストレスのある時期に子どもにどなったりたたいたりする傾向を大きく高めることがわかっている。この DRD_2 リスクのある母親は、経済状況が良いと、子どもに対して他の母親と似たような行動をしているが、経済が悪化すると、リスクのある対立遺伝子が表だって作用する。こうした母親は、他の母親と比べて貧困に対する反応が強く、経済的苦境の負の影響を——ストレスのかかる環境で引き出される粗暴な育児を通じて——次世代に伝えるかもしれない。

貧困家庭の所得を支援することを狙った幅広く費用もかかる経済政策は、今、親子に対してありそうな影響に基づくよりも、必要所得（「資産調査」による）に基づいて的を絞られている。この、出生時体重に基づく処置の記録などの新たな証拠は、遺伝的因子にも基づいてさらに絞れる可能性があることを示している。つまり、遺伝情報（たとえば神経可塑性に関係する遺伝子）を使って、低体重児のうちどの子が追加の医療で利益を得られそうで、どの子がそうでないか、統計学的な予測を立てられるのであれば、遺伝情報を使って、どの子が家庭所得支援施策の恩恵があり、どの子がそうでないかも予測できるだろう。トンプソンが調べた「戦士遺伝子」についての情報を使うことは一例だが、ゲノム全体にわたるデータがあれば、もっとうまい予測ができるのではないか。この考え方は、「度外れて」いて、そうすぐには実行に移せそうにない。とくに、われわれが調べた研究のほとんどは候補遺伝子に基づいていて、そうした研究には、結果は示唆的だが決定的ではないという限界が伴うからだ。しかしデータの制約は急速に解消しつつあるので、関心の的は「予測は可能か」から「すべきかどうか」に移る必要がある。

遺伝学的情報による社会政策の実現は、効率を最大にするという観点で、実効性（が小さいこと）を予測する統計学的モデルによる結果に基づいて一部の人々に処置を控えるということになるため、大いに躊躇《ちゅうちょ》を伴うかもしれない。イギリスの国立医療技術評価機構（NICE）はすでに、費用効果研究に基づく適切な臨床治療のガイドラインを示している。たとえば、ある治療の健康上の恩恵があまりに高価なら（イギリスは質調整生存年（完全に健康に暮らした一年をまる一年とし、それに及ばない一年は程度に応じて一年未満の時間を割り当てることによって、治療後の年数を質を加味した値に換算した年数）を一年増やすために約三万ドルをかける）、その治療は推奨されない（政府は費用を出さない）★[59]。しかしNICEは治療の平均の利益のみを見る。ある少数の人々には大きな恩恵があり、ほとんどの人には恩恵のない治療法だったらどうするのか。また、特定の人が利益を受ける小さな集団にいるか、そうではない大きな集団にいるかを遺伝子判定で予測できるとしたらどうか。

人の遺伝子コードに基づいて処置や資源（あるいは政策）を施すか差し控えるかを考えるのはやっかいな

ことかもしれないが、私たちは現に、支払い能力に応じて、健康管理、優秀な学校への入学など多くの資源については給付する範囲を限っていることを考えていいかもしれない。実際、学歴、雇用など、支払い能力の多くのマーカーには遺伝的な起源があるとなれば、私たちの今の多くの商品に対する価格に基づく配給方式には、隠れた遺伝子に基づく配給方式という成分があるということになる。

支払い能力だけを使うのではなく、資源からの恩恵を受ける能力に基づく別の分配法則があるかもしれない。治療方法、社会政策など、実に様々な環境因子の影響が、人によって異なる作用をすることに疑いはない。異なる作用の元は、年齢、性別、所得水準など、容易に測定できる人口学的因子あるいは環境的因子に連動することにも疑いはないが、遺伝的多様性によって決まることもある。今のところ、私たちはそのような遺伝子型の違いを利用して各種の治療法や政策からの恩恵を最大にしようという試みはしていない（メディケア〔米国の高齢者向け公的医療制度〕やメディケイドのように、それぞれ年齢や貧困に応じてある程度の資源の配分はしているが）。私たちはたいてい、ある資源から最大の恩恵を得る人々はその資源を買うために最大の額を払う人だと信じること（主に経済学者の信じ方）に依拠している。これが機能するところもある。とくに貧困世帯が、自分がとくに恩恵を受ける投資の財源にするために簡単に借金ができたりするなら。しかし融資、情報、人脈が平等に利用できなければ、貧困世帯は資源の利用から閉め出されかねない。この経済に基づく分配法は個人が投資から得られそうなことを正確に評価できるという前提にも立っている。遺伝子情報を使って異なる治療法の効果を予想できるというのは、しかるべきポリジェニック・スコアが改善されれば、すぐそこの未来にある。この情報を使うかどうか、使うならどう使うかを考えることは避けられないのだ。

まだ十分に感じられていない社会ゲノミクス革命だが、その影響の一つは、自分や大事な人々についての遺伝子情報の取り扱い方や理解のしかただ。今や遺伝子データが広く利用できるようになると、人々の間にますます広がるこの新たな知識は――つまりビッグデータがビッグパブリックと出会うと――どう使われるだろう。このいわゆる生命の言語を、専門家でない人々に――関連する言葉や概念をほんのわずかくらいは知っているが、高校や大学以来生物学も遺伝学も考えたことのない人々に――誰が通訳するか。雑然としたなまデータ、偽陽性、現実のリスクをどうより分けるのか。そもそも大部分はほとんどの人が理解できない言語で書かれているというのに。

最近では、カップに唾液を吐き出し、それを23andMeなどの企業に郵送し、ネットでクレジットカード情報を入力すればよい。一〇〇ドルほど払えば約四週間で、自分の遺伝子多様体がTAかAAかTTか(ゲノム全体に一〇〇万回ほどある)といった、自分のゲノムに関する情報が一〇〇万ビットほど利用できる。

ほとんど誰にとっても、このフィルターのかかっていない情報はまったく使い物にならない。コンピュータのデジタルのファイルに並ぶ0と1を初めて読もうとするのに似ている。0と1はマシン（細胞と体）にプログラムされている仕事を語っているが、テキスト全体をどう読めば、そのプログラムで様々な条件のそれぞれの場合に何をするかが理解できるのか。それを知っている人はいない。遺伝学者は、こうしたデータのいくつかに表現型との関連をつけているが、それ以外はまだ謎のままだ。遺伝子型判定業界の草創期には、23andMeや類似の企業は、評価——TA、AA、TTの意味を依頼者に代わって翻訳したもの——も送っていた。円グラフ、棒グラフ、「あなたが卒中になる見込みは平均より二〇パーセント高い」とか「アルツハイマー病になる見込みは平均より一八パーセント高い」といった要約が送られてくることもある[★1]——怖い話だ[★2]。しかし米食品医薬品局（FDA）は、こうした評価は基本的に無意味だと裁定した[★3]。何年かは、こうした企業が送付できるのは遺伝的に受け継いでいるものについての評価だけになった——あなたにはケニアに（テキサス州に）遠い親戚がいるかもしれないとか、あなたのゲノムには、ネアンデルタール人のDNAがたくさんあるとかのことだ（しかし二〇一五年二月、FDAは規制を一部緩める決定をして、遺伝される健康状態の区分は限定したものの、企業が特定の遺伝的リスク因子について記述できるようにした。今後が注目される[★4]）。

しかしこの規制のハードルは実は障害の一つにすぎない。まもなく、企業に依頼して自分の遺伝子データをとり、何についてでも——学歴、BMI、起業家的傾向、うつ病のリスクなど——ポリジェニック・スコアを出してもらえるようになるだろう。そうしたスコアは今後一〇年で、予測力の点ではさらに正確になる。現時点では、ポリジェニック・スコアは、ヨーロッパ系の集団での学歴の分散の約六パーセントを予測するが、今後は二〇パーセントに迫る（あるいは超える）と思う人々もいる（予測力が低くても、その影響は大きい――*BRCA* 遺伝子の危険な型が集団での乳がん罹《り》患《かん》率の分散をほとんど説明しないのに、それでも女性がその病気にかかる生涯リスクには八倍の違いが出ることを予測するようなことはある）。それでも、私たちはまだ、こうしたスコアを支える遺伝的尺度がどのように作用して、学歴やBMIなどに表れる結果を生むのかについてはほとんど理解していない。そうしたスコアは雑多な寄せ集めで、生物学的（社会的）過程の詳細な理解を犠牲にしている。大いに非難された候補遺伝子評価と比べて、ポリジェニック・スコアはなまの予測力を最大にする。[★5] つまり、この情報は可能性としては人の今の生活にはあまり有用ではない。あたかも、六月に生まれることは、学歴が低くなることに対応していますと言っているかのようだ[★6]――誕生月を変えるには手遅れだ（しかしまだ妊娠もしていない子の誕生日を計画するのには間に合う）。

子どものことを考えよ

私たちが集めている情報は今はほとんど価値はないかもしれないが、子ども、あるいは将来の子どもについてはどうだろう。今のところ、臨床での出生前遺伝子診断はふつう、染色体スキャンが行なえる程度、あるいは子どもが受け継いでいるリスクがありそうな特定の突然変異を探せる程度にDNAを増幅するだけだ。しかしこの技術的問題は実験室では解決されつつあり、まもなく、臨床医は受精後五日目の胞胚《ほうはい》から数個の細胞を抽出し、ゲノム全体を読み取れるほどDNAを増幅できるようになるだろう。ダウン症など染色体異常の「明瞭な」マーカーを探す一二週での出生前血液検査や胎児の性別を判定できる一八週の超音波診断から、受精直後に（体外受精の場合には着床以前に）胎児の眼の色がわかり、身長、BMI、IQ

を予測し、所得まで予測するゲノム全体の検査へと変化すると何が起きるのか。この検査が医療保険の対象にならなかったらどうなるか。この検査の限定版が、オーストラリアでは一〇〇〇ドルで提供されている。[★7]母親の血液に胎児の、原理的に配列決定できるDNAの断片を探すために血液検査が行なわれるが、この検査は今のところ、ダウン症について、従来のテストでは八七パーセントの正確さだった検査に対して、九九パーセント正確な情報をもたらすことを目指しているにすぎない。

このような検査がアメリカの市場に浸透している状況では、何年も前から子どもの幼稚園入試面接に備えている親が、近い将来、先のような遺伝子検査に金を出すことに疑いはない。そうした親は多額の金を使う。DNAによる「もっと良い」予測がネットに登場するのを待って、子どもを儲けるのを遅らせる人々もいるだろう。自分の精子や卵子を抽出して、ポリジェニック・スコアが高くなる受精卵を作るべく、企業に依頼する人々もいるだろう。遺伝学者、実験室の職員、遺伝子カウンセラーのチームにとっては魅惑の状況となるが、たぶん、警戒する親にとっては価値は疑わしいだろう。たぶん、まもなく親になる人々は、Facebookでの妊娠発表に、おなじみ、子どもの性別を示すピンクか青の紋切り型のインジケーターに加えて、八週の胎児の髪の色、(予想される)寿命、心臓病のリスクを入れるだろう。それから親は子どもが生まれて成長する今後の何十年かにわたる結果を不安な気持ちで待ち、予想される表現型が有望そうに見えなかったらがっかりすることになる。

こうしたアイデアのいくつかは、現に今、試験されている。BGI(旧北京ゲノミクス研究所)は、高い知能の遺伝的原因をもっとよく理解することを期待して、約二〇〇〇人の才能に恵まれた人々のゲノムを調べている。この企画は中国政府が支援していて、ニューメキシコ大学の進化心理学者、ジェフリー・ミラーなどの人々は、この結果を使うと、胚を検査して、最も「頭がいい」ものを特定できるのではないかと言っている。映画『ガタカ』風のこうした筋書きに加え、[8]遺伝子データが差別のために使われるかもしれないという懸念がいくつかある。病気とのつながりが——認知能力のような形質や、一部の人種集団に比較的広まっている遺伝子多様体とともに——差別に火をつけることもある。[9]

しかし、遺伝子検査の能力が高まることから言える、もっと微妙で、有用で、不平等を増すようなことは、胎児の *APOE*（アルツハイマー病に関係する遺伝子）や *BRCA1/2*（乳がんに関係する遺伝子）の状況についての情報で、親になろうとする人がどうするかということだろう。胚や胎児の選択のうち、保険でカバーされる範囲が限られている場合には、時間が経てば、後で乳がんや認知症になる人々の集団は、親の経済力と強く関係することになる——遺伝子階層化への小さな一歩だ。これは特定の遺伝病がますます社会経済的地位の指標になるということでもある。「スーザン・G・コーメン・フォー・ザ・キュア」のような乳がん患者支援団体から資源が移動する可能性もある。もっと一般的には、典型的な「貧困病」が遺伝病に移って行くこともありうる。

病気とは別の形質分布に対する含意もある。親は性的指向の候補遺伝子あるいはポリジェニック・スコアによる情報を利用するだろうか。今のところ、性的指向を予測する遺伝子が追試でも確かめられた例はないが、ずっとそうならないということにはならない。何と言っても、多くの古典的遺伝子研究は、性同一性の遺伝的成分はおそらく五〇パーセントほどだということを示している。[10]アメリカでも他の国でも、白人にも黒人にも、生活上のチャンスに大きく左右する、大部分が遺伝子によっている皮膚の色はどうだろう。[11]

何でも検査できる状況へ進むと、そうした人々が技術の架け橋の途中にひっかかる——早くから病気のリスクが高いことを知ることはできるが、その病気の治療を受けるには早すぎる——ことを考える必要もあるだろう。多くの人々は自分の遺伝子の状況について、ますます幼少の時期から知ることになる。重要な問題は、その情報を伝えるべきか、伝えるならいつ、どのようにするのか、私たちは集団として悪い知らせにどう反応するかといったことだ。たとえば、ある研究では、ハンチントン病のリスクがある人にその遺伝子状況の情報を伝えると、状況が悪いことを知らされた人々については、大学を出る率が半分になったことが示されている。[★12] 要するに、未来が短いならなぜそれに投資するのかということだ。しかし後で論じるように希望もある。ハンチントン病のような病気を起こす遺伝子の突然変異を修正できる新技術があるからだ。しかし、本人や家族がリスクのポリジェニック・スコアやそれが意味することについての情報を受け取って、それにどう反応するかという、もっと広い問題点の方は明確ではない。

出生前DNA検査をめぐる懸念もあるし、出生後DNA検査の問題も急速に迫っている。二〇一三年九月、米国立衛生研究所（NIH）は、医学的スクリーニングの目的で新生児のゲノムの配列を決定するという二五〇〇万ドルをかけた試験研究の実施を発表した。この研究を監督する機関の一つの長を務めるアラン・E・グットマッカーは、「新生児全員が生まれたときにゲノムの配列を調べられ、それが電子的に記録され、その後の人生でずっと、予防についても、病気の早期発見にも役立てられる日が来ることが想像できる」と述べた。[★13]

この種の研究にありうる利点は明白だ。以前のようなスクリーニングよりも効果的に遺伝病を検出できて、治療の成果が上がることが期待される。この情報は、社会科学者が関心を向ける他の状況での弱者を特定するのにも役立つかもしれない。たとえば遺伝子情報は学習障害を予測し、それによって、今可能であるよりも早く、自閉症、読み書き障害《ディスレクシア》のような症候が現れる前から、専用の教育課程で対処できるかもしれない。

そうした展望とともに、この種の研究につきまとう危険の可能性がいくつかある。この遺伝子情報の権利は誰にあるのか。新生児は自分のゲノム配列を決定してもらうことに同意を与えることはできないが、この判定の結果をもってその後の人生をずっと生きなければならない。うつ病や高血圧のような長じてから発症するようなことについての情報を親に開示して、子どもの（将来）知らないでいる権利を実質的に奪うべきだろうか。

親が子のゲノムに関する詳細な情報を与えられてどう応じるかもまだ不明確だ。大きな懸念は、たいていの医学的スクリーニングの場合と同様、遺伝子スクリーニングは多くの偽陽性の結果を生むところにある。つまり、その子は病気にはならないかもしれないのに、家族は発病の可能性による不安の下で暮らさなければならないということだ。人格形質や認知能力のような性格にかかわる情報まで得ると、子どもの育て方まで変えてしまうかもしれない。

先にも述べたように、ほとんどの病気も、その他の人生に表れる結果も、遺伝子との関係は決定論的なものではなく、確率論的なものだ。単一の遺伝子が運命を決めるというのは、ハンチントン病のような比較的少数の病気にしか言えない。大半は遺伝と環境の両因子によって生じる。そのことが、遺伝子検査、とくに新生児に対して行なわれる検査による情報利用を難しくする。ＮＩＨの試験研究に参加した研究チームは、遺伝子配列データをすべては親に与えないことにしている。それでも、配列決定の費用が下がると、この種の情報を知れる親もすぐに出てくるだろう。

遺伝学が関係の選択に浸透する

アルツハイマー病のリスクが高い*APOE4*のキャリア（集団全体では少なくなり、社会経済的地位が低い家族の出身である率が高くなる）が一〇代になり、成人になって、デートしたり結婚したりしたいと思うようになったらどうなるだろう。出会い系サイトが遺伝子判定サイトと合体して、*APOE4*キャリアをふるい分け、配偶者候補の将来の所得（あるいは寿命、あるいは生殖能力）についてポリジェニック・スコアを提供するようになるまでにどのくらいの時間がかかるだろう。縁組みサイトのeHarmonyは四〇〇項目の質問によるアンケートからデータを集め、顧客どうしの組合せを提案するが、[★14]次の段階では、各人からさらに一〇〇万項目ほどの（遺伝子）情報を加え、その組合せに役立てるようになる。顧客は、（今の）アスリート風（つまりスリムな）体形に対する好みを、交際相手候補の未来のBMIや、未来の保健衛生費と照合できるだろう。あるいは新しい、洗練された世代の金鉱掘りは、富のレベルは高く、予想される寿命は低い相手を見つけようとすることができるだろう。

将来の相手についての新しい情報は、今は使えない新しい意思決定に伴う相反する面を開く。私たちは「品定め」の別の面をつきつけられることになる[★15]——今は美しいが、後に健康問題や弱点（遺伝子で予測される）だらけの相手を選ぶことになるといったことだ。子どもに伝えられる「遺伝子的ポテンシャル」が高ければ、外見的に魅力がない組合せを考える人もいるかもしれない——精子バンクにアイビー・リーグの学生スポーツ選手満載のリストが求められていた時代の次の段階だ。[★16]

この過程は相手探し市場の別種の階層化と分離をもたらすかもしれない――（表現型的に階層化した）出会い系市場と（遺伝子型的に階層化した）結婚市場とに。もちろん、この二つの市場は今も機能している。短期的な、あるいはデートの相手には「楽しむ」ことに関心があると自己申告する喫煙者を選び、後には長期的な相手として、悪い習慣がなく、もっぱら職業的関心（あるいは子ども）について好印象のところが多い相手を選ぶこともできる。[17] *APOE4* キャリアは長期的な相手探しサイトからはふるい分けられる――eHarmony の規則として公式には排除されなくても、他の利用者によって非公式に断られる――だろうか。そんな極端な状況はありそうにないが、相手選び市場の理論には、*APOE4* キャリアは相手選びで不利になって、ゲノミクス革命でその人の属性が明らかになる前なら選ばなかったような相手で「手を打つ」ことにならざるをえなくなるとする説もある。生殖能力が低い（と遺伝子的に予想される）人はどうするだろう。

しかし欠点になりそうなことは他にもある。パートナー双方からの遺伝子情報があれば、相手探しサービスは、どの組合せなら遺伝子‐遺伝子相互作用で有利な子どもを生み出しそうかを予測しようとするかもしれない。受精の後に起きる遺伝子シャッフルの重要性を思い出そう――私たちが子を持つときには、有利な遺伝子も不利な遺伝子も半分しか伝えない。残る半分は配偶者から得る。しかし、ただ精子バンクのファイルをめくったり、eHarmony や OkCupid の四〇〇項目ものアンケートを埋めたりすることではその人がとは思いもよらなかったような相手が、自分のＤＮＡを特異的に補完する配偶者かもしれない。相手探しサービスがそうした組合せをうまく提案できるようになると、他の方法で長期的な相手を見つけることはどうなるだろう。二〇世紀に生まれた人々の間では遺伝子的同類交配が増えている証拠は見つからなかったが、[18] それは闇雲に――遺伝子型を知らずに――デートしていた出生コホートから得られた結果だ。

遺伝子型の情報が簡単に利用できるようになれば、それを利用する人も出てくるものだろう。そしてたいていの医療技術のパターンをたどれば、[19]そうしたデータをまっさきに利用するのはステータスの高い人々だろうし、たいていは遺伝子同類交配の水準で階層化が行なわれることになる。[20]スコアの予測力が低ければ、それに基づく分類は階層勾配に従い、不平等に対して独自の二次的作用を誘発するかもしれない。

オーダーメイド環境とオーダーメイド政策に向かう動き

どこかの相手探しサイトが遺伝子補完性に基づいた組合せを提案するとしたら、他にどんな形の組合せが考えられるか。とくに言えば、遺伝子と環境の補完的特色に基づく組合せが考えられるだろう。これは第7章での、人とその人の遺伝子型にとって最もよく効く薬物治療とを組み合わせることを考えていた遺伝子‐環境相互作用論の延長だ——しかし今や私たちはハードルを上げている。

いつ——そのときが来るとして——重要な遺伝子‐環境相互作用の証拠に基づいて行動すべきか。極端な例になると、高度に補強された環境（余分に先生がついている教室など）からタンポポが除去されることになる。タンポポはそのような状況には比較的反応が薄いからだ（実際には、私たちが不利あるいはてごわい環境を認識する分、そこにはタンポポ側の子を配すべきだということになるのだが）。しかし第7章で論じたように、タンポポ属性を予測する今の能力は非常に粗い。しかし時間が経ち、技術もデータも十分に成長すると、問題は、生徒を遺伝子型に合った環境に正確に配置できるかから、そうすべきかになることを想像してもいいかもしれない。効率論は単純でわかりやすい——それによって影響されない人々に資源を使って（健康な人に医療を施すなどして）浪費すべきではないということになる。しかし公平性をめぐる含みはもっと複雑だ。タンポポ属性はおそらく、表れる結果それぞれに固有だからだ——教育的補強についてはタンポポでも、スポーツ面での補強に対してはランという子もありうるだろう。あるいはもっと狭く見れば、数学的発達についてはタンポポでも、読解についてはランかもしれない。すると公平性の問題は、表現型全体にわたって、補強された環境があるかどうか、それが利用できるかどうかに集中するかもしれない。数学についての発達補強環境に関心を集中させたとすれば、比較的に見ると、数学についてのランは開花できるが（数学タンポポは影響なし）、読解ラン（スポーツ・ラン）は不利になる。

遺伝学がどのようにして政策に応じた不平等を生み出しうるかの例として、ベトナム戦争時代の徴兵と復員兵援護法の例を取り上げよう。一九六〇年代末の徴兵抽選という自然実験の展開が、ベトナム戦争時の兵役の影響評価について、因果関係推論の問題を解決することは先に論じた。「徴兵ナンバー」は確かにランダムな割当てで、治験での薬と偽薬のようなものだったからだ。私たちは徴兵されたことが、一生続く喫煙行動へ、ひいては喫煙遺伝子型によって、がんのリスクにどう影響するかを示した。徴兵は、米兵をランダムにタバコとストレスにさらすことによって、帰還兵と非帰還兵の間に健康の不平等を生むだけでなく、そうでなかったら帰還兵集団内には存在しなかった不平等も生んだ。つまり、タバコへの曝露がない世界では、喫煙遺伝子型は何でもない——誰も喫煙しないのだ。しかしランダムなタバコへの曝露に投げ込むと、遺伝子型の不平等が頭をもたげてくる。もちろん、タバコ曝露や戦争のストレスの「治癒」に対する反応の遺伝的不均一は、それを測定してもしなくても起きている。[★21]残る問題は、ストレスと遺伝子型の間の遺伝子 - 環境相互作用に関する知識があれば、「私たち」（つまり政府）は、政策を「オーダーメイド化」するために介入すべきか。今の場合で言えば、特定の遺伝子型の人だけから徴兵しようとするのか。

遺伝子的にふるい分けられた不平等を生み出しうるのは、負の曝露だけではない。誰に対しても手を貸すことを意図したプラスの政策も、遺伝子型に基づく不平等を生み出すことがありうる。二〇世紀後半でも最大級の政策の勝利と考えられた復員兵援護法を取り上げよう。この法律は、学生を支援するペル・グラントなどの他の政策とともに、大学進学を膨大な数のアメリカ人の手の届く範囲に入れる助けをした。それがなかったら、高等教育についても、その後の職業選択についても門戸が閉じられていたことだろう。経済学者のジェレ・ベーアマンらによる研究は、復員兵援護法が確かに学歴に対する家族（つまり階層）の影響を下げたことを示した。[22] つまり、復員兵援護法のおかげで、ベトナム戦争期に徴兵された人々は、徴兵されなかった人々よりも平均して学歴が高いことを示している。そしてもちろん、大学に行けない多くの青年男女が復員兵援護法があるからという理由でも入隊したので、この政策は、大学進学での階層の差を平均的に減らす作用をする。しかしわれわれの調べでは、遺伝子型的に高等教育を求める傾向にある人ほど、徴兵された場合、さらに教育を受けることによって復員兵援護法の恩恵を受けている。低学歴遺伝子型の人々はそれほどこの機会を利用しようとはしていなかった。つまり、復員兵援護法は、帰還兵でなければ得られなかったような機会を与えるものだったとしても、帰還兵集団の中では不平等を生んだということはありうる。[23] 喫煙の例の場合と同じく、こうした不平等は、私たちが測定しようとすまいと発生していた。個人の遺伝子型判定をして、遺伝子型が政策と相互作用するのを観察するのは、それをしなければ隠れている形の階層化に光を当てるだけだった。しかし遺伝子型判定は、こんな疑問の余地ももたらす。私たちは経済的に不利な人々に対する大学進学政策を、もっと恩恵を受けやすいポリジェニック・スコアを使ってさらに絞るべきか？

この種のプリズム効果は、機会が提供されても「強制」されないときには必ず予想される——政府が提供する（などの）機会を、遺伝子的に（あるいは社会的に）利用しやすい人ほど恩恵を受けるということだ。階層化が縮小される面もある一方で、増幅される面もある。これを、全員に機会を提供するだけでなく、全員に通学させる政策と対比してみよう。厳しすぎるように思われても、合衆国には義務教育年限を段階的に上げてきた長い歴史がある。一五〇年前には事実上ゼロだったのが、今日では大半の州で（生徒の誕生日によって）一〇年ないし一一年となっている。

本書で何度も述べてきたように、万人への政策（あるいは的を絞ったものでも）への応答が遺伝子的に差があるという実態は、個人の遺伝子型を測定してもしなくても存在する。しかしポリジェニック・スコア（ベトナム調査での教育スコアのような）を意図的に用いて人々をそれぞれの環境にうまく分類することは、まったく別のことだ。第一に、倫理的問題を別としても、そうしたスコアの根底にある因果的構造は理解されていない。進学についてのポリジェニック・スコアが高い人の学歴がなぜ高くなるのかは知られていないし、さらに潜在的には、そうしたスコアが環境の様々な側面のそれぞれとどう相互作用したりしなかったりするかは、今のところもっとよくわからない。確かにこの面ではポリジェニック・スコアの特定の様子が決め手になっている。スコアは世界中の集団を組み合わせたデータ集合を使って計算されているので、[★24]曝露されている環境も幅が広く、そのスコアから得られる情報は、まさしく、定型的な環境の差と曝露の下では最も不変になりそうな遺伝的信号となる。そうしたスコアを生み出す際には、私たちはたいてい、西洋の工業国すべての環境で同じように作用する遺伝子多様体を捉えていて、環境の差に敏感な遺伝子ではない。すると、人々をポリジェニック・スコアに基づいて各環境に分けることとは、スコアの用い方としては大間違いかもしれないということになる。

そうは言っても、第7章で述べたように、身長や教育のような一定の表現型の平均的な水準ではなく、表れる結果の変動と相関する水準を予測するスコアを生成しようとする新たな努力が行なわれている。このいわゆる可塑性スコアは、環境の作用への反応のしかたが異なる個人を識別できるかもしれない。たとえば二〇一二年に『ネイチャー』に掲載されたある論文は、vGWAS方式を用いて、身長やBMIの変動に関連する遺伝子座を特定している。★25

取扱注意の遺伝子情報の公的利用

子どもに表れる結果を最大にする配偶者どうしで、他にないDNAの組合せをもつ英才児が得られるめでたい関係を結ぶとなった場合、ハッカーが23andMeに侵入して私たちの遺伝子データを盗み出したりしたらどうなるのだろう。私たちは誰の遺伝子についても公開情報が得られる状況に備える必要がある。私たちの住所、投薬歴、職業上の業績、失敗、家族の写真など、かつては個人情報だったものが、ネットで簡単に見られるようになりつつある。会社も大学も、就職や入学の志望者を選考する際にFacebookやTwitterを見る。何千万件という個人情報をいっぺんに流出させる大規模なハッキング攻撃があれば、将来、自分の遺伝子の特徴が取り出される可能性は高い。実際、ある研究者グループは、最近、ある研究に協力した匿名の個人を、公開された遺伝子情報、グーグル検索、系図調査ウェブサイトを使って特定することができた。★26 さらに困惑することに、この研究者グループは、協力者だけでなくその家族も、そちらは協力者でもないのに特定できた。遺伝情報は、長年消息不明だった親族、とくに養子に出された子どもが実の親を見つけるためにますます用いられている。精子提供者を探すという話もある。政府にすべきことがあるとすれば、個人、企業、国による遺伝情報のあれやこれやの使い方についてどう介入すべきだろう。

　立法府は最近になってやっと、遺伝子差別を禁止する立法措置を行なうようになったところだ――しかしそうした法律は、主として保険会社や人を雇う事業所を対象としている。こうした実践から生じそうな、さらに広い範囲の遺伝子差別やそれに引き続く遺伝子階層化についてはどうだろう。「良い」遺伝子を持つ人々は、その事実を公言するようになるかもしれないし、ポリジェニック・スコアの値を言わない人はスコアが低いのではないかと思われるだろう。あるいはそうしたスコアはACT〔大学入学検定〕やSAT〔大学進学適正試験〕のスコアに似て、知りうる可能性はあっても、礼儀正しい会話では話題にされないものになるのだろうか。

　私たちの遺伝子型判定された未来の社会的帰結には、もうすでに感じうるものもある。たとえば、多くの裁判では、容疑者が警察に拘束されるとき、DNAサンプルが採取される。このDNAは、他の犯罪でDNAデータが得られたときに照合できる。報道では、間違って有罪とされた人の無実の罪が――たいてい何年もたってから――DNAによって晴らされるという話がよく出てくる。無実《イノセンス》プロジェクト――一九九二年、カードーゾ・ロースクールで始まった――は、しばしば見過ごされる生物学的サンプルに基づいて、誤った有罪判決の再審を求める運動を切り拓いた。このイノセンス・プロジェクトの成功――冤罪《えんざい》で投獄された心痛む話が伴う――からすると、市民の自由至上主義者《シビル・リバタリアン》はこの法科学の新時代を歓迎するはずだろうと思われる。

検察側に立っても、犯行現場で採取できたり、性犯罪証拠収集キットで得られたりするDNAがあれば、（O・J・シンプソンの裁判を除けば）恵みとなっている。容疑者は、たとえば血液や精液を介して、犯行現場にいたかどうかを照合される。するとちょっと見には、法廷でのDNAは紛れもなく善のように見える。それがなかったら、誤りやすい人間の証言などの、あまり「科学的」ではないやり方に基づいて犯人を特定しようという、欠陥の多い制度でのエラーを減らすのだ。★27

しかし技術はたいていそうであるように、法遺伝学には既存の不平等を再生産する傾向がある。前科がある人が、新たな犯行現場の体液と記録にあるその人の体液とが一致したという理由で拘束されたとしたら、不運なことだが、それがそもそも、あるいは一貫して不公平だという主張は成り立ちにくい。この制度では、前科がある人は、そうでない人と比べて拘束されやすくなる。しかし司法当局によってその人のきょうだいや母親の遺伝子型判定がなされていたら――本人はそれまで非の打ちどころのない品行方正な生活を送ってきたとしてさえ――遺伝子を証拠に拘束される可能性は高くなる。つまり、本人のDNAは、その人のきょうだいの「第一度近親者」だと判定するだろう。そしてその情報と少々の捜査を合わせたものは、データ集合に現れる当の本人とほぼ同等となる。DNA鑑定は、確度は落ちるとはいえ、いとこや孫も特定できる。つまり、あなたの親戚の方がデータベースに登録されている可能性が高いほど、あなた本人が、たとえ前科がなくても、特定される可能性は高くなる。もちろん、この場合、あなたが自分のDNAによって捕まるという事実に不公平があるのではなく、犯罪を犯した人物やもっと有利な生い立ちでデータベースに親類がいない人物は、殺人をしても逃げおおせる（文字通りにも、ものたとえでも）という事実にある。刑事裁判制度に存在すると思われる階級や人種による階層化を加えれば、あなたは破滅で、それによってＤＮＡが既知の不平等を増幅する。

適者ほど幸せに

インターネットに（あるいは犯罪者データベースに）遺伝子情報が載るのと同じくらい恐ろしい取扱注意の情報には、金融情報もあるが、それと遺伝子情報の公的記録には一つ違いがある。それはクレジットカード番号は変えられるが、遺伝子は変えられないということだ。

本当に？

実は、まもなく自分の遺伝子を変えることができるようになるかもしれない。新技術はＣＲＩＳＰＲ／Ｃａｓ９システムを利用して（「ＣＲＩＳＰＲ」は「クリスパー」と読み、「Clustered Regularly Interspaced Short Palindromic Repeats〔集中する規則的間隔の短い回文的反復〕」を表し、「Ｃａｓ９《キャス・ナイン》」は「CRISPR-ASsociated-9」の略）、自分の遺伝子を編集するという「すばらしい新世界」に迫りつつある。要するに、元は細菌のゲノムに組み込まれていたウイルスの遺伝子の断片を用いて、ゲノムの特定の位置を編集するという技術だ。この*cas*遺伝子は、ＤＮＡの片方あるいは両方の鎖を特定の場所で切り、そのときに短い区間（除去するか置き換えるかしたいところ）を削除することができる酵素（Ｃａｓ９エンドヌクレアーゼ）のコードとなっている。それからドナーＤＮＡ（研究機関が提供）が、鎖本体が回復するときに挿入される。ＣＲＩＳＰＲが最初に用いられたのは二〇一二年で、その後、酵母、ハエ、さらにはヒトで（これまでのところ、生育可能でない胚の形で）用いられている。★[28] ご両親からもらった*APOE4*多様体でお悩みなら、それを変えてしまいましょう、というわけだ。

明らかにこれは不穏な技術で、人の遺伝子コードの配列決定そのものを補完し、それに匹敵するということだ。今やヒトではＣＲＩＳＰＲの利用は一時停止《モラトリアム》させるための大規模な試みがある。これまでのところこの科学は先走りすぎていて、社会的・倫理的な意味をじっくり検討することが追いついていないからだ。[★29] 残念ながら、そのようなヒトでの利用を禁止する努力は参加国すべてが合意しないと機能せず、中華人民共和国はまだ調印していない。

二〇一五年四月、中国の科学者グループが、生育不可能なヒトの胚に手を加えて、ＤＮＡに生じたベータ・サラセミア〔地中海貧血〕という命取りになることも多い血液の病気（何種類かあるベータ・サラセミア突然変異全体には一〇万人に一人程度がかかっている）を起こす変異を修正する試みを記した論文を発表した。[★30] モラトリアムは、著名な科学雑誌（『ネイチャー』や『サイエンス』など）がこうした発見を掲載しないことにしたという点では一部「機能」したが、この技術を人間に用いることにポーズボタンを押すという主たる目的については失敗した。中国の試みは結局はほぼ成果なしということになった。この科学者グループはＤＮＡの適切な部分を編集することも、そもそもＤＮＡを編集することもできなかったからだ。実際、試みたうちの八五パーセントはうまくいかなかった。編集が成功した四つの胚は、編集された細胞と編集されなかった細胞が混じってしまい（遺伝子モザイク現象）、したがって生育可能でもなかった。ＣＲＩＳＰＲはまだ始まったばかりだが、人間でも成功率が上がったときには、偶発的な事態に備える必要もある。

遺伝子編集によって、アイデンティティについてもっとつっこんだ議論が必要となる。ゲノムを編集した後でも、その人は同じ人物なのだろうか。その人が一卵性双生児だったら、遺伝子編集をした後は二人は二卵性双生児ということになるのだろうか。生物学的に言って、家系上での関係や位置を書き換えることなる遺伝子編集というのはあるのだろうか。たとえば、従来のDNAによる父子関係検査では、その関係を識別できなくなるようなゲノム編集はあるか。実は、DNAによる母子関係の検査も失敗することがありうる。両親がともに特定の遺伝子座にTを持っていて、子がそのゲノムのその位置がAになるよう編集したら、その人のゲノムは一部、家系から外れることになる。[★31] 技術が発達して、一組のゲノムのうち編集できる数が多くなれば、生物学的な家族関係と社会的に構成される家族関係をどう見るかの分離が大きくなるだろう。実際、一部のゲノム編集では、人を遺伝子的にある家系から別の家系へ移すこともできるかもしれない。アイデンティティに対する、ミクロの家系的な断絶が生じるのに加え、マクロレベルでの断絶もありうる。一個のSNPが眼の色が青になるかどうかを決めるという証拠がある。[★32] 合衆国での人種の理解や民族区分は、自分のゲノムのこの部分の文字を編集することにしたアジア系アメリカ人をどうするのか。両親ともアフリカ系アメリカ人で、青い眼をしていたら、混血ということになるのだろうか。これは恣意的な例だが、それは私たちの人種・民族の区分方式のばかばかしさと、その破壊のしかた——表現型、祖先、人種区分のつながりについての従来の見方をひっくり返す——との両方を表してもいる。

もっと複雑な問題もある。あなたのゲノムは生命の設計図（「ソフトウェア」）であるだけでなく、あなたの歴史的資料でもある。それはあなたの先祖が誰か、地球上にいる他の人々との関係、先祖が今いるところへやって来るときにたどった地理的な経路を示すものについての情報を提供する。ゲノムを編集すればこの歴史が変わる。遺伝子の歴史は端的にどうでもよくなる。そうすると、少なくとも概念的には、ゲノム編集は新規まき直しの可能性も示す。

考えるべき——何年単位と言うより何世紀単位で想像力を広げれば——別の面として、遺伝子編集は全体としての種にどう影響するかというのがある。一方では、多くの健康上の障害は比較的急速になくなるかもしれない――一個の遺伝子で生じるものも、もっと複雑な遺伝子構造によるものも。先天異常はなくせるかもしれないし、いくつものがん、多くの脳の病気（アルツハイマー病のような）など、重大な病気もなくせるかもしれない。しかしすべての状況がそれほど簡単に修正できるわけではない。中には複雑すぎて、技術が進んだとしても、遺伝子編集では攻略できないものもあるだろう。技術的には取り除けても、その前に一旦停止しなければならないようなものもあるだろう。アスペルガー症候群はどうだろう。アスペルガー症候群を持った人々は、対人関係の困難（と他人から見なされる）も、優れた才能もともに持つことが多い。この症状を除去することにした場合、社会が払う対価はどんなものか。[★33] CRISPRは生殖細胞を編集するので（したがって現世代だけでなく将来の世代も変わる）、社会がハンチントン病もアスペルガー症候群も、一代で消し去ることも考えられる。ラン・タンポポ理論（第7章で取り上げた）を信じるなら、個人のレベルではランであることは価値があるが、種のレベルでは危険なことになるかもしれない。タンポポは、適応度は最大ではないが、種に対して、ラン系がすべて滅びるような環境の変化に対するヘッジになれる。CRISPR技術はこの共生的配置を危うくする――今やタンポポがランになれるのだ。個人のレベルでは、この転換は意味をなすが、一斉転換は種を危うくする。もうタンポポがないとなれば、遺伝的多様性の減少によって、環境の変化をヘッジする能力を失うことになる。こうした心配な長期的影響に加え、CRISPR技術が短期的に影響しうることも考えるべきだろう。

もちろん、DNA鑑定、出生前遺伝子選別、DNAによる出会い系アプリなどのように、資源に余裕のある人々がまずそのような新しい技術の恩恵を受けることになりそうだ。すると、「自然」な不平等と

「政治的」（つまり社会的）な不平等の違いはまったく成り立たない世界が予想される。自然なものか社会的なものかの区別は、生まれと育ちの作用を分離しようとする行動遺伝学者によって立てられただけでなく、少なくともジャン＝ジャック・ルソーが『人間不平等起源論』で次のようなことを説いたときまでさかのぼれる。

私は人類の間には二種類の不平等があると考える。一方は自然によって確立され、年齢、健康、体力、精神や魂の性質のことである自然な、あるいは身体的な不平等と呼ぶもの。もう一つは、一種の慣習的不平等により、人々の合意によって確立する、あるいは少なくとも正当とされるので、道徳的あるいは政治的不平等と呼べそうなもの。後者は、一部の人々が他の人々の不利益によって得るいろいろな特権からなる。裕福さ、名誉、権力で勝るといった特権であり、さらにはまさしく従属する地位に対する特権である。★34

もちろんもともと、裕福な一族なら子どもの近視をレーザー手術で治せるし、子どもにとって健康な食物や安全な環境が手に入る。父親が視力を強化したり外国語を勉強したりビタミンのサプリを摂《と》れば、社会的地位によって自然な状態だったものを変えることもあるかもしれない。しかしそうした利点が子に伝わるとはかぎらない（健康な家族環境と文化を生み出すこと以外によっては）。次の世代に利点を与えるためには、父親はその外国語を子どもに向かって使い、ビタミン・サプリを与え、ある程度大きくなれば眼のレーザー手術を受けさせる必要がある。しかし生殖細胞の遺伝子改変は質的にまったく異なる。遺伝子編集の場合には（あるいは胚の遺伝子による選択でも）、父親は所有しているどんな形の金銭的、人的、社会的資本でも、自分の子だけでなく、その子の子にとっても自然資本に変えることができる。社会的な不平等と自然な不平等の堰《せき》は完全に崩れているだろう。[★35] 決壊後の洪水が何を洗い流すかは誰にもわからないが、その洪水がやって来ようとしている。

それほど若くない両親が、様々な発達段階の胎児のプラモデルが並び、壁は社会的層別化の分岐図で覆われた診察室に座っていた。かかりつけの産婦人科や小児科の診察室ではなく生殖遺伝科という、二〇五〇年代末に登場し、名の通った不妊外来の病院なら必ず担当医が一人はいるという診療科の診察室だった。この両親が受けた最新の体外受精では、三二個の生育可能な胚ができていて、そこからどれを選ぶかという、この頃はもうあたりまえになっていた段階になっていた。二人はうずうずして、この病院から受け取ったいくつかの形質についてのスコアを穴が開くほど見た。胚胞の半分は、循環器系の問題か、統合失調症か、あるいは両方のリスクが平均より高かったので、すぐに排除できた。残った一六個から選ばなければならない。一〇個は女の子だった。すでに二歳になろうとしている愛娘リタがいて、今回は第二子として男の子が欲しかった。男の子の胚のうち、一つは親や姉よりも相当に背が低くなると予想されていた。さらに不妊になる可能性が四分の一超という胚が一つあった。二人の年齢から考えて、これが最後の子に

なりそうだったので、いつか孫を得る可能性は大きくしておきたかった。[★1]

残る男の子になる胚は四つだ。病気、身長、ＢＭＩについてのスコアはほぼ同じ。脳の発達の面で差が大きかった。予想されるＩＱの最高は一五〇で、最低は「わずか」一三〇だった。数世代前なら、ＩＱ一三〇は多くの職業で経済的に安定した生活が確保できるほどの高さと言えただろうが、人為選択の時代になって、一三〇というスコアは今や平均よりもわずかに高い程度になっていた（検査そのものは再正規化されていないので〔本来のＩＱは平均が一〇〇になるように正規化されている〕）。二〇七〇年代半ばまでには、子どもが成長して知識の面で他の人より秀でるには一四〇以上のスコアが必要になった。美しさ、運動能力、芸能面での優れた技能があると、経済的安定に至る道としては、二一世紀初頭と比べるとさらに大当たりだった。

しかしそこには落とし穴もある。何にでも落とし穴はあるものだ。年月をかけて生殖遺伝学――自己選択の、自己決定的優生学――が進んでいたが、特定の形質だけを見て他を無視すると、病気になる可能性が増すといった、進化の相反する面が出てくる現実を避けることはできなかった。あるいは、ＩＱが二ポイント違うことで成功と失敗を分けることがありうるが、認知力を高めるための遺伝子的可能性を引き上げると、衝動のコントロールや共感などの非認知的技能がだめになりかねないというような、社会的な相反する面――生殖遺伝学的個人にとってのハイリスク・ハイリターンの摂理――は避けられない。

これを考え合わせてみると、ＩＱが高いと予想される胚は、矯正不能なほど重度の近視になる可能性も相当に高かった。この知能と近視の遺伝子的な関係は何十年か前から（一九八八年の *Human Genetics* に載った論文以来）知られていた――少なくともあると疑われていた――という事実があっても、この何十年か、ＩＱを最大にするという熱狂が弱まることはなかったらしい。[★2]相関は眼と脳の大きさを支配する遺伝子を通じて機能し、高いＩＱの子は非常に変わった外見になるという事実も影響しなかった★3（もちろん、磨いたレンズが存在するかぎり、眼鏡とＩＱの相関が冗談のたねになることはときたまある）。

生殖遺伝学を唱えた初期の人々は、多面発現という基本的な遺伝子の力を考えていなかった。同じ遺伝子の結果は一つの表現型だけでなく、複数の表現型となる場合があるということだ。身長が遺伝子で決まる可能性が大きいということは、循環器系の病気のリスクスコアも高くなるということだった。がんのリスクやアルツハイマーの確率は反比例する——あなたがその一方で死ぬことになっても、もう一方については助かる可能性も高いからだし、細胞（つまり神経細胞）を再生させる力が活発だということは、その人の細胞が野放図に再生する（つまり、がん）傾向も高いということだからでもある★4。何世代もの詩人や画家が証しているように、創造性についてのゲノムのスコアは重症のうつ病のスコアと高い相関がある。

しかし、予測用スコアの中では、ＩＱとアスペルガーのリスクとの間にある強い相関ほど強力な——後から見ればたぶんそれほど明白な——相関はどこにもない。ＩＱ一三〇を超えて一〇上がると、自閉症スペクトラム上に乗るリスクは倍になる。そして遺伝子型判定の予測力は大きく向上しているので、表れる結果に対する環境成分は、何度もループを繰り返すうちに後退していた。たとえば二〇一七年には、青年のＩＱは平均して三分の二が遺伝、三分の一が環境由来だったが（心理学者のリチャード・プローミンらによる）★5、私たちが遺伝成分を測定し始めたという事実は自己達成的予言となった。つまり、高いＩＱの遺伝子型をもった子だけが、検査スコアとは無関係に、名門校に入学できたということだ（一般に、実際のＩＱを測定しても、若い頃となると大量の誤差が伴うものと考えられていたので、最終的な成人認知機能の代理としては遺伝子の方がずっといいことになる）。この誕生以前の検査からすると、早い時期に幅広い語彙に触れるといった環境による入力はもちろん必要だが、そのこと自体も遺伝子分布によって完璧に予測されるということになった。こうした選別は、社会にとって最も重大な形質群——つまりIQやADHD（がないこと）——について（機械が作業の大半の面倒を見ている世界では、知的要求の高い、創造的な仕事に長期間集中する必要があるおかげで）、ほぼ一〇〇パーセントの遺伝率に結果する（興味深いことに、低IQも自閉症スペクトラム障害［カナー症候群］とADHD両方のリスク因子となる）。

この形の出生前検査がいつ始まったか、もう誰にもわからない。二〇一三年、『サイエンス』に掲載された論文が、教育を予測するポリジェニック・スコアを考えていた。[★6] その論文は、著名な学術誌に載ったにもかかわらず、初めはあまり注目されなかった。それは著者にとっては好都合だった。学歴がどこまで行くかだけでなく、認知能力（二一世紀初頭にはまだ使われていたIQの婉曲《えんきょく》表現）のような関連する表現型（表れる結果）と、弱いとはいえ相関するDNAに基づいて単一の数字を生み出すことにマスコミの目が向かない方がありがたかったのだ。もっとも、科学的視点からは、この『サイエンス』に載った教育に関する論文は大したものではなかった。ポリジェニック・スコアはすでに他の多くのそれほどとやかく言われない表現型、つまり——ほんの一部を挙げても——身長やBMI、出生時体重、糖尿病、循環器系の疾患、統合失調症、アルツハイマー病、喫煙習慣については考えられていたからだ。さらに、スコアを構成することの直接の衝撃を鎮める事実があった。それは——当初——学歴やIQのばらつきの約三パーセント分を予測するだけだったのだ。三パーセントは、遺伝によるものと妥当に考えられる知能の正規分布での変動の二〇分の一もない。

二一世紀初頭の二〇年、スコアの予測力はさほど高くなかったことで、胚を解凍して検査するために不妊治療外来に押し寄せるのではなく、「足りない」遺伝率を見つけるという科学的探求が始まった――つまり、教育に対する遺伝的影響の残り（あるいはＩＱの遺伝的基礎の測定されていない部分）の三七パーセント（推定）を占める遺伝的ダークマター探しだ。回答者の範囲が広がり、遺伝子多様体を急速に改良された遺伝子型判定チップでさらにうまく測定できるようになると、足りない遺伝率を説明する点ではダークホースだった理論（環境的影響のラマルク的エピジェネティックな伝達など）がすぐに消え、遺伝的ダークマターの量も急速に細ってゼロになった。

最初は臨床医も、もっと広い範囲の公衆も、気づかなかった。当時はみな、報道ではノーベル賞間違いなしと持ち上げられていたＣＲＩＳＰＲ／Ｃａｓ９技術に夢中だった。二一世紀が進むにつれて、遺伝子編集方式は人間の病気や福祉に巨大な影響を及ぼした。単独遺伝子による先天異常を先進国の人類集団からは実質的に取り除いただけでなく、がんを、異常を起こしたがん遺伝子を除去する遺伝子改変によって治療できる、ただの慢性病にした（やはり苦しいとはいえ）。遺伝子組換え生物への政治的反対が克服されると、遺伝子編集はまた食料生産や主要作物の栄養価も改善した。

しかし親が卵細胞や精細胞を編集して生殖細胞の「強化」を始めると、科学は政治的な壁にぶつかる。当初は、恐れを知らない生殖遺伝科臨床医が引き起こす変化は、眼の色を茶色から青に変える、小さな耳たぶを福耳にする、黒髪を金髪にするといった、比較的無害なものだった。実際、単一の遺伝子を編集してできることはそこまでだった。人間にあるばらつきの範囲は、身長、外向性、代謝など、すべてが高度にポリジェニック、つまり二三対の染色体全体に広がる無数の小さな作用の総和によるものだからだ。

発生初期の胚の段階で信頼できる増幅が行なえるＤＮＡの量が、ゲノム全体の配列決定を可能にするほどの水準に達したとき、飛躍が生じた。染色体を鳥瞰《ちょうかん》的に見て重複や欠失などの大きな損傷を探すだけでなく、各塩基対を次々と調べることができるようになったのだ。二〇二二年、胚の遺伝子コードが解読されると、結果を表計算ソフトに通して予想される表現型を特定するのは簡単なことになった。

この実践は、雇用者が健康保険にこの種のスクリーニング費用を出すよう求めるとともに、急速に社会経済的な階梯を下りていった。最終的には保険適用は法制化された。この保健政策の変化は当初、肥満やうつ（健康保険が適用される症状だった）を減らすという目標で動いていたが、対象はその後、ＩＱや衝動の抑制など、健康の問題でも保険適用対象でもない表現型にまで広がった。

同時に、23andMe（世界最大の遺伝子データベース）とInterActiveCorp《インタラクティブコープ》（Tinder や OkCupid〔出会い系サイト〕を傘下に置く企業）との合併や、その後のFacebookとの統合で、胚を将来の能力や不足に基づいて選択するだけではなく、将来の配偶者を遺伝子型に基づいて選別することにもなった。非喫煙者をスクリーニングするだけでなく、遺伝子型から見て将来の子に喫煙者の形質を伝えそうにない相手を選び出せばよいではないか。

もちろん、Facebookに入らない人がいるのと同様、自然派、オルタナティブといった、「手探りで」相手を探す人々も増える。そうしたオルタナティブの「遺伝子抵抗派」は、自分たちのＤＮＡを密かに生殖遺伝科医が利用して、その統計学的モデルを確かめ、ポリジェニック・スコアを精密にしていることを知らなかった。シミュレーションを行なうには、自然な生殖によってもたらされる多様性の量を増やさなければならなくなった。親が生殖遺伝科にかかる数が増え、一定のＤＮＡ多様体の存在比率が最低限になったり最大限になったりすると、人工的に生殖する集団の中での潜在的な遺伝子どうしの相互作用についての検査の元となる多様性が少なくなったのだ。次に、またさらに重要なことに、集団の大多数が今や遺伝子スコアに基づいて子を選別して投資するので、その集団内でのそうしたスコアの作用は循環的で自己達成的になり、それを支える予測力はほとんど高まらない。遺伝子型判定の正確さが向上することによる効率アップを達成するためには、遺伝子型に直交する座標軸となる、独自の論理をたどる環境の状況が必要だった。

社会はこの新しい自律進化の現実にひれ伏した。学校の入学選考は遺伝子スクリーニングに道を譲っただけでなく、教育制度も遺伝子に基づく形質の特定の組合せに基づいて細かく分類された区分に分けられた。運動能力が高く定型発達的と判定された子のための教育課程もあれば、運動能力と自閉症スペクトラムの両方でスコアが高いと判定された子のためのものもある。ADHDを必要とする仕事も、それは避ける仕事もある。そうしたことは、経済的効率を高めるという名目で行なわれた。しかしIQを最大にすることこそがこの世界ではずっと最大の目玉だった。

家族についての結果で言えば、家族あるいは世帯と呼べそうなもののいずれについても凝集力の低下が見られた。子の遺伝子型に対する親の支配が大きくなると、特定の傾向や技能――視覚・空間能力や言語能力――に特化したり、それを涵養《かんよう》する方に偏った家庭環境を生んだりするかもしれない。しかし実際には、きょうだい間の差はかつて見られなかったほど強調されるようになった。親は特定のニッチに特化するのではなく、わずかな胚からできることを最大にしなければならなかったからだ。

冒頭の病院の社会遺伝相談係はたいてい親に、同じ家庭内であまりに差のある二つの遺伝子型を養育するという問題を避けるために、最初の子との類似を最大にするのがいいのではないかと勧めた。遺伝子の差異は、親が意識的にでも無意識にでも、それぞれの子の遺伝子的可能性を実現するために必要とする投資や環境を提供しようとするので、実は家庭内で増幅されるのだとも説明される。ＩＱや運動能力のわずかな差は（遺伝子型のスコアが同じでも、育ちが違う二人の子を比較したときには環境の差によって隠されてしまうこともある）、きょうだいのうち一人ずつを集めた対照グループと比べて見ると、その影響は大きく出るようになる。そしてこれは、多くの社会的力学の場合と同じく、家族内での方が家族どうしの場合よりも差が大きいという皮肉な状況に至る、自己達成的予言となる。

この家庭力学は二一世紀初頭の研究によって予想できたかもしれない。その中には、認知能力についてのポリジェニック・スコアの効果は家族どうしよりも家族内の方が強いことを示していた。遺伝子スコアは、ランダムに選んだ親の違う個人間の違いよりも、きょうだい間の差の方をよく予測するということだ。きょうだいの一人が他のきょうだいよりも教育関係スコアが標準偏差一つ分高い場合、平均して修学年数が半年長くなる。しかし血縁の関係のない人々について教育に関する同じ遺伝子スコアの差を比べると、修学年数の平均に見られる差は三分の一年だけになる。

社会化過程の大きな変化は家族単位に限られることではなかった。最近の歴史では、高度に専門化された寄宿学校が台頭しており、そこに集められる生徒は毎年低年齢化する一方だ。親の遺伝子スコアとその子の相互作用は効果を増幅する力があったので（良い方であれ悪い方であれ）、親はますます、子どもの特定の遺伝子型の組合せに微調整された教育環境を説く見栄えのいい宣伝広告に影響されるようになっている。それは遺伝学によって構造化された環境を厳格に意識する例だった。「正しい」場所探しの熱狂――二一世紀初頭のマンハッタンやサンフランシスコでの私立幼稚園への入園競争も楽に見えるほどの――に加えて、親の遺伝子型が子に対する遺伝子型の効果を弱めたり強めたりするだけでなく、全体的な遺伝子型環境が大事だということを示した。行動について自分が持つ遺伝子型がどう発現するかは、周囲の遺伝子型の分布に左右される。

しかし背の高いケシや色の違う野草が育種家の目を引きつけ、他と違うことによって生殖競争で有利になるのとは違い、この研究は明瞭な遺伝子型ピア効果（同類が集まることによるプラスの影響）を示していた。予想される表現型が同じ人々に囲まれているのは良いことだ――遺伝子の数にも力がある。その結果、学校や、結婚、就職など、社会生活のほとんどのすべての面を細分する。二〇〇〇年には、医学分野の人々が職場結婚の率が最も高かった。たとえば既婚男性看護師の三〇パーセントは他の看護師と結婚していた。二〇四〇年になると、看護師どうしの結婚は九〇パーセントにもなり、八〇パーセントを下回る職業はなかなか見当たらなくなった。

細分は長続きするべくもなかった。有性生殖の要所は、進化生物学者が昔から言っていたように、集団で遺伝子のばらつきを維持することなのだ。無性生殖をする生物種と比べると、交配を行なう種――遺伝子のうち、単純に自分のクローンをつくって増える場合の半分を伝えるという非効率的なことをする――の方が、遺伝的浮動や環境の壁（急速に進化する寄生虫など）に対して堅牢だ。精子や卵子ができるとき（減数分裂）に組換えを行なうのは、有利な対立遺伝子がプールされ、有害な遺伝子が生き残った子からなくなることを意味する。こうして有性生殖による選択が加速する。もちろん、そもそも生殖遺伝学の試み全体は、これが元で急速に実現するようになったのだった。

医療機関に戻ると、社会遺伝学相談係は、先に登場した親が男の子の胚を選ぶとき、どれが最も成功しそうかとは無関係に、娘のリタによく似た胚を勧めた。免疫的に似ていれば、二人は文字どおり互いを殺す心配なしにつきあえるだろう。残念ながら、相談係の助言は守られない。この親はＩＱ一五〇の方を選んだ。

このエピローグは、D. Conley, "What if Tinder showed your IQ? A report from a future where genetic engineering has sabotaged society," *Nautilus Magazine*, September 24, 2015, http://nautil.us/issue/28/2050/what-if-tinder-showed-your-iq に手を加えたもの。

付録1　分子遺伝学について語られるときに何が語られているか

分子生物学の「セントラル・ドグマ」はＤＮＡ→ＲＮＡ→タンパク質という方向だ。ＤＮＡは、新規突然変異（がんになることもある変異）やモザイク現象（たとえば個人の体の一部の細胞が、父方か母方かなど、由来が他とは異なる）を除けば、体中のすべての細胞で同一の設計図を提供している。ヒトゲノム（ＤＮＡを含む）は各細胞の細胞核の二三対の染色体と、各細胞のミトコンドリア（細胞の動力源）に保存されている（ただし細胞核のない赤血球は例外）。ミトコンドリアＤＮＡ（ｍｔＤＮＡ）は母親のみから継承する。これは卵細胞に由来するからだ（精細胞のミトコンドリアが卵子に貫入して、発生を続ける受精卵の中で生き残るものがあるかどうかについて、いくらかの論争はあるが）。細胞核ＤＮＡは両親から継承したもので、対にはそれぞれが両親の一方に由来する二二本の常染色体（性染色体以外の染色体）がある。性染色体については、一般の状況では、母親が提供するのはＸ染色体（女性性染色体）だけ。父親はＸ（子は女性になる）かＹ（男性になる）のいずれかを提供する。すると、ｍｔＤＮＡを分析すれば、母系をたどることができ、Ｙ染色体を分析すれば父系の特性を記述できる。

何やかやで、四六本の染色体のＤＮＡの鎖を伸ばしてつなげれば、長さ二メートル近くになり、そこに三〇億の塩基対が含まれる。塩基にはアデニン（Ａ）、チミン（Ｔ）、グアニン（Ｇ）、シトシン（Ｃ）の四種類がある。この四つには特定の補完関係があり、二重らせんのそれぞれのらせんはリン酸による結合材でつながり、相手のらせんとはＡとＴまたはＣとＧのみでつながることができる。この対の中では、それぞれの位置で、およそ一〇〇〇個に一個の割合で変動がある（高く見積もる場合は一〇〇〇個のうち四個とする）——それで単一塩基の違いが三〇〇万とか、私たちは遺伝子的には九九・九パーセント同一という数字が得られる。また別のよくある差異の形——コピー数多様性（ＣＮＶ）——も考えると、私たちは類似度九九・五パーセントと推定される。他の形の変動には、挿入《インサーション》または欠失《デリーション》（合わせて「インデル」）のような染色体の構造的変動がある。類似度についての先の数字は少々誤解されやすい。わずかな違いでも、表現型には巨大な違いをもたらしうるからだ。

ゲノムの伝令《メッセンジャー》ＲＮＡ（ｍＲＮＡ、タンパク質が組み立てられるリボソームまでタンパク質の鋳型を伝える）のコード領域では、コドン（「コード単位」といった意味合い）と呼ばれる三つ組の塩基が、タンパク質（ふつう、一〇〇以上のアミノ酸がビーズのようにつながった鎖）をどのアミノ酸を並べて合成するかを指定する。「開始」と「停止」を表すコドンもある。各コドンの三番めの位置でヌクレオチドが変化していても（たとえばＣＴＡがＣＴＧになるなど）、これはたいてい「サイレント」変異、あるいは同義変異と呼ばれる。呼び出されるアミノ酸に違いはなく、タンパク質の構成には影響しないからだ（生産効率に影響することはありうる）。三つ組のうち最初の二つのヌクレオチドのいずれかが変化すると、「非同義」と呼ばれ、アミノ酸置換（ミスセンス）あるいは転写停止（ナンセンス突然変異）となる。

「遺伝子」という用語は一般に、ＤＮＡの中で一つのタンパク質のコードとなっている部分のことを言い、転写される部分だけでなく、プロモーター領域（コード領域の先頭の前の部分で、トランスクリプトーム〔ｍＲＮＡ〕が仕事を始めるために付着する部分）や、エンハンサー（これはふつう最初のイントロン〔タンパク質合成の際には除去される部分〕の中にあるが、塩基何千個分も離れたところにある場合もある）と呼ばれる他の調節領域もある。ｍＲＮＡは、ＤＮＡから転写された後、生化学機構によってイントロンが切り抜かれ、後でタンパク質に翻訳されるエクソンを残すという編集を受ける。さらにｍＲＮＡのタンパク質への翻訳の調節は（さらにｍＲＮＡの行き先についての制御まで）、最後のアミノ酸コード化コドンの後に来る、ｍＲＮＡの3′《スリープライム》ＵＴＲ（非翻訳領域）によって、転写後に影響を受ける。

ヒトゲノムにはたかだか二万程度の遺伝子しかなく、そのそれぞれが平均して三種類のタンパク質を生産できる（選択的スプライシング、つまりイントロンの除去のしかたが変わることによる）。この数字は遺伝学者がたいてい予想していたものをはるかに下回る（たとえば、コメは人間ほど複雑とは思われないが、約四万六〇〇〇の遺伝子がある）。この発見が特筆に値するのは、それが遺伝子調節の重要性を明らかにしているからだ。つまり、すべての細胞が同じ遺伝子の設計図を持っているのだから、神経細胞とか肝細胞とか上皮組織細胞とかの違いはすべて、どの遺伝子がいつ発現するかによる。同様に、人どうしの違いはタンパク質の構造の違いによるのではなく、発達上の岐路になるところで遺伝子発現が微調整されていることによる。この認識と、ゲノムのうちタンパク質のコードとなっていない部分の多くが、「ごみ《ジャンク》」ＤＮＡ（過去にはそう呼ばれた）どころではなく、この交響曲の指揮の決め手になるという認識と一体になっている。たとえば、マイクロＲＮＡ（ｍ・ｉＲＮＡ）と呼ばれる形のＲＮＡは、ＲＮＡの3′ＵＴＲ領域と結合することが多く、実際に翻訳過程の調節で重要な役割を果たしている。ゲノムには、タンパク質全体を生産するのではなく、ある種のホルモンや、エンドルフィン（体内アヘン）のような神経伝達物質となる、ペプチドというアミノ酸による短い鎖を作れる領域もある。

遺伝子発現の変動はいくつもの因子によって制御され、中にはエピジェネティクスという呼び方でまとめられる因子もある。エピジェネティクスは社会科学の中でも大いに反響のある分野となっているが、それは、これが従来の遺伝子分析の因果の方向（ゲノムから表現型）を逆転するという考え方によるのかもしれない。従来の行動の遺伝子分析は、受胎のときに定まり、一生の間に展開されるヌクレオチドにある変動を調べるが、社会エピジェネティクスは、しかじかの組織でしかじかの時点で特定の遺伝子のスイッチが入るか切れるかに影響するヒストンアセチル化（ＤＮＡが保存されるときに巻き付くタンパク質の一つ［ヒストン］にアセチル基《き》［$COCH_3$］を加えること）やＤＮＡメチル化（ＣＧの連続にメチル基《き》［CH_3］を加えること）のような過程を通じて、遺伝子の発現に環境が影響する様子を調べる。学者の中には、そのような環境に感度を持つエピジェネティック・マーク（遺伝子のスイッチをオフにする変化）が、実は世代を通じて受け継がれているかもしれないという考え方にとくに熱狂する人々もいる。そうであれば、生物学的継承のその部分は環境に根ざすことになる——富や貧困、投獄、奴隷、家族生活などがゲノムに取り込まれることがありうるだろう。しかし、たとえばＤＮＡメチル化パターンでは世代間の対応が示されていても、そこに他の仕組みがある可能性が排除されているわけではないことにも注意すべきだろう。同時に、動物実験の結果は、刺激によって条件づけられる一部のエピジェネティック・マークが、実際に子に残っているという理論の基礎となりつつある。継代的《トランスジェネレーショナル》なエピジェネティック「記憶」があるとする証拠のハードルは適切に高く設置されている。今の考えによると、大多数の（すべてとは言わなくても）エピジェネティック・マークは、発達する胚でどんな種類の細胞にもなれる万能幹細胞を生むために（エピジェネティック・マークは発達の道筋を制約する傾向がある）、生殖（減数分裂、つまり単数体配偶子の生産）のときに消えてしまうからだ。他方、エピジェネティック・マーク以外にも、環境についての情報が子に伝えられるような経路は他にいくつもある。継代的エピジェネティクスは、社会学者にとっては、遺伝の理解や生まれか育ちかの二分に革命をもたらすかどうかに関係なく、これからの一〇年、二〇年で注目すべき刺激的な分野になることが見込まれている。少なくとも、分子生物学者は自分たちのセントラル・ドグマを複雑にして、今や因果の方向が前後どちらも指し、DNA‐RNA‐タンパク質の関係をぐるりと一周するような多くの形を認識している。社会科学者は、人間行動の理解を完成させようとするなら、このエピジェネティクス革命を無視すると研究者生命を危うくすることになる。

付録2　再び遺伝率推定を下げる試み――GCTA法とPC法を用いる

血縁関係のない個々人に基づく遺伝率分析（GCTAあるいはGREMLと呼ばれる）[★1]を行なうには、密かに血縁関係にある個人の対を含めないだけでなく、少数の主成分（PC）をデータから排除して、それ以外の被験者間の対立遺伝子の類似は偶然の結果になる（と考えられる）ようにする。こうすれば、この方法で環境の差で曇らされずに遺伝子の影響だけを検出しているという推論を確信できる（もちろん、遺伝子の差によってもたらされた環境の差は、遺伝子がその効果を及ぼす道の一部をなす、単なる通り道――この分野の用語ではエンドフェノタイプ〔中間表現型〕――だということをあらためて言っておくべきだろう）。

しかしこの推定を混乱させる環境の差があったらどうなるだろう。われわれは個人の制御が及ばないと想われる環境的尺度――人が田舎で育ったか都会で育ったかや、両親の学歴――を見て、血縁関係のない個人についてこの方法を用いると、こうした尺度が遺伝されることがわかった。そうなると、遺伝的理由で、田舎暮らしが好きな人と、都会暮らしの方が好きな人がいるということもありうるだろう。そして、子どもはゲノムの五〇パーセントを親と共有するので、私たちは親の住まいの選択に対する遺伝子的な影響を拾っているだけかもしれない。ただ、遺伝子の信号は子を通じて薄められているので、ごく弱いだけかもしれない。しかしわれわれは子どもの対を見ていたので、親のゲノムそのものを測定すれば、ランダムな交配と仮定すると効果は二重に薄められ、実際の遺伝率の約四分の一になるはずだ。[★2] ところが、田舎好き／都会好きについての遺伝率は三〇パーセントあることがわかった。われわれは、主成分を通例の二つから五つではなく、二五種類抽出することによって、この数字を約一五パーセントにまで下げることができたが、完全に消すことはできなかった。このぎりぎり下げて一五パーセントという数字は、親については遺伝率は少なくとも六〇パーセントということになる。この数字はとてもありそうにない（これは約八〇パーセントある身長のような生物学的な表れについての遺伝率に近づく）。私たちは母親の教育についても同様にありそうにない推定値を得た。そこでわれわれは、GCTA法には根本的に間違っているところがあると考えた。たぶん、結局は、双生児モデルについてもそうかもしれないと思ったように、環境が遺伝子側に忍び込んでいたのだ。

　この疑いは、統合失調症という結果としての表れを使ってこの方法を開拓した元の『ネイチャー・ジェネティクス』の論文を見たときに確かめられた。[★3] その著者は、われわれが先に試みたのとは違う頑健性《ロバストネス》試験を行なっていて、実はもっと巧妙なことをしていた。染色体を一度に一つずつ見ていたのだ。推定を生み出すのが、本当に遺伝子のシャッフルによるランダムな変動で、部族性（したがって環境の差）ではないとしたら、一組の染色体――たとえば4番の染色体――についての二人の遺伝子類似度は、その対の他の染色体――たとえば12番の染色体――の類似度とは無関係になるはずだ。理由は、大きなカードの山をシャッフルして切るのではなく、ゲノムを二三対の小さな山に詰め込むということだった。何らかの集団層別化がなければ、一方のシャッフルのしかたは他でのシャッフルのしかたについて予測する力はないはずだし、深いところの共通祖先は人によって遺伝子的な類似に差をつけていた。つまり、遺伝子的血縁度全体が集団構造（共通祖先）によっても動かされているなら、起源を示すシグナルは、8番の染色体で似ている人ほど、一貫して4番の染色体でも（さらに14番でも16番でもX番でも等々）似ることになるという事実に見られるだろう。このパターンを説明するには、人々をカードの山（染色体）を通じて似させるのはラ

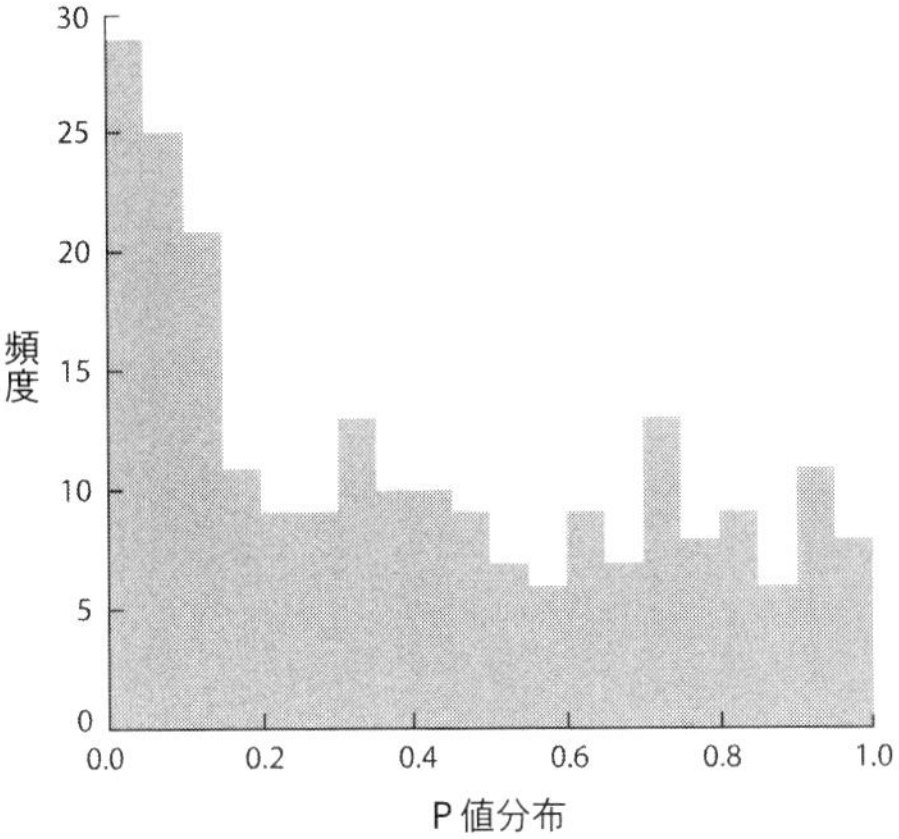

図A2・1　人が似ていたり似ていなかったりするのが本当にランダムな組換えのみによるのなら、染色体も別々に分離するので、そこに血縁度の相関はないということになるはずだ。逆に、染色体全体で人々の間の相関の確率分布には図の左方向への偏りがある。染色体は血縁度で見るとかたまりになる傾向がある。この観察結果は、集団構造（つまり祖先）が全体の血縁度分布の一部を動かしていることを示す。つまり、環境の違いは遺伝率推定を混乱させるかもしれないということだ。

ンダムなシャッフルではないと言う以外の方法はないだろう。カードの山のたとえを拡張すれば、この類似はシャッフルの運に由来するのではなく、二三対が、そこに含まれる各種マークの頻度について、ばらつき方が一貫しているからだということになる。

この著者は補足資料の表でこの作業の結果を示した。他の染色体と統計学的に相関している染色体があるが、その結果は偶然でも生じうる。しかしこの著者は、観察されたことが、調べた個人の対全体にわたる、連動する染色体相関に向かう偏りがあることを表すかどうかについて、統計学的数字を計算しなかった。実際には、図A2・1に転載した単純な棒グラフが、確かに相関のある染色体の組合せが過剰に現れていることを示している。これが本当に偶然のなせるわざなら、比較した対のうち中値が一〇パーセント未満のところに収まるのは約一〇パーセントになるはずだ。データでは逆に、左方向への、つまり稀な（相関が高い）染色体対の方への偏りが見られる。この全体のパターンが偶然によって得られるかどうかを確かめる統計学的検定をすれば、こうなることはまったくありそうにないことが示される。偶然でこのような分布が得られるのは、一〇〇〇万回の試行のうち一回にもならない。つまり、遺伝子類似度の違いはカードをシャッフルすることだけで生じ、集団レベルでの違いによるのではないという著者の主要な前提が成り立つ見込みは一〇〇〇万分の一もないということらしい。[★4]

われわれは、社会科学がかつて双生児分析に敗北したことの巻き返しの機会と見て、身長（推定を紛らわせそうな環境の差におそらく最も影響されない）から学歴（環境に最も影響されそうなものになるはず）まで、いろいろな形質の遺伝率を計算し直し、都会／田舎の分離によって捉えられる環境差の分を求めた。それでもやはり遺伝率はほとんど変わらなかった。私たちが間違った環境の尺度を手にしたこともありうるので、

「何でもかんでも」方式でやってみた。しかし推定値の変化はつねにごくわずかだった。ここでも遺伝学者が、自分たちの知らないところで勝っていた。

付録3　別の試み——主成分分析を家族に基づくサンプルと組み合わせると前進できるかもしれない(まだそうなってはいないが)

社会的形質について推定された遺伝率が上に偏っているかどうかを検査する私たちの努力に対するとどめは、やはりゲノミクス革命によって可能になったきょうだい研究から出てくる。すでに述べたように、同類交配を考えなければ、きょうだいは平均して、五〇パーセントの近親度になっている。しかしこれは平均にすぎず、これを中心にした変動が相当にある。確かに、自分はきょうだいの中でも妹よりも姉の方に似ているなどと思ったことがあれば、それは正しいかもしれない。組換え時のランダムなシャッフル(両親からの二組の染色体の)のおかげで、DNAが親からの二本の染色体の間でやりとりされて子の一本の染色体になるとき、きょうだいの中でも似ているDNAが多い組とそれほどではない組ができる。[★1]先に述べたGCTA分析の場合と同様、遺伝率推定を得るために、遺伝子類似性の水準を表現型類似性の水準に相関させることができる。

しかしすでに知ってのとおり、親どうしが同類交配のせいで遺伝子的に似ているときには、親どうしが違っているときよりもきょうだいとの同形性（Identity By State＝IBS）が高くなる。つまり、いろいろな家族のきょうだいを二人ずつ対比するだけでは、理想的な実験には近づかない。遺伝子類似度の変動源は、同類交配と偶然の二つある。そこで私たちは、きょうだいの血縁度が高くても、それがやはり遺伝子の背景が似ていることだけでなく環境によっているのでもないと確信することもできず、遺伝子の作用のもっと純粋と言える尺度を得ようとする試みは混乱する。

家族に三人以上のきょうだいがいたら、同じ血統のきょうだいについてABの対とBCの対の遺伝子と表現型の違いを調べる分析を行なうことができる。私たちはこうして、IBSで見たきょうだいの似方の違いは偶然のせいで、親のレベルでの交配力学のせいではないことが確信できる。この方法は、すべての統計学的モデルと同じく、前提が必要で、その一つは、きょうだいが一人だけあるいはまったくいない家族にも、もっと大きな家族について推定される遺伝率があてはまるということだ。きょうだいの対の間での表現型の多様性は家族どうしでの多様性に対応するとも仮定しなければならない。同じ家族のきょうだい二人の間にある表現型の差の多様性は、GCTA分析での、非血縁の個人から無作為に選ばれた対の差の多様性と等しい必要はないし、異なる家族のきょうだいの対を通じての多様性と等しい必要もない（またおそらく、共通の家族環境が結果の表れの違いを減らすので等しくはならない）。表れる結果の表現型多様性の分布が、家族内きょうだい対の遺伝子型多様性と同じく切り取られているかぎり（また、遺伝子類似性が分布全体を通じてある程度同じ、つまり線形だと仮定すると）、遺伝子型でも表現型でももっと限定された家族内きょうだい対の差を使って遺伝率をもっと大規模に推定できる。この方式も、家族内での遺伝子の違いの作用が、家族どうしのそのような作用に一般化できることを前提している――つまり、その家族は、社会が大規模に行なうのと比べて、家族内で遺伝子の効果を強めたり和らげたりはしない（この前提の方は、家族内でのニッチ形成の認識や世帯単位にある小さな違いの専制によって邪魔されることはない。結局、しかじかの遺伝子の差異について、教育に表れる結果に対する作用は、実際にきょうだい間の方が、異なる家族の個人を比べた場合よりも大きいことがわかる。このことについては第3章でさらに詳しく述べている）。

三人以上のきょうだいが遺伝子型判定される大家族を、適切なほど多数含むデータ集合はほとんどない。そのようなデータ集合として考えられるのは一つだけ、フラミンガム心臓研究で、それでも、そうしたモデルを評価できるほどには、該当する家族を十分には含んでいない（それでもわれわれは試みたが）。しかし遺伝子型の実験用のランダムな割当てを模倣するのと同等のことをする有力な方法は他にもある。一つは各遺伝子座で両親の遺伝子型を測定し、その遺伝子座での予測される子の遺伝子型を生成し、それからその平均、期待値遺伝子型からの偏差を計算する。これは要するに、ランダムで環境とも同類交配とも関連が除かれることになる。言い換えると、しかじかの場所であなたの両親がともにGGだとしたら、あなたはGGと予想され、実際GGになるだろう。こうして特定の位置は私たちの試みに何も付け加えない。しかし別の位置で、両親ともGCなら、あなたもGCと予測されるが、ホモ接合（CC）になっているとしたら、あなたの参照塩基のとり方によって、+1[C] または -1[G] になる。するとこの「残余」遺伝子型をとって、家族どうしのきょうだいIBSを計算し、それが表現型の類似をどう予想するかを見る。あるいは、両親の遺伝子型を抽出して、最後の減数分裂から生じた多様性にのみ基づくことによって、環境あるいは同類交配の影響のデータを除いただろうから、GCTA分析を無関係の個人で行なえたことになるだろう。

これはうまいやり方に思える。ただし、両親と一人の子の（トリオと呼ばれる）遺伝子型のあるデータ集合が得にくい。とくにそれを国の代表にしたいときには。つまり、組換えや分離のランダムさを利用するために使える方式が別にあって、これはIBSではなく、「同祖性」（Identity By Descent ＝ IBD）を測定することだ。同祖性とは、二人の人がしかじかの位置で同じ対立遺伝子タイプ（GかCかAかTか）を共有しているだけでなく、二人が世代を通じて伝わった同じ塩基のコピーを持っているということも意味する。つまり、母親がGCで父親がATであり、二人の子がどちらもCTとCTなら、二人のその位置でのIBD＝2であることがわかる。二人のCは母親由来の同じCで、Tは父親の方だけが持っているTとせざるをえないからだ。しかし両親がCCとTTで、子どもがCTとCTなら（そうならざるをえない）、そのIBD＝1にしかならない。父母のどちらのC、どちらのTをもらったかわからないからだ。つまり、二人が同じ（同じ祖父母から与えられた）Cを得る可能性が五〇パーセントあるので、どちらのものかわからないCの類似度として0・5を与え、Tについての同様の筋書きに別の0・5を与える。これをゲノム全体にわたって行なうとき、IBDの全体的比率が計算できる。私たちが親についての遺伝子型情報を持っていれば、IBDの割振りについて——つまり、しかじかの共有の対立遺伝子が同じ出どころだということに——もっと確信が持てる。実際、家系図（血統）の全体について情報が増えるほど、対立遺伝子がIBDであることを導きやすくなる。しかし確かではないときは、集団での対立遺伝子頻度に基づいて確率を割り当てることができる。この方式は、（測定がさほど正確ではないので）誤差が増えるのが悩みだが、同類交配も集団層別化も心配ない、ランダムな分布を生む。実は、図A3・1に見られるように、IBDには、「平均」五〇パーセントを中心に相当の変動がある。

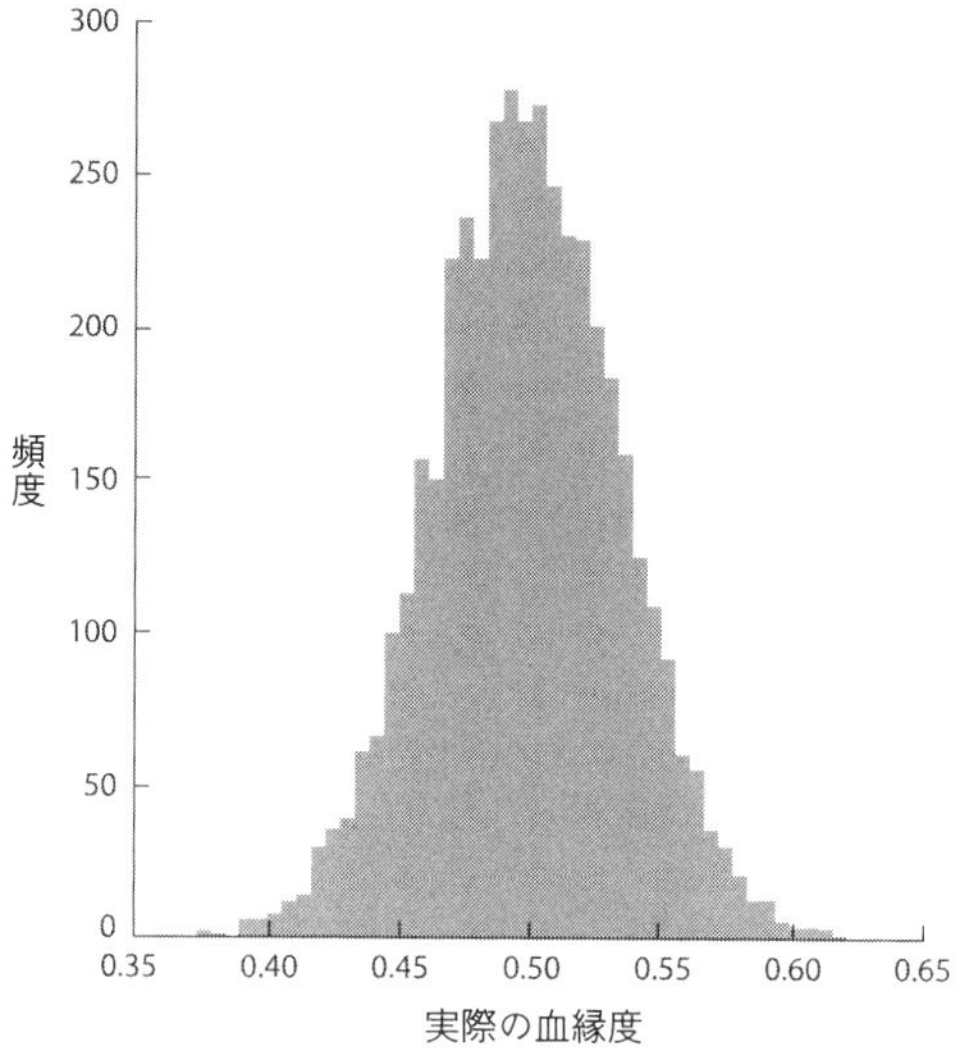

図A3・1　フラミンガム心臓研究のサンプルにある、実のきょうだいについての対立遺伝子IBDの比率分布。

あなたときょうだいが同じ父と母の子だとしても、あるきょうだいとはＩＢＤが六〇パーセントで別のきょうだいとは四〇パーセントなら、類似度は五割増しにもなることがある。かくて、私たちは、遺伝子類似度のランダムに割り当てられた部分だけを測定して、それがきょうだい二人の間の表現型類似度をどれだけ予測するかを見る便利な方法が得られた。結果は、双子による推定（〜０・８）に近い遺伝率推定で、ＧＣＴＡ法よりも優れている。この手法を試みた元の論文はオーストラリアの二卵性双生児を使って身長を調べた（身長は一般に優れた試験例と見られる。測定しやすく、遺伝する成分が大きいと思われるからだ）。われわれは社会経済面に表れる結果についてもスウェーデンの二卵性双生児サンプルから得たデータで同じことをした（合衆国のきょうだいによるデータ集合にはまだ十分な事例がない）。ここでも私たちは遺伝子の魔物をやっつけることはできていない。教育の遺伝率は二五パーセントで、双子による推定よりは低いが、GCTAよりは高い。

付録4　エピジェネティクスへの切替えと、足りない遺伝率にとっての役割の可能性

足りない遺伝率の理論には、他に、エピジェネティック・マークもやはり遺伝され、表れる結果の多様性を説明できるのではないかというものもある。エピジェネティック・マークはDNAやDNAが保存状態にあるとき（ヘテロクロマチンの形をなしているとき）巻き付くタンパク質（ヒストン）に付着する化学物質で、遺伝子の発現を調節する――つまり、遺伝子の産物（ふつうはタンパク質）を生産するために、RNAがいつ、どこでDNAから転写されるかを決める――いくつかの機構の一つだ。メチル基（CH_3）はCの後にGが続いているところにはどこでもDNAに付着できる。そのようなCpG部位（pは縦に並ぶ塩基と塩基をつないで結合材となるリン酸を表す）は、遺伝子の調節領域、つまりコード領域（転写される部分）が始まる前のプロモーター領域とイントロン（コード領域の中にあって、RNA段階でカットされる部分）に不釣り合いに多くある。[★1] メチル基がCpGのCに付着すると、関連する遺伝子が転写される確率を下げる傾向がある（メチル基は遺伝子の機能のスイッチを切る）。CpGアイランド――大量のCにGが続く領域――をなすと、調

節ホットスポットを生む。メチル化は実に安定したマークで、Cの脱アミノ（Uに転換されるので、細胞の分子機構に問題を引き起こす）を防ぐ助けになる。メチル化したCから突き出たメチル基はスピード制限用の道路のでこぼこのようなもので、DNA転写機構が鎖を進んで仕事をするのを難しくする。かくて、高度にメチル化した遺伝子は抑止される傾向にある。

各細胞——神経細胞でも骨細胞でも幹細胞でも——はすべて、個体に共通する同じDNA配列を持っているので、こうしていろいろな時刻と場所で遺伝子のスイッチを入れたり切ったりすることが発生を左右することになる。つまり、組織の分化——ある細胞は爪になり、ある細胞は神経細胞になる——を指揮しているのは、（転写因子勾配、つまり重要な遺伝子を活性化するタンパク質の濃度差のような他の因子とともに）メチル化やヒストンアセチル化のようなエピジェネティック・マークなのだ。メチル化は生物が生きている間に増加する傾向があるが（組織や人の「本当の」年齢を、年代的年齢とは別に確認するためのエピジェネティック時計を考えた研究者もいる）、環境の変化にも反応する（たとえば図A4・1）[★2]。

妊娠したマウスにストレスがかかると、その子が生まれるときにはグルココーチコイド受容体遺伝子のプロモーター領域のメチル化したところが多くなる傾向にあるという、よく調べられた現象がある。グルココーチコイド受容体は視床下部でコーチゾル（主要なストレスホルモン）放出のオフスイッチとして作用するので、子は生まれるときにオフのスイッチが少ないことになり、ストレス反応が高まっている傾向がある。つまり、その子はずっと警戒心過剰になる。母は子に、おまえたちはストレスの多い世界に生まれるので、生き延びるには警戒心を高めておくのがいいという事実について、生化学的に情報を伝えているのだ。しかしそうした警戒心過剰には、長期的には代償もある。メチル化は安定しているが、突然変異の

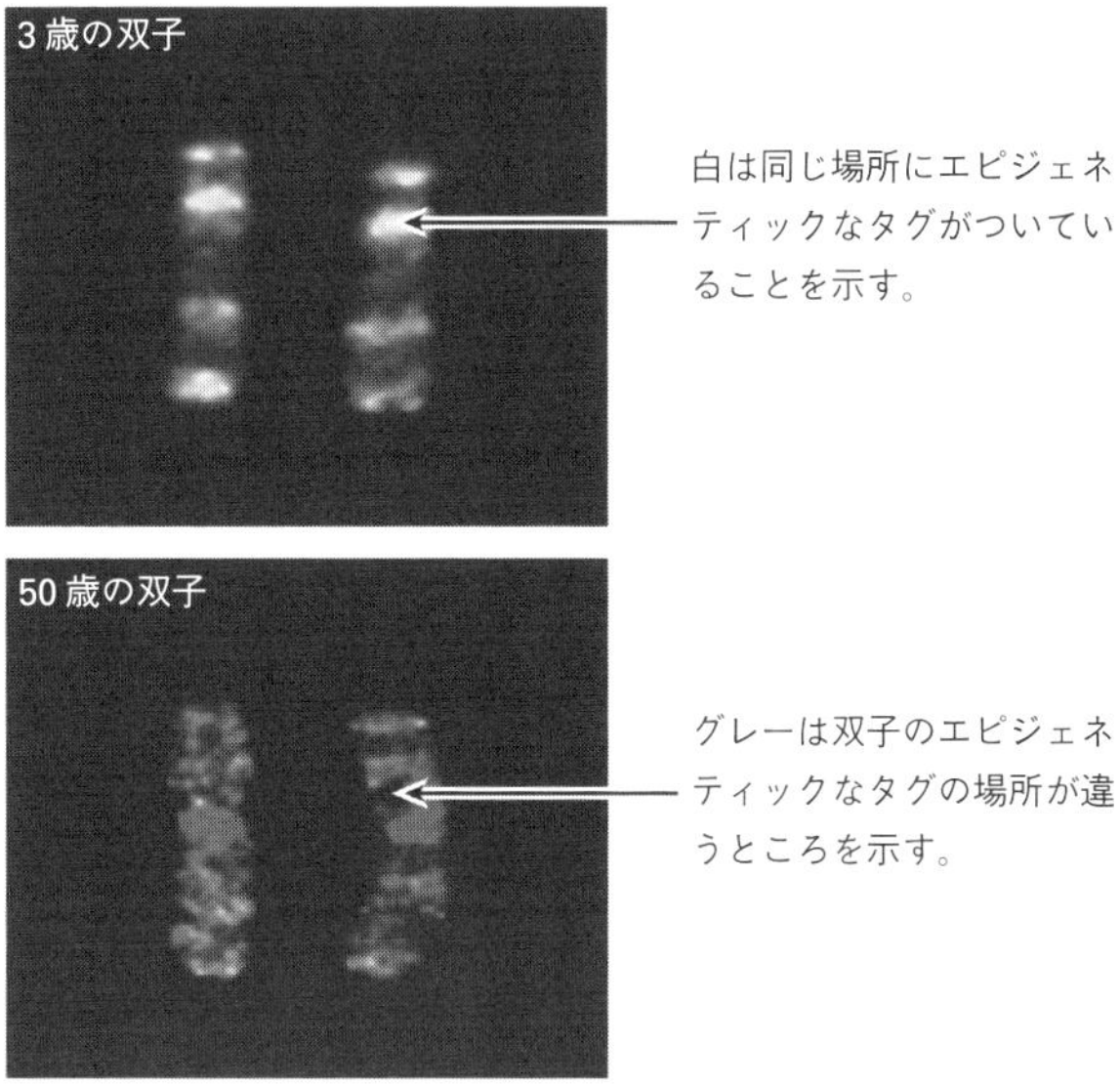
3歳の双子
白は同じ場所にエピジェネティックなタグがついていることを示す。
50歳の双子
グレーは双子のエピジェネティックなタグの場所が違うところを示す。

図A4・1　M. F. Fraga *et al.* Epigenetic differences arise during the lifetime of monozygotic twins. *Proceedings of the National Academy of Sciences* 102, no. 30 (2005): 10604–10609より。Copyright (2005) National Academy of Sciences, U.S.A. 出典——http://learn.genetics.utah.edu/content/epigenetics/twins/　双子のそれぞれの3番の染色体対がデジタル画像で重ね合わされている。50歳の双子は3歳の双子よりも別々の場所でのエピジェネティックなタグが多い。

ような恒久的なものではないので、子ネズミが養子に出され、いつも子を舐めたり毛づくろいする穏やかな母親の許に預けられると、このマークは消え、コーチゾル濃度は下がり、子のマウスも落ち着く。メチル化は短期的な反応ではなく、中長期的なものだ。上司に怒鳴られるというストレスのかかることを一度経験したからといって必ずグルココーチコイド受容体がメチル化するわけではないが、毎日毎日繰り返して同僚にこき使われれば、エピゲノムに変化が生じるかもしれない。

エピジェネティック・マークは世代をまたいで継承できると考える人々もいるので、このエピジェネティクスの仕組みへの回り道は、ぐるっと回って足りない遺伝率の問題に戻ってくる。

そのとおりだったら、エピジェネティック・マークはたいてい測定されていないのだから、遺伝率が大きく足りないのも意外ではないだろう。私たちはふつう、遺伝子多様体は測定するが、そのスイッチがオンかオフかは測定しない。そのような大規模で環境に誘発されたエピジェネティックな継承が本当なら、分子生物学には巨大な革命となるだろうし、ジャン＝バティスト・ラマルクは生物学の神殿に完全復活を果たすことになる。

すなわち、エピジェネティックな継承は、発生に対する環境の影響が次世代に伝わることができるという説を復活させることになる。メチル化というエピジェネティック・マークは有糸分裂――一つの細胞が二つに分裂するとき――では保存され、継承される。しかし、精子や卵子という生殖細胞を作る減数分裂では、エピジェネティック・マークはＤＮＡから消去される。これは生殖細胞にとっては死活問題となる。受精した接合子は、万能の幹細胞にならなければならない〔最初の状態になっていなければならない〕からだ。つまり、新しい細胞は骨細胞でも白血球でもその他でも、あらゆる種類の細胞の母なので、体内のどんな細胞にもなれる必要がある。つまり、エピジェネティック・マークの継代的記憶がありうるには、そうしたマークが選択的に、不完全に消去されるか、その復元に関する適切な情報が、マークそのもの以外の何らかの仕組み――言わば、エピ・エピジェネティックな〔「エピ」は「副」といった意味の接頭辞〕機械の中の幽霊、つまり遺伝子コードの継承に平行する情報伝達システム一式――を通じて伝わらなければならない。そのような仕組みが存在していたとしても、私たちはまだそれを見つけていない。それほど大がかりなピタゴラ装置なら、かけらでも見つかっていてもよさそうなのだが。

そのようなメンデル遺伝学に反する例の一つに、ゲノム刷り込み《インプリンティング》と呼ばれる過程がある〔片親起源効果とも呼ばれる）。人間にある遺伝子のうち少なくとも三〇は、刷り込みの兆候を示している。これはどちらか一方の親から受け継いだ遺伝子のコピーのみが発現するということだ。つまり特定の遺伝子については二つのコピーを得るかもしれないが、当の体では一方だけが上演される。刷り込まれた遺伝子の多くは子宮で発現し、そこでは進化上の利益を父と母が争う戦いが行なわれる。父は、また母を妊娠させられるかどうかわからず、この子が母親の長期的な生殖資源を犠牲にしても（母親が産む次の子は自分の子ではないかもしれないので）、できるだけ丈夫に、大きく育つことを望む。しかし母親は胎児に巨大な代謝的投資を行なうが（古くから、子ども一人のために歯一本を失うと言われるほど）、この特定の父親との子がだめだったときに備えて、生殖資源の一部を残しておきたい。このバトルロワイヤルのほとんどは胎盤で行なわれる。そこは母親の遺伝子型ではなく、子の遺伝子型になっている。★3

しかしゲノム刷り込みはそれでは終わらない。★4 脳のある領域では、父親の遺伝子の方が余計に発現するが、別の領域では母親の遺伝子の方が余計に発現する。★5 あなたの父母は、文字どおりあなたの頭の支配権をめぐって戦っているのだ。刷り込みが機能するためには、子の脳はどの遺伝子（あるいは染色体）がどちらの親のものかをおぼえておく方法が必要で、したがってそうするための仕組みがなければならない。興味深いことに、これまでのところ、祖父母効果を示す証拠はない。母親は母系の刷り込まれた遺伝子の一方を自分の母親から、他方を父親からもらっているが、それを子に伝えるときには、それが自分が使わなかった（父親の）ものか、母親からもらった試験済みのものかは問題にならないらしい。つまり、刷り込みについては、継代的な列車は二つの駅にしか止まらないように見える。

刷り込み同様気になる、環境情報がエピゲノムに書き込まれて世代をまたいで伝えられる能力は、複雑さがさらに桁違いだ。あらためてグルココーチコイドとストレスの例を見ると、この細胞は、刷り込まれた遺伝子でなくても、親が経験する環境によって、グルココーチコイド受容体をメチル化することを知っていなければならない。子の細胞は、それを行なう場所が視床下部であることを知っていなければならない。メチル化は細胞の型、場所、時期に固有のものだからだ。そのような記憶には、DNAそのものよりもさらに複雑なコードが必要となるだろう。継代的記憶があれば変化する環境では非常に有益かもしれないが、進化の視点からすると、非常にコストもかかるように見える。もっと現実的なのは、重要ないくつかの遺伝子が親の環境の影響を受けることがあるとすることだろう。

少なくとも一つのマウス研究が、そのような環境情報を世代を超えて伝え、それがエピジェネティックな特徴を通じて見られることを示したと説いている（エピゲノムでの親と子の相関を示すだけでは十分な証拠にはならない。両者は環境だけでなく遺伝子型も共有していて、それがメチル化に影響するからだ）。この実験では、雄のマウスがショックと対になった臭いをかがされる。その結果、臭いをかがされると特有の身動きできなくなる行動となる――パブロフの犬が、餌が出るときに鳴っていたベルの音を聞いてよだれを出すようなものだ。この行動的反応は、鼻の組織にある特定の臭いに対する受容体を発現させる遺伝子上の一定のメチル化状況に関連していた。

条件付けがすんだマウスをふつうの条件付けられていない雌と、臭いはかがされたものの、ショックとは関連がついてない（したがって同じエピジェネティックな特徴は示さない）雌の両方と交配させる。その子は父親と同じ組織の位置（つまり鼻）にある受容体をコード化する遺伝子について、同様のエピジェネティックな特徴を持つらしい。そしてもっと重大なことに、条件づけられたマウスの子は、父親が条件付けられた臭いに同じ反応を示すらしい(程度は弱いが)。母親ではなく父親が用いられるのは、母親には、子宮の状況や卵子にどんなRNAがあるかなど、情報の伝え方が他にもいくつかあるからだ。父親のRNAが精子の頭や尻尾を通じて受精卵に入り込むことはありうるかもしれないが、比率としてはごくごく少ない。★6

このような研究は刺激的で、伝統的な遺伝のダーウィン的モデルで含意される、遺伝子/生物学から社会的行動への一方通行の矢印に悩んでいる社会科学者の意欲をかきたてる。もし研究者の説が実際に正しければ、社会環境はやはり重大な役割を演じているし、私たちは過去の世代の(少なくとも一世代前の)傷跡が子に現れるのを見ているのかもしれない。社会科学者はエピジェネティックのバンドワゴンに雪崩を打って飛び乗っている。社会環境を原因とし、生物学を結果とする話の方がずっと落ち着くものだからだ。

実際、祖父母の環境条件と孫に表れる結果との相関を示す研究も多い。しかしそうした研究は実験ではなく、祖父母の代の社会面に表れた結果が親の世代の環境を決め、それがまた孫の世代の表現型に影響するという説明の方が成り立ちやすい。言い換えれば、社会文化的、経済的な継承の方が作用している可能性がずっと高い。そしてマウスの嗅覚研究に関しては、まだ追試が必要だが、多くの学者は、この結果について懐疑的だ。それでも、世代をまたぐ情報伝達についてはいくつもの経路が知られている。エピジェネティック・マークの不完全な消去(刷り込みの仕組みと考えられる)とその再構成がある。母親も卵子にpボディの形(貯蔵目的できつく詰め込まれている)をしたRNAや、piRNAと呼ばれる短いRNA、脂肪酸、プリオン(BSE(牛海綿状脳症)で有名)など、大量の分子を蓄えている。こうしたものはエピジェネティックな消去と再構成を導いたり、逆に子の表現型に直接影響したりすることができる。そしてもちろん、栄養とホルモン濃度(その一部はストレスに関連する)によって、母親はつねに子宮の子と、これから出て行く世界で待ち受けている環境について、連絡をとっている。父親さえ細胞核DNA配列以外の情報を提供することがある。精子の尻尾（そこには父親のミトコンドリアや精子に関連するタンパク質が含まれている）がある程度受精卵に貫入することが知られているからだ。

ここに述べた経路はすべて、継代的効果というより、世代間効果を表している。重なり合う世代の（世代間の）能動的な化学的連絡によって直接媒介される作用と、コミュニケーション（化学的あるいは文化的）では再構成されない、複数の重なり合わない世代の（継代的）効果との区別だ。母親の場合には、その娘の卵子は娘がまだ子宮にいるときにできるので、本当の、継代的効果を見ているとことを確実にするには、曾孫《ひまご》まで行く必要があるだろう。父親の場合には、孫の世代にそれを見る必要がある。

植物での研究では、環境が誘発した何世代も残る結果の証拠が見つかっている場合が多い。[★7]どこかで継代的効果を発見することになるとすれば、植物界を見るべきだろう。植物はふつう固着性で、多くの種では、種子の拡散は限定された範囲にとどまるからだ。つまり、先祖の植物が環境について子孫に情報を伝えることができれば非常に有益かもしれないということになる——少なくとも、移動して別世界へ行くことが多い動物と比べれば。しかしこうしたことさえ異論の余地があり、追試の結果もまちまちとなっている。人間に基づく研究の中でもよくできているものを取り上げると、その理由を明らかにする助けになるだろう。

スウェーデンのエーヴェルカーリクスで、一八九〇年、一九〇五年、一九二〇年に、異なる栄養状態で生まれ（記録が残っている）、行動（喫煙など）も様々だった三〇三人の人々の子孫が一九九五年まで追跡された。人間について、祖父の環境条件の継代的効果があると説く典型的な研究では、段階ごとの文化的伝達の可能性を排除することはできない。たとえば、一九四四年のオランダ飢餓の冬という、ナチの占領のせいで食糧が不足したときにお腹に子どもがいた人々の孫は、後年、心臓血管系の病気にかかる率が高くなっている。しかし、これは子どもの食事の好みに対する作用——子宮にいたときの不足を「埋め合わせる」ために飽和脂肪酸が多い食品に貪欲な食欲をもったなど——のせいで、それが朝食のテーブルに着くその子に文化的に伝わるのかもしれない。エーヴェルカーリクスでの研究の説得力を増しているのは、全面的に父系を通じて測定されているのに、伝達が孫の性別に固有だったことだ。★8

言い換えると、父方の祖父自身の状態は孫娘に影響するが、男の子には影響しない一方、父方の祖父の周囲の状況は男の子の孫に影響する。要するに、こうした作用は一本のパイプライン——父親——を通じて進むので、文化的継承の差のせいにはできないということだ。もちろん、それは文化的継承がどう機能するかに関する非常に単純な概念に依存する。祖父母が孫とつきあいがあって——親が共働きのときには多くの文化でよくあること——それに性別による違いがあったらどうなるだろう。あるいは、父親が息子と娘の扱いを、自身が受けた扱いに基づいて変えていたらどうなるだろう。家族は単純なコピー機ではなく、ピタゴラ装置のような仕掛だ。

魔法の杖をふるって文化的な差を消去できたとしても、エピジェネティックな伝達経路を分離しようとする試みが紛らわしくなるような機構は他にもある。たとえば、エピゲノムはだいたいゲノムによって決まることはわかっている。また、どの精子とどの卵子が生きて生まれる子（さらには成長して孫を生めるようになる子）を生み出すかは、まったくのランダムではないこともわかっている。たとえば、子宮でのストレスは流産の率を高め、男児の方がストレスに敏感で、ストレスがかかる状況——戦争や自然災害など

――の後では、生きて生まれる子の比率が女児の側に偏ることになるのは前々から知られている。★9 一定の状況では、他よりも生き残りやすい丈夫な遺伝子型というのがあるとも考えられている。つまり、植物でも動物でも、どんな複数世代にわたる効果も精子競争と淘汰による生存のせいだということもありうる。

かくて、実験的に環境を操作して、どの子がどの子と交配するかを制御できたとしても、やはり遺伝子型について微妙な選択をしていないとは言い切れないだろう。これは人間についてだけでなく、実験動物や植物にもあてはまる。私たちが本当に必要としているのは、遺伝子型を全面的に一定にしておくための、双子、あるいはクローンの集合だ。戻し交配をした同系実験動物はこの理想に近づくが、もちろん人間では――膨大な数の双子を捕まえてきて、交配と環境を何代にもわたって操作するマッドサイエンティストでもいなければ――それはありそうにない。かくて、祖先が受けた環境の衝撃が今日のエピゲノムに書き込まれているかどうかがわかるまでには、長い時間がかかるかもしれない。継代的効果の問題については、今後も注目しておこう。

他方、そのようなラマルク的遺伝が実際に生じるとしても、それはおそらく足りない遺伝率の説明にはならないだろう。遺伝率推定はたいてい、双子に基づくモデルかＧＣＴＡによるものだったことを思い出そう。一卵性双生児も二卵性双生児も子宮環境や母親からの連絡は共通だ（二卵性双生児は胎盤は別だし、一卵性双生児は一つを共有することもしないこともあるが）。子が子宮にいるとき、あるいはそれ以前に母親が（あるいはその母親が）ストレスを受けると、その影響が二卵性双生児にも一卵性双生児にも伝わるのが見られるはずで、すると二卵性双生児より一卵性双生児の方が似ているという、遺伝率推定の土台になることの説明にはならないだろう。同様に、継代的なエピジェネティック効果がＧＣＴＡモデルで遺伝率として現れるなら、それは何度も（八回超）減数分裂をしても残る必要があるだろう。そのような分析では、それこそが「無関係な個人」のプールがどれほど遠い関係にあるかということだからだ。植物の間でさえ、最も持続力のある影響でも、せいぜい四世代か五世代までしか現れない。

養子調査でエピジェネティックな筋書きが遺伝率推定を膨らますこともありうる。この場合、遺伝率は生物学的な親子相関に基づいている。しかしここではエピジェネティクスは最も小さい問題だ。出生前の状況は、そうした関連を自然の遺伝的なものと解釈することになる可能性の方が高い。同様にして、付録3で取り上げたきょうだいIBD法も、メチル化のみが異なる対立遺伝子がゲノムのIBD部分について分離しているなら、エピジェネティクスを拾っている可能性は理論的にありうる。もちろん、こうした様々な方式は、ある程度同じ遺伝率推定に収束するので（GCTAは低くなりがちなので例外だが）、エピジェネティクスは測定された遺伝子効果と相加的遺伝率全体のギャップを埋めそうにはないという結論になることは忘れないようにしなければならない。

付録5　合衆国の人種的不平等に対する環境の影響

もちろん、現代の合衆国での人種的不平等を捉える対策に終わりはない。すでに見たとおり、アメリカで人種を定義することさえ、明瞭で単純な仕事ではない。そうだとしても、非ヒスパニック・アフリカ系アメリカ人と、非ヒスパニック白人とを対比して、現代アメリカでの人種的不平等の範囲を明らかにする統計学的調査を検討しておくべきだろう。以下はアンケートでの自己認識と、行政のデータ集合に基づいている。★1

黒人と白人を比べると、黒人の学士号取得率は白人の半分程度であることがわかる。おそらく少なからぬ部分は教育格差のせいで、アフリカ系アフリカ人は白人に比べて失業率が二倍あり、就業中でも、専門職や管理職に就いている割合は半分にすぎない。平均すると、白人が一ドル稼ぐ間の黒人の稼ぎは七〇セントになる。こうした教育や労働市場での不平等な結果がもっとはっきり表れることに、アフリカ系アメリカ人の富（純資産）は白人の一〇分の一未満となっている（この差は黒人と白人を同じ所得水準で比べると小さくなるが、なくなりはしない)。こうした社会経済的な差に加えて、家族構造、健康、学業成績などに表れる結果でも巨大な格差がある。[★2]

私たちが観察する大きな人種格差には、成り立ちそうな説明がいくつかある。文化の面あるいは経済の面で、過去の人種抑圧の伝統が残っているかもしれない。研究からは、親の教育や財産のレベルが似ている家庭出身の黒人と白人を比べると、学校と労働市場でも同様の結果になることがわかっている。[★3]その場合、黒人の財産と教育水準が白人に追いついて、格差が完全に狭まるのは時間の問題――世代的な時間とはいえ――にすぎないかもしれない。問題はギャップが狭まりつつあるわけではないことだ。教育面では、両性の話となる。黒人女性は白人女性に対してはある程度の前進を続けているが、黒人男性は教育制度でも労働市場でも停滞を続けている。財産についての話はますます愕然《がくぜん》とする。黒人と白人の財産格差は今の方が以前よりも大きい。するとこの方面で進歩がないことを何が説明するのか。

保守派は合衆国の黒人が――またこちら側へ来ようとしなかった他の少数《マイノリティ》集団が――多数《マジョリティ》集団よりも境遇が悪い理由を自滅的な抵抗土壌が説明すると論じる。この理論は、成功の主流に追随することが「白人を演じる」と見られるということだ。そのような行動は抑圧する側の文化習慣を採用するということなので、黒人や他の少数集団は学業成績に(また他の中流の白人的価値に)反抗して、貧困や「かつかつ」といった自滅的な風土に至る。最初は人類学者ジョン・オグブに紹介された、この対立文化論は、社会経済的な繁栄の点での自発的移民の成功と、非自発的移民の失敗をともに説明する点でエレガントだ。[★4]自発的にこの国にやって来る人々は、社会の支配的な制度を能動的に取り入れる――アジア系アメリカ人――が、征服された人々(先住民や中央アメリカ人)や、鎖につながれて連れて来られた人々(アフリカ系アメリカ人）は、反抗的な方向に進む。この理論は第一世代のアフリカ人あるいは西インド諸島の移民（自発モデルにあてはまる）の成功を説明するが、アフリカ系アメリカ人経験を特定し、自らをそう特定するようになるときの、その後の世代の下方への動きも説明する。そのような文化的説明には、鍵になる因子として貧困の集中（移民の地位よりも）に注目するものなど、様々な風味がある。

リベラル派はそのような理論を、それは被害者を責めるもので、社会にある差別や人種的偏見に注目すべきだと論じる。その見解によれば、不平等を生み出す力学の一部は人種に無関係な起源があるかもしれないが、結局は差のある影響を持つことになる。たとえば人々の就職のしかたを考えよう。ほとんどの職業にとって、雇用はいきなり行なわれるわけではない。つまり、首尾良く就職した人はたいてい、求人広告を通じて会社にやって来たのではない。むしろ、社会学者のマーク・グラノヴェッターが一九七三年に示したように、条件の良い職を得るのはたいていコネによる。[★5] そしてコネならなんでもいいわけではない。肝心なのは弱いつながり――自分と友好的だが必ずしもそう頻繁に会うわけではない（知り合い）――だ。そうしたコネが、近い友人や家族が提供しない新しい情報を提供してくれる。ふつう、近しい友人が知っているような情報は自分でも知っているのだ。雇用者側からすると、いろいろな理由で、まったく知らない人よりも、今の従業員によって推薦される人を雇うのは筋が通る。まず、雇用者は従業員の友人について情報を多く持っている。従業員と事前面接のようなものを行なうこともできる。第二に、当の従業員の評判がかかっている。新人がまったく使えなかったら、それは紹介した人のせいにもなるので、友人を紹介する方も、実際に使えると思うような人だけを推薦しようという気になるだろう。さらに、誰しも自分たちと文化的に似た人と働きたいと思うし、それを保証する最善の方法は、すでに自分たちの社会的ネットワークにある人物を雇うことだ。こうした根拠はどれも筋が通るが、それは――察しがつくとおり――人種による職業の組織的な分離になり、既存の不平等を強化する。まさしくこの理由によっていくつかの業界――たとえば公的機関のように――では、公務員試験のような、採用のためのきわめて形式化された、人種がわからなくする方式が存在するのだ。するとたぶん、黒人がそうした部門の方に勤めていることが多いのは意外ではない。

　加えて今日の社会では、少数集団にその可能性を認識できないようにしている、意図した人種差別が現に進行している。数々の研究が、現代の差別が人種による雇用格差の鍵を握る因子ではないかと見ている。履歴書の他は同じで名前だけを黒人名と白人名にした実験では、面接に呼ばれる人の数は黒人が白人に比べてはるかに少なかった。[★6] 同様の監査・通信研究が、求職者の面接、住宅購入者、さらには自動車修理工の言葉についても行なわれている。[★7] 黒人風の名は学校での子どもにも不利になっている――本人のきょうだいと比べてさえ。[★8]

　そのような意図的な差別は公然のものであるか、統計学的なものであるかいずれかでありうる。つまり、雇用者（不動産会社、教師）がアフリカ系アメリカ人などの少数民族に本能的な（たぶん無意識の）反応をしたり、単純につきあいたがらなかったりという社会心理学的な力学によって動いているかもしれない。実は、暗黙のバイアスとも呼ばれる無意識のバイアスがどれだけあるかを調べようとする研究では、白人だけでなく当の黒人も人種的な固定観念を内面化していて、回答者が黒人を恐怖、不快などの否定的な感情と結びつけるようになると見ている。[★9] そのような無意識のバイアスは、概念、単語、顔などをマッチさせてボタンを押すという作業で回答者の反応時間の違いをマイクロ秒単位で測定する、潜在的連合テスト

(Implicit Association Test ＝ ＩＡＴ）で測定される。被験者は黒人の顔が肯定的な属性と組み合わされていると反応が遅くなり、黒人の顔が否定的な属性と組み合わされていると反応が早くなり、白人の顔については逆になる傾向がある。

意識的／無意識的な不合理な感情が、経済活動での実際の影響を伴う行動をどの程度動かしているかはわかりにくい。こうした不合理な否定的固定観念の破壊的な力は、文化の対立の力と同じく、それ自体が独自の現実を生み出せるという作用をする。このことが明らかになる有名な例が、一九六〇年代の古典的な研究「教室のピグマリオン」[★10]で、研究者が教師に、クラスにいる誰か（ランダムに選ばれる）が、新しいＩＱ検査で優秀という結果が出たと伝える。その後の一年で、その「選ばれた」子は、実際の認知能力が選ばれなかった子に比べて上回ることが明らかになった。もちろん、秘密の非優秀者選抜検査という話はなかった。教師（や親など）がこうした子を神童だと思う単純な「後光《ヘイロー》」効果で、その子は別の扱いを受け（その結果たぶん行動も変わり）、それが現実の有利さになった。同様にして、クロード・スティールとジョシュア・アロンソンは、黒人の生徒に当の黒人についての否定的な固定観念を教え込み（人種間の検査スコア格差についての発表を読んで聞かせるなど）、それからＳＡＴのような試験を受けさせると、アフリカ系アメリカ人の受験者による処置群（否定的固定観念を与えられた）の成績は、対照群より有意に悪かった[★11]（同様の効果は白人とアジア人、数学についての女性と男性という軸についても明らかにされている）。つまり、私たちの不合理な信条がその通りの現実を生み出し、それが論理的に見えてくるのだ。

個人が公然と人種的偏見を表明することが社会的に受け入れられなくなり、調査では人種差別的姿勢は一九六〇年代以降、顕著に衰えていることが示されているが、そのような傾向が、本当に「心の変化」を示しているのか、それとも単に人種差別的な回答者も非難されないようにその本心での見方を隠しているだけなのかは、社会科学者にも定かに知るのが難しくなっている。[★12] これは調査を行なう研究者には「社会的望ましさバイアス」と呼ばれている。もちろんそれは人種に限られることではなく、ジェンダー差別はもちろん、肥満に至るまで、何らかの非難される問題に広げられる。

政治的公正《ポリティカル・コレクトネス》と真の人種的調和とを区別する方法はいくつかある。一つの方法は、先にも触れた潜在的連合テストだ。選挙結果というのもある。そしてそうした方法はバラ色の絵を描く。確かに私たちアメリカ人は黒人の大統領を選んだが、もっと重要なことは、世論調査で予測された通りの僅差で選んだというところにある。アンケートに基づく政治的支持の計算結果と実際の投票結果に大きな差があることに政治学者が最初に気づいたのは一九八二年、トム・ブラッドリーという黒人のロサンゼルス市長がカリフォルニア州知事選に、共和党の白人候補、ジョージ・デュークメジアンを相手に立候補したときのことだった。[★13] 世論調査では投票日までブラッドリー有利で進んだが、ブラッドリーは敗れた。同様のことは一九九三年、ニューヨーク市長選でのデーヴィッド・ディンキンズとルディ・ジュリアーニとの選挙戦でもあった。世論調査は間違っていた。

こうしたことは社会的望ましさのバイアスが逆襲している例だ。調査する側は有権者に質問し、何らかの答えを得る。しかし有権者は仕切られた記入台で選択し、本心を投票する。おそらくこれは、悪意のある人種差別主義者が世論調査には自分の本心を偽ることを伝え、投票日にはざまあみろと思いながら投票所へ行くということではないだろう。むしろ、黒人候補を支持することの方が、白人候補を支持するより「角が立たない」ことによる無意識の作用である可能性の方が高く、選挙戦の結果としての投票ということになると、少数集団候補支持層の得票は少なくなるのだ。あるいはもしかすると、人々は様々な「問題」を秤にかけて、最後に気を変えるのかもしれない。

興味深いのは、米議会や州議会での少数民族代表が——黒人大統領の登場にもかかわらず——とくに急増しているわけではないが、ブラッドリー効果は衰えているように見えるところだ（あるいはもしかすると、新しい研究が示唆するように、とくに目立つ事例以外には、この効果は実はなかったということかもしれない）[★14]。投票日前の世論調査は、黒人候補が非黒人候補に対して不利な場合には正確になる傾向がある。オバマの僅差の勝利はネイト・シルバーが予想した通りだったし、元マサチューセッツ州知事デヴァル・パトリック（アフリカ系アメリカ人）についても同様だった。他方、テネシー州上院議員選挙での民主党（アフリカ系アメリカ人）候補のハロルド・フォードは敗れたが、世論調査でこの差で負けると言われていた通りの負け方だった。たぶん、一九八〇年代も今も、寛容な方の人種的姿勢が政治的公正バイアスの大きな成分だが、回答者は自分が信じることを言うようになっているらしい——少なくとも選挙期間中は。もちろん、偏見に満ちた見方を公然と表明してもまったく気がとがめないという人も多い——ドナルド・トランプのように。

別種の社会心理学的な基盤のない労働市場差別——学者が統計学的差別と呼ぶもの——が作用しているのかもしれない。たとえば、雇用者は他のこと（たとえば履歴書に書かれていること）がすべて同じなら、アフリカ系アメリカ人は、学校での分離や地域間の不平等のせいで、白人候補に比べて教育の質が低いと想定することがある。良い学校へ行く方が技能水準が高いことを意味すると、採用担当者は推論する。この種の根拠は「統計学的差別」と呼ばれる。それに陥っている人は、アフリカ系アメリカ人に否定的な個人的感情を抱いているわけではなく、ただ集団間の統計学的差異について知っていることを用いて（アフリカ系アメリカ人の行く学校は平均して白人より良くない)、アフリカ系アメリカ人応募者はふつう、一般の白人応募者にくらべて質が落ちる(生まれつきの性格のせいではなく、学校が劣っているから)と推論する。[★15] やはりこれは一種の制度的な人種差別で、既存の職業的不平等が、効率化のためにすべきこと(優れた従業員になる可能性が最大の人を雇う)をする「システム」によって恒久化される。白人が共謀しているわけではないが、既存の不平等を乗り越えるための大きな努力もない。労働市場に表れる結果が悪くなると、黒人の暮らす区域はさらに貧困になり、その子どもが行く学校も質が低くなる。カート・ヴォネガットの永遠の言葉を引けば、「そういうものだ《ソー・イット・ゴーズ》」。[★16]

付録6　インピュテーション

『ベルカーブ』が書かれたのはゲノミクス革命以前のことなので、当時は人種、IQ、遺伝学の相互作用を調べることによって立てられる問いに答えることは可能でさえなかった。しかし今日ならできるかもしれない。第2章で論じた教育についてポリジェニック・スコアを取り上げ、『ベルカーブ』でのIQと入れ替えたらどうなるだろう。黒人が(平均して)この面で白人よりもスコアが低いとしたら、教育や認知能力の点で人種的差異が実際にあることの遺伝子的基礎があることを言っているのかもしれない……のか?

まず、現時点でこのスコアは、白人の間での教育あるいは認知能力の分散のうち、六パーセントを予想する。つまり、四〇パーセントが遺伝によると考えられているIQの代理としては非常に貧弱だ。IQの遺伝による分散の残りの三四ポイント分は、観察されている六パーセントとはまったく別の分布に従っているのかもしれない。この可能性は、ヨーロッパ人についてはアフリカ系の人々とは別の連鎖構造があるという事実によって高まる。このスコアは、無数の国々での多くの調査にわたる何十万という人々の分析結果から計算されたものであることを思い出そう。しかしその人々はすべて白人だった。イルミナ社やアフィメトリクス社のような巨大遺伝子型判定チップ企業によって判定されている遺伝子マーカーは、人類集団には十分ありふれたばらつきの範囲にあることを示すものだ（ふつうしかじかの場所で二種類――GかTか――しかなくて、頻度が低い方の対立遺伝子が少なくとも全体の一パーセント現れるマーカー）。遺伝子型判定サービスのごく一般的な利用者は、ヨーロッパ系とそれに関連する白人なので（たとえば23andMeの顧客層の七七パーセントはヨーロッパ人で、アフリカ系アメリカ人は五パーセントしかいない）[★1]、判定チップはヨーロッパ系の集団によくある遺伝的多様性を示すマーカーを拾うよう設計されている。つまり、ポリジェニック・スコアは白人サンプルから作成されるので、アフリカ系アメリカ人に用いられると、そこで拾われるよくある多様性は比較的少なくなる。

しかしそれは問題の一部にすぎない。もっと大きな問題は、遺伝子型判定された――したがってポリジェニック・スコアを計算する元になる――マーカーは、必ずしも魔法のSNP、つまり、他の何らかのからくりを通じて脳の発達あるいは行動について生物学的な影響がある（身長を高くしたり、そうしてもっと信頼されたりするなど）単一塩基の違いではなかったということだ。むしろ大陸横断鉄道上に立てられた旗のようなもので、しかじかの領域の区画を記すために「染色体」線路上で間隔を置いて並んでいる。ヒトゲノムには三〇億の塩基があり、そのうち一パーセントが今日の人類に知られている多様性を示す。つまり、SNPに基づいて遺伝子が違うところが三〇〇〇万か所あるということだ。もちろん、そのほとんどに意味はない。遺伝子型判定に用いられる典型的なチップは、一〇〇万種ほどのマーカーを直接に測定する

（この一〇年ほどで五〇万種から増えている）。つまり、私たちが測定するヒトの遺伝的多様性はほんの三〇分の一にすぎない。

一〇〇〇人ゲノムプロジェクト（それより前のハップマップ計画と合わせて）のおかげで、この一〇〇〇万の対立遺伝子には限定されない。一〇〇〇人ゲノムプロジェクトは、世界各地の人々によるサンプルを使い、二五〇〇人について、次世代型の全ゲノム配列決定を行なった（「一〇〇〇人」というのは一〇九二人を調べた第一段階に由来する）。次世代型配列決定は、個人のDNAを増幅して、それを多くのランダムで小さな断片に切り分け、その部分を読み取る。個人のゲノムの全「原稿」（三〇億の塩基対）を得るには、二八回ほどの読み取りが必要になる。大半の多様性（少なくとも集団の一パーセントにあるもの）を検出するには、一般に四回で足りる。二五〇〇人について一人当たり四回というのは、このプロジェクトは、集団の少なくとも一パーセントに生じる多様体を拾えることを意味する。遺伝子のタンパク質のコードになっている領域については、追加の読み取りを行なって、もっと「深いところ」（つまりもっと稀少な多様体）に達する。一〇〇〇人ゲノムプロジェクトは、そのような多様性の限られたサンプルを採取する商用のチップとは違い、ほとんどすべてを取る。さらに、白人だけでなく、漢民族や、シエラレオネにいるメンデ族や、ベトナムのキン族の集団についてもサンプルをとる。

様々な研究がその分析を行なって、メタ解析の手順を通じて組み合わせたスコアに対するそれぞれの寄与を生み出すとき、測定されたSNPを一〇〇〇人ゲノムプロジェクトの足場に組み入れる《インピュート》。そうして、誰もが——どのチップを使ったかに関係なく——同じ対立遺伝子を完全にカバーすることになる（少なくとも理論的にはそうなる。中には一部の対立遺伝子がインピュートできないようなデータの欠落や別の変動があるかもしれないからだ）。インピュテーションは線路沿いに立てられた旗を使い、その周囲の多様体について、特定の単数体遺伝子型（一緒に移動するＳＮＰ群）との合致を通じて、推論を行なう。そこで1番の染色体上の10番の位置（鎖の一方の端から10番めの塩基）で、イルミナ社のチップがＣかＡかの違いを測定するとしよう。１０００番の位置には、同じチップがＴかＡの違いを測定する。インピュテーションの足場――10番と１０００番の間の位置の配列決定――は、意味のある違いを示す半ダースほどの他のマーカーを見せるかもしれない。

つまり、ＤＮＡのこの区画については、サンプルの1番の染色体それぞれについて、10番と１０００番の位置で代表される、ＣとＴ、ＣとＡ、ＡとＴ、ＡとＡの四つの可能性がある。ＣとＴが、中間にある、ほとんどいつも当該の一〇〇〇人ゲノムのサンプルにある特定の中間配列、たとえばＡＴＧＧＡをくっていることがわかれば、中間にあるその多様体をインピュートして、スコア計算に加えることができる対立遺伝子の数を増やすことができる。インピュテーションは中間部をくくる二つの塩基だけに基づくのではないので、これは単純化がすぎるし、必ず一群の配列を捉えるほどきれいには動作しないが、基本的な考え方はいつも同じだ。インピュテーションの一つの利点は、チップが違っても、すべてある程度同じ位置についての情報を得られることだ。情報が増えるという利点もある。私たちが実際に中間領域を測定したとした場合よりは得るものは少ないが、わずかにでも増大する（実際、複製サンプル――結果を予測したいサンプル――にある測定された塩基に加えてインピュートされた塩基を用いることによる予測力の増加は、ヨーロッパ人集団内では非常に小さい）。

インピュテーションの国へこれほど大きく迂《う》回《かい》したのはなぜかというと、インピュテーションは民族集団内で行なわれるからだ。つまり、このスコア——他に表れる結果についての大半のスコアも——ヨーロッパ人のハップマップあるいは一〇〇〇人ゲノムのサンプルにインピュートされたデータに基づいて計算されている。アフリカの集団については単数体遺伝子型は非アフリカ系集団のものとは大きく異なるのを思い出そう。もっと特定して言えば、サハラ以南の集団については多様性がはるかに大きい。それはつまり、測定された遺伝子型がたまたまヨーロッパ人集団とアフリカ系アメリカ人集団の両方で同じ二対立遺伝子（つまりCとTがそれぞれ10番と1000番という両端の位置にある）を示すとしても、中間で捉えられる違い方は二つの集団間で大きく異なる可能性が高い。すなわち、アフリカ人集団は他に多くの、もっと変化した単数体遺伝子型をもつことになる——したがってインピュテーションはアフリカの黒人については難しくなり、不正確になる。

図A6・1はこれが実際にどう機能するかを示す。われわれの一方は、23andMeのなまデータを利用させてもらい、ランダムにrs1380994という識別子のついたSNP——8番の染色体にあるもの——を選んだ。このSNPを、一〇〇〇人ゲノムのヨーロッパ人図（実際には合衆国のユタ州出身の北欧人と西欧人の子孫のサンプル——CEUがこの集団を表す符号）を使って、8番染色体の連鎖構造内でグラフにすると、しかじかの連鎖（つまり一緒と選別される）の閾、この場合は$r^2 = 0.3$で、この旗が私たちに見通しを与える窓は、その遺伝子間の領域で四つの遺伝子と触れていることがわかる。これは、rs1380994がわれわれのポリジェニック・スコアにあれば、それは四つの異なるタンパク質コード化領域にわたる遺伝子効果を拾えることを意味する。一方、これと同じ作業を、ナイジェリアのイバダンにいるヨルバ族の人々から得た一〇〇〇人ゲノムのサンプルにある同じSNP（rs1380994）について行なえば、旗は一つのタンパク質コード遺伝子しか表さないことがわかる。[★2] アフリカ人のサンプルは多様性が大きいので、同じ手間のわりには当たりが少ない。しかもこれはアフリカの一都市にいる一部族のものでしかない。他方、アメリカ人のサンプルはおそらく西ヨーロッパと呼ばれるところの大部分に広がる民族の混合物だろう。西アフリカで同じ地理的広がりにわたる回答者のサンプルを取ったとしてみよう。この単一SNPが提供するゲノムに開く窓はさらに狭くなるだろう。要するに、SNPが伝える意味そのものが、人種によって異なり、したがって実際には比較できないということだ。

　このインピュート可能な精度がない点が、私たちが実際にインピュートされたデータを使うか、測定された対立遺伝子だけを使うかでものを言う。線路沿いに立てられた旗は、ときどき——偶然に——注目する結果としての表れにとって重要な位置に正しく立っていることがある。たぶん、アフィメトリクス社が測定するSNPの一つは、コドンにある三つのうちの1番か2番の位置に対応し、タンパク質の中央にある一つのアミノ酸を変えているのかもしれない。このタンパク質は、(体のいろいろな部分の中でも)脳の海馬領域にある重要な受容体で、アミノ酸の変化は、シナプス後神経細胞にある、それが起動するよう設計されている神経伝達物質に結合する能力に影響する。派手な効果になるだろう。測定されたSNPのほとんどはこのカテゴリーには収まらない。その代わり、何らかの形で重要な遺伝的多様性には十分に近い(そしてそのような意味のある違いはたいてい、遺伝子発現を様々な地点、様々な組織で効率の差はあれオン／オフするゲノムの調節機構にある)。

　アフリカ人各集団での遺伝的変動が大きいことからすると、そうした染色体沿いに立てられる旗は、白人集団(あるいはサハラ以南ではない集団)についてのものほど情報はないだろう。適切な「原因」SNPに

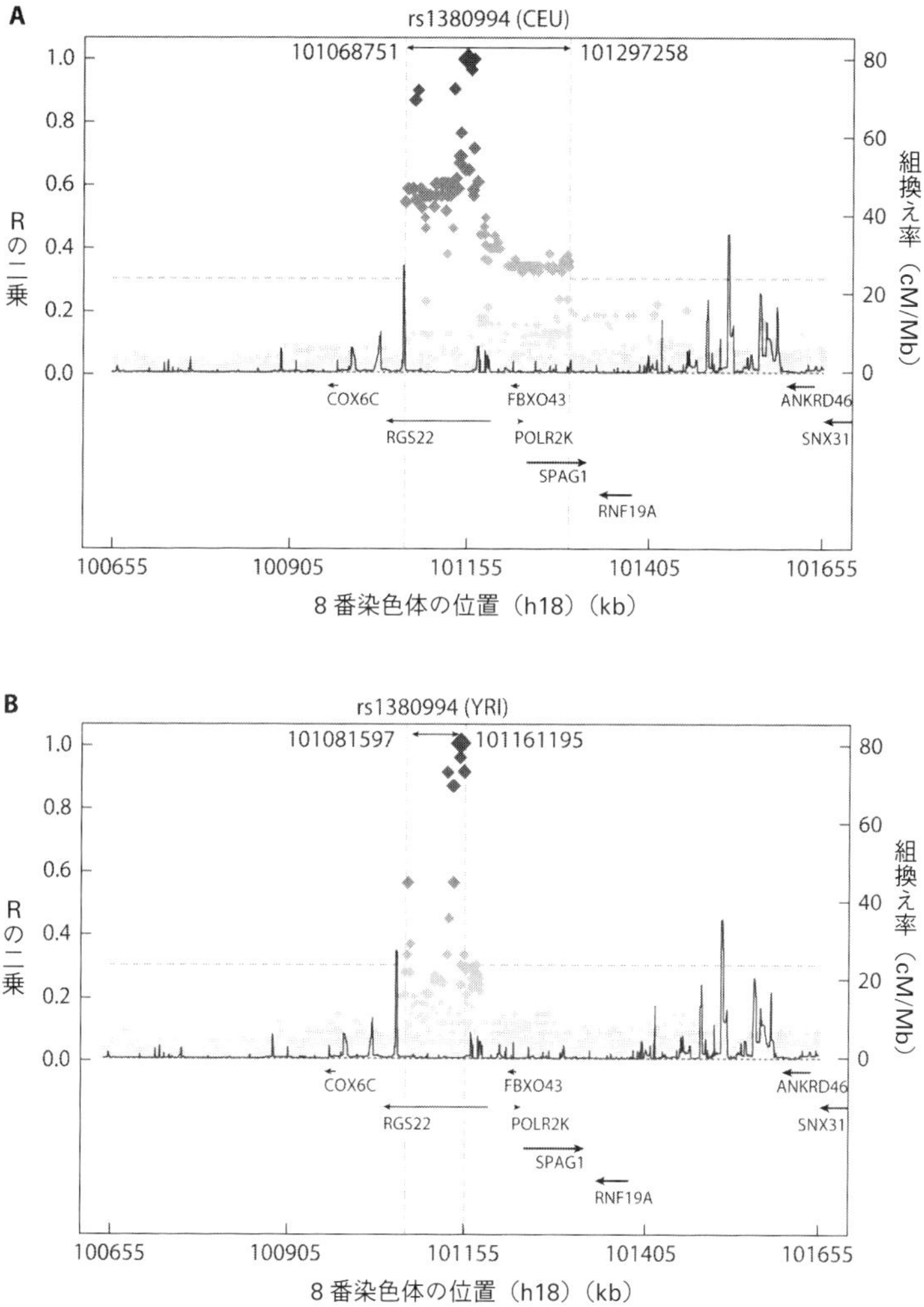

図 A6・1　あるヨーロッパ人集団とあるナイジェリア人集団についてランダムに選んだ SNP についての連鎖構造。(A) ユタ州のサンプル。(B) イバダンのサンプル。

つける印はそれほど正確でなくなる。これはインピュートする／しないとに関わらず成り立つ（そして一〇〇〇人ゲノムに現れるアフリカ人集団へのインピュテーションは、それほど効果的でなくなる。遺伝的変動が大きくなるからであり、大陸の民族集団のカバー率が、望まれるほど包括的ではないからだ）。結果は――アフリカ系の人々の集団用に考えられた判定チップを使い、アフリカ人集団についての発見分析を行ない、アフリカ人の参照図を使って対立遺伝子をインピュートしたとしても――予測力は、もっと大きなサンプルともっと包括的な遺伝子型判定がないと、もっと悪くなりそうだ。それは全面的に正しいわけではないにしても（実際、いくつかの但書きはある）、われわれの発見分析をヨーロッパ系の人々に対してそれ用に考えられたチップを用いて行なえば、そのスコアのアフリカ系アメリカ人サンプルでの予測力は弱くなるということは言える。実は、社会科学・遺伝学連合協会の教育用尺度を用いようとした人々は（あるいは身長のような、結果としての表れについてのポリジェニック・スコアでさえ）、それが黒人についてはそれほど予測しないことを見た。★3 それは身長を測るために秤を使ったり、体重を推定するために物差しを使うようなものだ。祖先集団ごとに、混合したものであれ、別のツールが必要だ。

まとめると、こうした問題はすべて、教育ポリジェニック・スコアの白人での分布と黒人での分布がどうなるかを問うて、検査スコアの差に遺伝的基礎があるという結論を出すことはできないことを意味する。それは一方の子ども集団の体重を測って、それが別の子ども集団よりも軽いことがわかると、最初の集団の子の方の背が低いと言う結論を出すようなものだ。そちらの体重が少ないのは背が低いことから生じると言えることもあるかもしれないし、そうでないかもしれない。もしかしたらいつか、こうした国を代表するサンプルにいる誰ものゲノムがすべて配列決定されると、すべての対立遺伝子に基づくスコアを構築できて、比較可能になるかもしれないが、当面、それはできない。ただできるようになったとしても、私たちが理解しようとしている根本問題に答えが出るわけではない。

いずれ私たちは、深く配列決定された、大規模な、国を代表するサンプルを得て、IQや進学に表れる結果を、相加的な遺伝成分すべて（約四〇パーセント）に近づくほど予測するポリジェニック・スコアを生み出せるようになるだろう。異なる人種集団についてのポリジェニック・スコアの共通要素にある違いさえ見つかるかもしれない。しかしそうなっても、その予測力の背後にある仕組み――内的でも外的でも――はわからないだろう。それはどうしようもない裏面だ。単一の候補遺伝子方式があれば、多様性から出てくる生物学的、社会的反応経路を調べてみることができる（それでも経路すべてを描き出すことはできず、主要な経路を特定できるだけかもしれない）。しかし候補遺伝子方式は、私たちが観察する表現型の違いを説明するにはごくわずかな力しかない。ゲノムで一文字だけが変わると大学へ行く可能性が変わるというのはありえない。対照的に、ポリジェニック・スコア法は、ゲノム全体にわたって多様性をまとめることによって、経路を理解する望みを犠牲にする。リストのトップにある遺伝子が一般的に脳で発現することがわかったとしても、それがIQに関連するかもしれないという理由かどうかは――そして他の体の部分を通じる他の仕組みではないかどうかは――わからない。やはり、多面発現は例外ではなく原則なのだ。それが脳で発現し、脳でだけ発現するとしても、それが人種化されて、私たちが社会と呼ぶシステムからの差のある反応を誘発するという事実以外の、それが認知に作用するわけではなさそうな話の口調、あるいは歩き方に関連しているかどうかはわからない。

それで私たちはどうなるだろう。アフリカの集団の間には、白人の間にあるよりも遺伝的多様性があるという堅固な観察結果から得られそうな経験的予測は、他のことが同じなら（もちろんそんなことはないのだが）、黒人の間での方が白人の間よりも身長やＩＱのような、連続的で高度にポリジェニックな形質での多様性が見られるはずだということになる。マスコミが騒ぐような平均の差異についての結論を引き出すのは難しいだろう。

実際にこうした人種や遺伝的多様性の程度についての一時的観察結果からの、何らかの実在する、測定可能な帰結が見られるところといえば、健康の領域だ。遺伝的多様性が大きくなることの非常に重大な帰結は、社会学者ジョナサン・ドーが明らかにしたように、黒人アメリカ人は、白人アメリカ人と比べて、適合する臓器が見つかりにくいということだ。★4 他人かきょうだいかにかかわらず、黒人集団内での遺伝的多様性の程度が大きくなれば、兄弟姉妹でも、白人のドナーと受け入れ側の同じ組合せについてよりも適合しにくくなる。つまり、病院の差別とか、黒人には家族の提供者がいない（家族がまとまっていないせいで）といった安易な説明では、腎臓についての待機期間の人種差を説明しきれないだろう。私たちの皮膚の奥を見て、異なる遺伝的履歴という現実を認めることによって、分子的解析は――政治的な思惑なしに行なわれれば――社会的力学の理解を増すことができる。それが最も扱いにくい、歴史的に見ても怪しげな領域、つまり人種のことであっても。

謝辞

少なくとも鍵となった三つの行事や事業が本書での二人の共同作業を準備する助けになった。第一は、われわれの友人で共同研究者でもあるジェイソン・ボードマンが運営に当たったIntegrating Genetics and Social Science Conference（IGSS〔遺伝学と社会科学の統合会議〕）。われわれ二人の初期のやりとりの一つは、今やコロラド大学行動科学研究所での第七年度を迎える学会の第一回年次会で、コンリーがフレッチャーの論文を解体することだった。このときの学会は、本書で取り上げた科学の大部分の震源となっていて、われわれはジェイソン・ボードマン、ジェーン・メンケン、リチャード・ジェサー、ならびに会議の担当職員と資金を提供されたとりわけアメリカ人口学会、NICHD、IBS、コロラド人口センターに、このような活発で熱心な（今も続く）イベントを用意していただいたことに感謝する。第二はコロンビア大学ロバート・ウッド・ジョンソン財団の健康社会学術技術事業（Health & Society Scholars Program）。フレッチャーは二〇一〇〜一二年にこのプログラムに参加し、それにより本書の土台となる研究の一部を準備する共同作業が可能になった。フレッチャーは、ピーター・ベアマン、ブルース・リンク、ゾーイー・ドナルドソンのこのときの助言、支援、関与、並びにイェール大学時代の同僚でこの研究の方向を育ててくれた、とくにポール・クリアリー、ジョエル・ゲランター、マーク・シュレシンジャーに感謝する。コンリーはニューヨーク大学生物学科に、学校に戻ってsiRNA、miRNA、piRNAの違いについて勉強させてくれたことに感謝する。また、このような格別の機会を奨励してくれたニューヨーク大学事務局、とくにデーヴィッド・マクラフリン事務局長にも感謝する。

途上では、われわれは多数の同僚、共同研究者からの助言と支援をいただいた。この研究領域での友人と共同研究者には以下の方々がいる。もちろんそれだけに限られるのではないが。ダン・ベルスキー、ダニエル・ベンジャミン、ジェイソン・ボードマン、リチャード・ボノー、デーヴィッド・カザリーニ、ジャスティン・クック、クリストファー・ドーズ、ベン・ドミング、キャスリーン・マラン・ハリス、フィリップ・コーリンガー、トマス・レイドリー、スティーヴ・レーラー、パトリック・マグヌッソン、マシュー・マクィーン、マイケル・パーアガナン、エミリー・ラウシャー、ニールス・リートフェルト、ローレン・シュミッツ、マーク・シーガル。方々はみな、われわれの研究ならびにもっと広い領域を大きく高めてくださった。われわれはまたジェイソン・ボードマン、ジャスティン・クック、ミッチェル・デュニアー、アンジェラ・フォルグ、ジョエル・ゲランター、ジョエル・ハン、ライン・マークスタイナー、アン・モーニング、ジェシカ・ポロス、マシュー・サルガニク、マリア・セラコスに、本書の各章に大量の意見をくれたことに感謝する。プリンストン大学社会学科では、アマンダ・ローが原稿の何段階かの校閲をしてくれて、そのたびに原稿を改善してくれた。

この何年か、様々な団体からありがたい資金をいただいた。

コンリーはラッセル・セージ財団に、客員研究員として滞在した時間とその後の本書の一部の支えともなった研究補助金（#83-15-29: "G×E and Health Inequality across the Life Course"〔ライフコースにわたる遺伝×環境と健康不平等〕）について感謝する。またコンリーは、ジョン・サイモン・グッゲンハイム財団の個人助成金（"In Search of Missing Heritability"〔足りない遺伝率探し〕）に感謝する。もう一つ、コンリーは米国立科学財団の、二つ目の博士号研究を、アラン・T・ウォーターマン助成金（SES-0540543）の形で支援していただいたことに感謝する。ニューヨーク大学とプリンストン大学の内部研究支援も本書の研究を可能にした。オークランド大学、ビーレフェルト大学、イェール大学不平等・ライフコース研究センター、コロラド大学ボールダー校行動科学研究所での在外研究は、コンリーが本書に書いたアイデアを展開する助けになった。とりわけ、受け入れ先になっていただいたリチャード・ブリーン（イェール大学、現オックスフォード大学）、ピーター・デーヴィス（オークランド大学）、マルティン・ディーヴァルト（ビーレフェルト大学）、ジェイソン・ボードマン（コロラド大学）にお礼を申したい。

　フレッチャーはロバート・ウッド・ジョンソン財団健康社会学術支援事業、ウィリアム・T・グラント財団学術支援事業に、実績を積む支援をしていただいたことに感謝する。フレッチャーはとくに、スカラーズ・リトリート研究室〔集中して論文や著書を書く場を提供し、助言もする施設〕で助言をくれたアダム・ガモラン、リチャード・マーネーム、デーヴィッド・デミング、ジョシュア・ブラウン、パトリック・シャーキー、ジェレナ・オブラドヴィクに感謝する。フレッチャーはウィスコンシン大学マディソン校のラ・フォレット公共問題研究科、社会学科、人口・生態研究センター、健康加齢人口学センター、貧困研究所の研究支援と同僚にもお世話になったことに感謝する。

　われわれはプリンストン大学出版の、すべての段階を専門家として手伝ってくれた数々の方々にもお世話になった。その後コロンビア大学出版に移られたエリック・シュウォーツが本書の企画を採用してくださったことに感謝する。ミーガン・レヴィンソンはシュウォーツが移籍した後を引き継いで、私たちの進路を保ち、読者のことも頭に置いて、たぐいまれな指導力を発揮し、思慮深くまた忍耐強く耳を傾けてくれた。ゲイル・シュミットは優れた校閲作業をしてくれた。レスリー・グランドフェストとカレン・カーターは、実に有能な編集者だった。この本を読んでおられる方々は、おそらく、プリンストン大学出版広報部のジュリア・ハーヴとキャロライン・プライデーの努力のおかげによっている。コンリーはとくに、同社取締役で二〇年近く前にコンリーの本を出したいと思っていただいたピーター・ドハティにお礼を申したい。当時コンリーはまだ（一つめの）大学院を出たばかりで、ドハティは同社の社会学担当編集者だった。同社の職員みなさんに作業を円滑にしていただいた。

最後になったが、二人とも家族の支援と愛情に感謝している。コンリーは子どものイーとヨーに、二人の違いを通じて遺伝学の力を教えてくれて、また持ち帰りの夕食のときに自分の考えを説明する練習に見事につきあってくれたことに感謝する。両親のスティーヴとエレンには、DNA以上のものをたくさんもらっている。配偶者のティー・テミンには、いつも前提（と計算）に異論をはさんでもらっている。フレッチャーは、エリカ、アンナ、アイザックに、最初の著書に集中するための時間と励ましを与えてくれたことに計算しきれないほど（数えたこともないが）お世話になった。フィル、ポーラ、ジム、シンディ、アン、ジャスティンには、かかっている仕事への積極的な関与と関心と、無条件の支援を振り向けてもらった。

最後に、語られることのなかったわれわれより前の世代が、その遺伝子と文化を与えてくれたことに感謝する。それぞれの二重に伝えられる財産が私たちの統計学的モデルを複雑にしているのだとしても。

訳者あとがき

本書はDalton Conley & Jason Fletcher, *The Genome Factor: What the Social Genomics Revolution Reveals about Ourselves, Our History, and the Future* (Princeton University Press, 2017) を訳したものです。著者の一人、ダルトン・コンリーはプリンストン大学で社会学の教授を務め、人口動態や厚生福祉政策といった方面での研究も行なう社会学者であり、もう一人のジェイソン・フレッチャーはウィスコンシン大学マディソン校の教授で、主として保健衛生、教育といった方面を取り上げる経済学者です。その、いずれも生物学者ではない社会科学者が遺伝学、あるいはゲノミクスを取り上げ、「社会ゲノミクス」を本格的に検討しようというのが本書です。原題を訳せば「ゲノムが結果に占める分——社会ゲノミクス革命は私たち自身、人類の歴史、未来について何を明らかにするか」といったところでしょう。その副題にあるように、この新たな研究分野が人間について何を明らかにするか、その知見がどう利用でき、人々にどんな影響を与えるかを論じていきます。社会科学に遺伝学の成果を取り入れることの意味や意義を説くというわけです。

人間に表れる結果（ＩＱなど）を遺伝子によって説明しようとし、またそれに基づいて社会に表れる結果（階層分布など）を操作しようとする試みは、悪名高いゴルトンの優生学以来、繰り返し行なわれてきつつも、一方では差別の自然科学的根拠のような利用のされ方もして、人間の形質（行動）を遺伝子で説明しようとするのはタブーのように見られてもきました（「人種」を遺伝学でどう理解するかは本書が大きく取り上げるところです）。しかしまたさらに一方では、人間が自分の体に手を加えるのも様々な形で当然のように確立し、その手段も医学の成果をふまえつつ、ある意味過激になってきたという社会的な現実もあります。その延長上で、遺伝子そのものを操作して、病気の治療のみならず、好みの形質を得たり子に与えたりするというのも夢ではないというところまで進んでいます（現時点ではその夢に最も近いと目され、本書でも取り上げられるＣＲＩＳＰＲ《クリスパー》技術は、そうした現実の象徴でもあるでしょう）。

人々は様々な環境の中で生きる（生き残る）道を見つけ、「できること」を取り入れて、自分たちの個人的／社会的現実を拓いてきました。その中で文明や国や民族の運命にも差を生じつつ歴史は繰り広げられてきました（ジャレド・ダイアモンドの『銃・病原菌・鉄』やアセモグル／ロビンソン『国家はなぜ衰退するのか』といった、その方面の本は日本でも評判になりましたし、そうした成果には本書も目配りをしています）。そうしたもろもろのすったもんだがあった結果が今の現実なのですが、その今の「できること」の中に、自分や家族や、ことによっては社会を構成する人々のゲノムに関する情報を得て、それによって行動を選択し、またその選択肢を提供するということが視野に入ってきたというわけです。

本書はそうした現実を再生医療やオーダーメイド医療、さらにはデザイナーベビーなど、バラ色の（？）未来として描こうというのではありません。逆に、遺伝子による階層化を心配したり、遺伝子で人間を読み取り操作しようとするのを優生学的な試みとして切り捨てたりして、あらためてタブーに押し込めようとするのでもありません。本書の要所は次の三つにあると言えます。

まず、①ゲノムの全貌がわかってくることによって、これまで間接的にしかわからなかった遺伝子と結果として表れる形質や行動の関係、環境との関係が、細かいデータとともに直接的に追跡、把握できる可能性が開けてきたことの評価。推測ではなく、直接のデータとして得られるなら、それを利用した社会学的研究をきちんと行なって、わかることはわかるようにしていいのではないかということです。

②それでも遺伝と結果として表れる形質や行動の関係を追跡、把握するとはどういうことかという、方法や研究技術の検討、またそれがきちんと実施されているかの検討が必要になるということ。処理できるデータが厖大になればなるほど、そこで見いだせる関係も厖大になり、その関係に実体があるかどうかの見きわめがますます重要になるわけで、その結果、わかることだけでなく、「わからないこと」がわかるのも研究の成果としなければならないということが一層意味をなすことになります。本書はある意味で失敗の集成でもあります。探したけれど見つからなかった（見つかったとは言えない）とか、現状で言えるのはここまでで、その先はまだわからないし、もしかすると決してわからないかもしれないという話が多く出てきます。

そして③できるかどうかではなく、してよいかどうかの判断がますます重要になること。科学は事実としてこうしたことが可能と言ったりするでしょうが、だからそうしていいとかそうすべきだということにはなりません。とくに遺伝学の成果は多くの場合、多数の因子がからみあう統計学的な関係を明らかにすることで、予想も確率によるものとなります。たとえばある人の遺伝子から、Aという処置や施策の効果は薄いという確率が高いことがわかったとき、そのことをもってそのAという（しばしばコストのかかる）処置は回避すべきかという問題が生じます。やってみればうまくいったという人もいるかもしれない、でも圧倒的多数の人には無駄になることを社会としてどう評価するかという問題です。もちろん、もっと素朴に、遺伝子的に「無理な」ことをさせるような施策は有効かといった社会政策上の問題、子どもの形質の選択ができるようになるとして、それはしてよいかという倫理的な問題もあります。本書が取り上げる素材のそれぞれについて、いずれはそのような選択やその基準という、遺伝学では扱えない部分が生じることを、本書は繰り返し指摘していきます。

そうした意味で、本書の要点は原題の副題に言う「何を明らかにするか」だけではなく、「何を明らかにしないか」でもあります。わかることだけでなく、わからないことにもきちんと目を向けなければならないことを論じているとも言えると思います。原書にはoutcomeという言葉が頻出します。これは単純に原因があるとそこから生じる結果ではなく、長い議論や研究や活動を経てその間のすったもんだのあげくに出て来る（文字どおりcome outする）結果ということで、遺伝学の文脈で言われるoutcomeも、遺伝子が、環境はもちろん、遺伝子どうしにもあるやりとりをしたあげく、ひとまずそのときどきに表れる結果ということでしょう（本訳書でも、ただ結果と言わず「表れる結果」とか、「結果としての表れ」のような少々まわりくどい訳語を当てています——実際まわりくどいのだということをこそ察していただきたいということで）。いくらゲノムの様子がわかったからといって、何かの遺伝子が見つかったとしても、そこをいじれば求める結果が得られるというのではないことには変わりありません。むしろ、一つをいじればそれが影響する先は、注目している部分以外にも多岐に及び、どこに何がどう表れるかはわからないことが、ますますよくわかってくるという現実を、本書の二人の著者は率直に認めています。あらためて言えば、ゲノムによって何がわかり、何がわからないか、その両方を見ていただくことが本書の意図であり、読みどころだということです。

遺伝子→形質という対応関係は、遺伝子だけで決まるわけではなく、この「→」の部分で決まるのであり、往々にしてそこはまだまだわからないということです（もちろん、ドラマ『ガリレオ』の湯川先生の台詞を借りれば、「わかりません、だから調べる必要があるんです」となります）。そういう意味で、社会ゲノミクスと前向きに取り組もうとする著者二人の、それでも一筋縄ではいかない苦闘の跡と、そこから見た展望を受け取っていただきたいと思います（その意味で――「訳者あとがき」から読まれる方のために言うと――取り上げられる問題点の予習として、最後の「エピローグ」に示されたフィクションとしての未来を読んでから、本文を読むのもいいかもしれません）。

本書の翻訳は、作品社編集部の渡辺和貴氏のすすめにより担当することになりました。刺激的で、かつ科学としてのあり方を慎重に検討する本を紹介する機会を与えていただき、また文章のチェックをはじめ、出版までの作業に尽力していただいたことにお礼を申します。また小川惟久氏には装幀を担当していただきました。これも記して感謝します。

二〇一八年一月

訳者識

索引（イタリック体の数字は原註の頁数を、n以降の数字は原註の番号を示す）

さ行

原註

第1章　分子でできた私——来たるべき社会ゲノミクス革命

★1　19世紀の自民族中心主義者はダーウィンの適応や自然淘汰の概念を利用して、人種と呼ばれる集団に根本的な生物学的違いがあることを支持しようとしていた。これに反論したダーウィンは、奇妙なことに、やはり人類の一体性を支持していた保守的宗教勢力というかつての敵の側にあった。

★2　たとえば性的指向の面でのこの20年の遺伝学研究と社会的変化を取り上げてもよいかもしれない。クィア・アクティヴィスト〔LGBTに代表されるような、異性愛とは違う指向の立場から活動する人々〕の多くは、「ゲイ」遺伝子を探すのを応援した。同性愛に生得の遺伝子的基礎があるなら、LGBTの人々は、自分の指向について、何かの生活様式(つまり道徳)を選んだのではなく、そう生まれついていることが明らかになるので、寛容の度が増すだろうと期待してのことだった。短期的には、LGBTの人々が受ける差別は小さくなり、権利は増えるかもしれないが(同性婚のように)、長期的には、LGBTと非LGBTの所得格差は、「自然」なことであり政策で取り上げる範囲外とされて、大きくなるかもしれない。

実際にゲイ遺伝子は存在するかもしれないが、現時点で大方の合意が得られていることからすると、性的指向には環境の成分が無視できないようで、そのことで議論はさらに複雑になる (R. C. Pillard and J. M. Bailey, “Human sexual orientation has a heritable component,” *Human Biology* [1998]: 347–365)。関連して、「ゲイ遺伝子」がどうして集団の中に残りうるかについて、進化論から見た興味深い話もある。一説によれば、こうした「ゲイ遺伝子」は、集団の中では(適応度的に)利益がある「男性愛」遺伝子と考えた方がよいという。ゲイ男性の女性の血縁者(こちらはもともと「男性愛」遺伝子を持っている可能性が高い)は、予想されるより多くの子を儲けることが示されている〔集団の中に「男性愛」遺伝子が多いので、「男性愛」遺伝子を持つ男性も増える〕。たとえば、A. Camperio-Ciani, F. Corna, and C. Capiluppi, “Evidence for maternally inherited factors favouring male homosexuality and promoting female fecundity,” *Proceedings of the Royal Society of London B: Biological Sciences* 271, no. 1554 (2004): 2217–2221を参照。

★3　R. Herrnstein and C. Murray, *The Bell Curve: Intelligence and Class Struc-*

ture in American Life (New York: Free Press, 1994).

★4 さらに、私たちの人間的な結果の表れや形質が、今やますます遺伝学での発見によって説明され、私たちの基礎的な社会的構成が生物学の知見によって複雑になっているなら、人間の社会的行動を理解する点で、社会科学は適切でなくなるということだろうか。言い方を換えると、遺伝子の影響が社会面に結果する表れの大部分を説明できるなら、あるいは遺伝学が新しくてもっと良い「人種」や社会の階層化に向かう道を指し示すなら、それでも社会学者や経済学者や政治学者は必要だろうか。一方、遺伝子データはかつて社会学研究とされていたことに流入し、遺伝子、IQ, 人種差、リスク特性、刑事裁判、政治的分極化、プライバシーについての昔からある論争を起こしている。こうした社会的な過程が自然化されることについての議論や意味の分析はまだ続いているが、ここに挙げた例のように根本的に重要なことだ。

★5 初期の例の一つに、2005年、加齢に伴う黄斑変性の、1番の染色体にある遺伝が特定された例がある。この発見は、何百万もの人々の視力を奪う、このよくある眼の病気について、的を絞った治療を助けることになった（http://medicine.yale.edu/news/article.aspx?id=3486）; R. J. Klein, C. Zeiss, E. Y. Chew, J.-Y. Tsai, R. S. Sackler, C. Haynes, A. K. Henning, *et al.*, "Complement factor H polymorphism in age-related macular degeneration," *Science* 308, no. 5720 (2005): 385–389.

★6 P. McGuffin, A. E. Farmer, I. I. Gottesman, R. M. Murray, and A. M. Reveley, "Twin concordance for operationally defined schizophrenia: Confirmation of familiality and heritability," *Archives of General Psychiatry* 41, no. 6 (1984): 541–545.

★7 S. M. Purcell, N. R. Wray, J. L. Stone, P. M. Visscher, M. C. O'Donovan, P. F. Sullivan, P. Sklar, *et al.*, "Common polygenic variation contributes to risk of schizophrenia and bipolar disorder," *Nature* 460, no. 7256 (2009): 748–752.

★8 Q. Ashraf and O. Galor, "The 'Out of Africa' hypothesis, human genetic diversity, and comparative economic development," *American Economic Review* 103, no. 1 (2013): 1–46.

★9 C. J. Cook, "The role of lactase persistence in precolonial development," *Journal of Economic Growth* 19, no. 4 (2014): 369–406.

★10 L. M. Silver, "Reprogenetics: Third millennium speculation," *EMBO Reports*

1, no. 5 (2000): 375–378.

第2章　遺伝率の耐久性——遺伝子と不平等

★1 M. Diamond, "Sex, gender, and identity over the years: A changing perspective," *Child and Adolescent Psychiatric Clinics of North America* 13 (2004): 591–607.

★2 A. R. Jensen, "Heritability of IQ," *Science* 194, no. 4260 (1976): 6.

★3 P. Taubman, "The determinants of earnings: Genetics, family, and other environments: A study of white male twins," *American Economic Review* 66, no. 5 (1976): 858–870.

★4 A. S. Goldberger, "Heritability," *Economica* 46, no. 184 (1979): 327–347.

★5 *Ibid.*

★6 主人公のドン・ドレイパーは、フェイ・ミラー博士とではなく、ミーガンと結婚した（子どもはなかった）。ロジャーとジェーンの例もある。

★7 大量投獄の時代は、今やそれを脱しつつあるのかないのかわからないが、そのような政策的な動きを紛れもなく具現している。

★8 『お金で買えないもの』が刊行されて以来、所得がかかわることを示す観察的データよりも優れた手法を用いた研究がたくさんあったことを言っておくべきだろう——しかし必ずしも思われるような形ではなかった。ある部族が狩猟許可のおかげで得る儲けや、社会保険制度での所得の「段差」を生む政策変化のような自然実験を含む研究もあった。加えて、進行中の研究は、証拠の王道である無作為化比較対照実験を求めている。グレッグ・ダンカンが率いる研究グループは研究資金を得て、何世帯かの貧困家庭に毎月相当の給付金を出して（そして何世帯かには出さない）、最新の脳スキャンなどの技術を使い、その家庭の子の暮らしの様子を追跡している。しかし結果が得られるまでには長い時間がかかる。

★9 実際、話し方のパターンが労働市場での収入と関係することを示す社会科学の証拠がある。ジェフ・グロガーは、20年以上前からの電話調査で集められた声のサンプルを使い、話し方に「黒人らしさ」がない黒人男性は、白人男性と同程度の収入があることを明らかにしている（Jeff Grogger, "Speech patterns and racial wage inequality," *Journal of Human Resources* 46, no. 1 [2011]: 1–25).

★10 https://www.arts.gov/news/2016/arts-and-cultural-production-contributed-7042-billion-us-economy-2013

★11 このモデルの仮定と、二卵性双生児の類似が50%ということから、「差の2倍」とい

う簡略な方法が得られる。このモデルはまず、形質の変動は三つの加算的要素、A、C、Eに分けられると仮定する。次に、一卵性双生児(mz)が似ている程度(二人の形質にある相関r)はAとCに対応すること(つまりr_{mz} = A + C)、二卵性双生児(dz)が似ている程度は、共通の遺伝子型は50%であることから、1/2 AとCに対応することがわかる。つまり、r_{dz} = 1/2 A + Cとなる。代数の仕掛を使うと、二つの式を組み合わせて、A = 2 (r_{mz} − r_{dz})となり、こうして「差の2倍」公式が得られる。調査データがあれば、r_{mz}とr_{dz}が推定できるので、Aは簡単に計算できる。

★12 原註11で、Aとr_{mz}を計算した。r_{mz} = A + Cなので、C = r_{mz} − Aとなる。これも簡単に計算できる。

★13 環境成分のうちどれが共有でどれが非共有に「数え」られるかは、ACEモデルになじみがない人にははっきりしないかもしれない。双子が暮らす家は「共通」に見える(し、実際そうだ)が、大きな家に住むか小さな家に住むかの影響が双子に異なる作用をするなら、この家の作用の違いは非共有の環境の方に入る。形質の測定における誤差(双子が学歴について嘘を言うなど)の程度は、一定の世帯にいる双子の方が学歴について嘘をつきやすいといった、「共有環境」と呼べそうなことがなければ、非共有環境に吸収される。

★14 R. Acuna-Hidalgo, T. Bo, M. P. Kwint, M. van de Vorst, M. Pinelli, J. A. Veltman, A. Hoischen, L.E.L.M. Vissers, and C. Gilissen, "Post-zygotic point mutations are an underrecognized source of de novo genomic variation," *American Journal of Human Genetics* 97, no. 1 (2015): 67–74.

★15 ただし、X染色体はY染色体よりも塩基数や遺伝子数の点で大きく、ミトコンドリアDNAは必ず母親のものとなる。とはいえ、ミトコンドリアの中には実は父親由来のものもあるのではないかとする研究もある。精子の尻尾の部分(ミトコンドリアが含まれる)が卵子の中で切れることによる(F. Ankel-Simons and J. M. Cummins, "Misconceptions about mitochondria and mammalian fertilization: Implications for theories on human evolution," *Proceedings of the National Academy of Sciences* 93, no 24 [1996]: 13859–13863)。ただし、ゲノム配列全体を使って、父親のミトコンドリアDNAは取り除かれるとするもっと新しい研究もある(A. Pyle, G. Hudson, I. J. Wilson, J. Coxhead, T. Smertenko, M. Herbert, M. Santibanez-Koref, and P. F. Chinnery, "Extreme-depth re-sequencing of mitochondrial DNA finds no evidence of paternal transmission in humans," *PLoS Genetics* 11, no. 5 [2015]: e1005040)。総説と論議については、V. Carelli, "Keeping in shape the dogma of mitochondrial DNA maternal inheritance,

PLoS Genetics 11, no. 5 (2015): e1005179を参照。

★16 血縁度がなめらかに分布する別の世界は、同系交配、つまり近親婚が多ければ存在しうるだろう。パキスタンやアラブ首長国連邦のような、いとこ婚の割合が高い社会もあるが(結婚の半分以上がいとこどうし)、いとこ婚を否定する近親婚タブーは普遍的と考えられる。

★17 外的妥当性がないことを確かめる一つの方法は、遺伝的効果が非線形的ではない可能性に訴えることだ。

★18 I. Simonson and A. Sela, "On the heritability of consumer decision making: An exploratory approach for studying genetic effects on judgment and choice," *Journal of Consumer Research* 37, no. 6 (2011): 951–966.

★19 *Ibid.*

★20 A. R. Branigan, K. J. McCallum, and J. Freese, "Variation in the heritability of educational attainment: An international meta-analysis," *Social Forces* 92, no. 1 (2013): 109–140.

★21 J. M. Vink, G. Willemsen, and D. I. Boomsma, "Heritability of smoking initiation and nicotine dependence," *Behavior Genetics* 35, no. 4 (2005): 397–406.

★22 以前のある試みは血液型を使ったが、区分の数が少ないことを考えると、一卵性という判定が偽陽性である〔本当は一卵性ではないのに一卵性と判定される〕可能性が高かった。L. Carter-Saltzman and S. Scarr, "MZ or DZ? Only your blood grouping laboratory knows for sure," *Behavior Genetics* 7, no. 4 (1977): 273–280.

★23 D. Conley, E. Rauscher, C. Dawes, P. K. Magnusson, and L. M. Siegal, "Heritability and the equal environments assumption: Evidence from multiple samples of misclassified twins," *Behavior Genetics* 43, no. 5 (2013): 415–426.

★24 ここでの集団では全員の6番の位置はAAだとすると、染色体のその特定の位置は違いがないため、ここでの計算には何の貢献もしない。しかし、別の位置ではたとえばCTが50%、CCが25%、TTが25%と均一に分布しているなら、この遺伝子座は、遺伝子類似度指数の多様性に大いに貢献することになる。

★25 私たちは隠れた血縁関係、つまり実際には通常の意味で血縁関係があるのに本人は知らないのかもしれないという例外は捨てる。サンプルの中には、自分たちが血縁——たとえば又いとこ——であることを知らない人がいる。引き合わせたとし

ても、自分たちが又いとこだとは言わないだろう。それでこの二人は「隠れた」血縁となる。

★26 足りない半分は、いろいろな因子のせいにできるかもしれない。中でも重要なのは、私たちが個人どうしの血縁度を判定するために使っているマーカーが、必ずしも結果としての表れにかかわるものではなく、それ自体は本当の「原因となる」遺伝子座の代理にすぎないということだ。

★27 D. H. Hamer, "Beware the chopsticks gene," *Molecular Psychiatry* 5, no. 1 (2000): 11–13, http://www.nature.com/mp/journal/v5/n1/full/4000662a.html

★28 量的遺伝学者が集団層別化を探知して修正する新しい方法がいくつかある。よく用いられるものの一つは、当のマーカーから集団の「構造」を特定することだ。これには、ある対立遺伝子は乗るが、他の対立遺伝子はそうなりそうにない「因子」または尺度を生み出す統計学的手順が含まれる。つまり、研究者はそうした因子(principal components〔主成分〕、PCと呼ばれる)を一定数——たとえば10種——特定して、データにある遺伝子型の多様性を最も大きく説明する因子(つまりそれぞれの対立遺伝子について様々な値をとる尺度)を計算で抽出する。これができると、その因子あるいは主成分は、データの他の多様性についての計算を進める間、一定に保持される。これは研究者が特定する因子の数だけ行なわれる。こうした因子はデータに潜在する類縁関係を反映する傾向がある。人種について述べる第5章で見るように、特定しやすい因子もある。たとえば、おおよそ二つの因子で、合衆国の、自分で所属すると考える主要な人種の集団を分離することができる。しかし、ランダムではない交配パターン——つまり集団構造——がどの部分集団にもフラクタルのように発生するように見える。たいていの人が等質の側にあると考える国——オランダ——でさえ、主成分があって集団を北と南(成分1)、東と西(成分2)に分ける(A. Abdellaoui, J. J. Hottenga, P. de Knijff, M. G. Nivard, X. Xiao, P. Scheet, A. Brooks, *et al.*, "Population structure, migration, and diversifying selection in the Netherlands," *European Journal of Human Genetics* 21, no. 11 [2013]: 1277–1285参照)。

因子分析でPCを四つ以上引き出すことによって、残る多様性は集団の内部で受胎のときに、減数分裂の際の組換えと分離(トランプのシャッフルとカットのような)のおかげでランダムに割り振られると見てよいと考えられることが多い。そうして、検出されるどの対立遺伝子のどの効果も、箸問題には陥っておらず、真の因果関係を示すものと想定される。もちろん、PCは、地理、民族性などデータにある他の

因子によっても変動する実際の対立遺伝子の効果をすべて一掃しているかもしれない。しかし安全側に立って、過去あるいは現在の分離交配(集団構造を生む)が確実に抽出されるようにした方がいいだろう。それは、実は箸が使えるかどうかのように、環境あるいは文化の違いを反映しているかもしれないからだ。

従来の遺伝率の尺度を減らすためにPCを用いようとして(再び)失敗したことについては、付録2で述べる。本格的な関心がある方々のために、付録3で第三の調べ方について述べる(これもこれまでのところ、遺伝率を捉えていない)。

★29 D. Conley, M. L. Siegal, B. W. Domingue, K. M. Harris, M. B. McQueen, and J. D. Boardman, "Testing the key assumption of heritability estimates based on genome-wide genetic relatedness," *Journal of Human Genetics* 59, no. 6 (2014): 342–345.

★30 ここでは養子研究の文献は取り上げてもいないが、これもおおまかに言えば、双子に基づく遺伝率の数字を追認する。この面では北欧人と韓国人は天の恵みとなっている。北欧人は第二次世界大戦後の大部分の期間についてレジストリ〔戸籍のような登録簿〕という詳細なデータベースを維持してきた。出生、卒業、入隊、結婚、投獄、入院、死亡がすべて、国の個人番号に結びつけられている。北欧の社会民主主義国では、国民がゆりかごから墓場まで面倒を見てもらうだけでなく、子宮(ウーム)から墓(トゥーム)まで記録もされる。また大部分については国民もそれを受け入れている。その結果、科学者は生まれてすぐに養子に出された子を観察し、養親だけでなく実親とも結びつける。結果として、出生前の因子(遺伝子と出生前の状況で、この方法論では区別できない)が、その後に表れる結果について、双生児モデルによって示されるのとおおよそ同量の多様性を説明していた。残る懸念は、養親の選び方は全面的にランダムかということだ。つまり、養子縁組団体は、意識的にも無意識的にも、明るい髪の色の子は明るい髪の色の親と組み合わせ、病気がちな子は病気に見える親と組み合わせて、他にもわかりにくくても養親が集団の中でランダムに二人を選んだ場合よりも遺伝子的に養子と似るようになる傾向を示しているというようなことがあれば、その手順は、養子研究の前提全体を危うくすることになる。

この点で最も安心できる証拠は韓国の養子縁組団体のものだ。こちらでは、少なくとも一部の養子縁組団体は子どもをランダムに――つまり親の特徴を考慮しない待機リストによって――割り振るという事実を利用した。ランダムに割り振られるので、養親が実親に似るように(あるいはあえて似ないように)組み合わされるという心配は取り除かれる。学者は、韓国の養子の遺伝子と環境の影響の推定が、韓

国以外の養子についての環境の効果とある程度合致すると見ている(B. Sacerdote, "How large are the effects from changes in family environment? A study of Korean American adoptees," *Quarterly Journal of Economics* 122, no. 1 [2007]: 119–157)。この著者は、出生後の環境の作用しか推定できていない。韓国人の実親を観察して、養子に出された子とどの程度相関するかを見ていないからだ。それでも、出生後の環境の作用はスウェーデンやノルウェーの養子の場合と合致していて、出生前の成分もおそらく似ているのではないかということを示している。

養子研究には、双子研究にあったのと同じ外部妥当性——養子という特殊例から一般化できるか——をめぐる懸念もいくらかあるが、この大きく異なる手法がよく似た結果を生んでいるという事実は、生まれか育ちか論争でどちら側に立つかによって、安心できるか面くらわされるかする。養子の、養子にならなかったきょうだい(養子に出した実親の家にいる子と養親の家の子)を見ると、養子に出されたきょうだいのいない場合と似たようなパターンを示しており、この点では、そうした家庭が「変わった」家庭ではないようなので、いくらか安心材料になる。あらためて、社会科学者は、現代の社会的・経済的な面に表れる結果の人間的な違いを説明しようとするとき、遺伝学や生物学は無視できないことを認めなければならない。問題は、遺伝率の現実を受け入れるとどうなるかということだ。

★31 この考え方は、最初に唱えた人物の名をとってバーカー仮説と呼ばれているが、当の本人は倹約型表現型説と呼んでいる。たとえば、C. N. Hales and D. J. P. Barker, "Type 2 (non-insulin-dependent) diabetes mellitus: The thrifty phenotype hypothesis," *Diabetologia* 35, no. 7 (1992): 595–601.

★32 A. C. Heath, K. Berg, L. J. Eaves, M. H. Solaas, L. A. Corey, J. Sundet, P. Magnus, and W. E. Nance, "Education policy and the heritability of educational attainment," *Nature* 314 (1985): 734–736.

★33 G. Guo and E. Stearns, "The social influences on the realization of genetic potential for intellectual development," *Social Forces* 80, no. 3 (2002): 881–910.

★34 あるいは学歴や所得もそうだ。J. R. Behrman, M. R. Rosenzweig, and P. Taubman, "Endowments and the allocation of schooling in the family and in the marriage market: The twins experiment," *Journal of Political Economy* (1994): 1131–1174.

★35 ポール・トーブマンの応答(Paul Taubman, "On heritability," *Economica* 48, no.

192 [1981]: 417–420)。ゴールドバーガーによる1979年の「遺伝率」論文(原註4参照)は、同様のことを、経済関連で表れる結果における変動が遺伝子の継承による程度を知ることは、少なくとも、平等と効率が対立する程度を教えてくれると説くことによって述べている。そのことを論じるとき、トーブマンはアーサー・オークンの説(Arthur Okun, *Further Thoughts on Equality and Efficiency,* Brookings General Series Reprint 325 [Washington, DC, Brookings Institution, 1977])を引いている。それは、機会均等がひどく不平等なときには、平等をもたらす再配分によって効率が高まる例もあるという説だ。もちろん、経済的履歴の一定の時点でどんな技能(遺伝してもしなくても)が、もっと高い効率(高い生産性)を生むのかは、それ自体がもっと広い進化の力と環境的事象に内発するものかもしれない。

★36 とはいえ、アフリカ系アメリカ人の方がIQが低いことには環境条件が関与しているという説は、根底にある遺伝的変動が人種集団にわたって同じだという前提に依拠している。実は、人類が6万年前にアフリカから移住したときの人口隘路(ボトルネック)のせいで、アフリカ人集団内の遺伝的多様性の方が、他の地域にいる集団での遺伝的多様性よりもずっと大きいことがわかっている。この違いは、ほとんどのアフリカ系アメリカ人がヨーロッパ系の血筋も共有していることと考え合わせると、根底にある遺伝子分布の分散が低いことが、この集団についての低い遺伝率推定を説明しないことを示唆する。しかし、何らかの選択にかかわる偏り(奴隷貿易で用いられた中間航路のような)がIQにとって重要な特定の遺伝子の分布を狭くしたということもありうるだろう。

あるいは、黒人の間でのIQを予想する測定されていない遺伝子に基づく同類交配の分が余計にあるということかもしれない。そのためにも遺伝率推定は低くなるだろう(きょうだいがそのゲノムを共有している程度を大きくすることによって)。最後に、二つの集団の家庭内に程度の異なる遺伝子-環境的相関があるのかもしれない。つまり、黒人にとって環境はいろいろな近親度にわたりもっと等しくなる傾向があるいっぽうで、白人にとってはもっと遺伝子的に近い同類が、黒人の場合よりも高い程度で環境を共有する傾向にあるなら、実は、黒人にとってのある形質の遺伝率は低くなるということではなく、白人にとっての遺伝率が過大評価されるということかもしれない。この後者の可能性によって一巡りしてクォとスターンズ(「社会的影響」)の当初の説(ただし、それに基づく二人が考えなかった変奏)に戻る。たとえば一卵性双生児と二卵性双生児の間の弱められた遺伝子-環境的相関が一つの仕組みかもしれない。それによって環境は遺伝的差異の発現を抑圧する。しかしそれは特定の形態で、政策的合意となると、全体的な共通の環境的影響が

遺伝率を抑圧している可能性とは別なものになるだろう。

第3章　遺伝率がそれほど高いなら、どうしてそれが見つからないのか？

★1　プライマーは特定の遺伝子DNA配列に結びつけられて、その塩基列を測定するために増幅——ポリメラーゼ連鎖反応（PCR）と呼ばれる過程で何千回とコピーする——ができるようにする。

★2　調節領域にGFPが融合されている遺伝子。

★3　"Why mouse matters," National Human Genome Research Institute, National Institutes of Health, Washington, DC, https://www.genome.gov/10001345

★4　A. J. Keeney and S. Hogg, "Behavioural consequences of repeated social defeat in the mouse: Preliminary evaluation of a potential animal model of depression," *Behavioural Pharmacology* 10, no. 8 (1999): 753–764.

★5　ネズミの粘り強さは、強制的に泳がせるという方法で調べられる。V. Castagné, P. Moser, S. Roux, and R. D. Porsolt, "Rodent models of depression: Forced swim and tail suspension behavioral despair tests in rats and mice," *Current Protocols in Neuroscience* 55, no. 8 (2011): 11–18. あるいは、D. A. Slattery and J. F. Cryan, "Using the rat forced swim test to assess antidepressant-like activity in rodents," *Nature Protocols* 7, no. 6 (2012): 1009–1014を参照。人間での効果については、A. L. Duckworth and M. E. P. Seligman, "Self-discipline outdoes IQ in predicting academic performance of adolescents," *Psychological Science* 16, no. 12 (2005): 939–944.

★6　*MAO-A*は、神経伝達物質がシナプス前神経細胞に戻された後、それを再利用するために再生する。モノアミン酸化酵素阻害薬は初期の抗うつ剤だった。

★7　"Rs909525," SNPedia, http://www.snpedia.com/index.php/Rs909525

★8　D. Conley and E. Rauscher, "Genetic interactions with prenatal social environment ef- fects on academic and behavioral outcomes," *Journal of Health and Social Behavior* 54, no. 1 (2013):109–127; J. M. Fletcher and S. F. Lehrer, "Genetic lotteries within families," *Journal of Health Economics* 30, no. 4 (2011): 647–659.

★9　研究者は、自分が調べるゲノムにおける位置を導く動物モデルから、それなりの理論を得ているが、それが人間の、他でもない特定の結果の表れに対する作用の発見にどう移し替えられるかについては得ていないことを忘れないようにしよう。

★10　今ではこの発表バイアスと戦うためのいくつかの試みがある。一つは、bioRχiv

(http://biorxiv.org/about-biorxiv)のような、査読のないオンラインのアーカイブの使いやすさだ。これにより、研究者は結果が出なかったことも投稿できる。研究者に仮説と行なおうとしている試験を、分析を行なう前(たいていは研究資金を申請する前)にあらかじめネットに登録しておくことを求める運動というのもある。すると研究者は自分のしようとしている作業について慎重に考えなくてはならず、「とりあえず」調べることができなくなる(事前登録をめぐる論議の優れた要約として、S. Mathôt, "The pros and cons of pre-registration in fundamental research," Cognitive Sciences and More, http://www.cogsci.nl/blog/miscellaneous/215-the-pros-and-cons-of-pre-registration-in-fundamental-researchを参照)。さらに、追試——発見の「正しさ」を確認するための鍵——を重要な仕事として評価する試みもある("Estimating the reproducibility of psychological science," Reproducibility Project: Psychology, Open Science Framework, https://osf.io/ezcuj/wiki/home/)。

★11 もっと一般的には、研究設定と統計学的検定を事前登録することにはいくつか問題点がある。あらゆる分析の事前登録が必要になると、帰納的学習だけでなく、革新的な研究計画や新奇な仮説を制約するのではないかという心配がある。L. C. Coffman and M. Niederle, "Pre-analysis plans have limited upside, especially where replications are feasible," *Journal of Economic Perspectives* 29, no. 3 (2015): 81–97, http://pubs.aeaweb.org/doi/pdfplus/10.1257/jep.29.3.81

★12 C. F. Chabris, B. M. Hebert, D. J. Benjamin, J. Beauchamp, D. Cesarini, M. van der Loos, M. Johannesson, *et al.*, "Most reported genetic associations with general intelligence are probably false positives," *Psychological Science* 23, no. 11 (2012): 1314–1323.

★13 攻撃性の遺伝子は、貧民街生まれの人なら監獄に送り、上流の出なら重役室に送るという、なるほどと思わせられそうな考え方はどうか。

★14 このグラフの優れた点は、それが統計学的に有力なSNPを明らかにしているだけでなく、順番に並べているところにある。だから結果が偽陽性なら、それは孤立した点になって、他のものよりはるか上に浮かびやすい。偶然か遺伝子型判定の間違いによるエラーの中に入っている可能性が高いからだ。ところが「真の」結果なら、ピークに向かって上っていくような、ある区域にドットが固まっているようになりやすい。こうしたドットはいろいろなSNPについて、表れる結果との対応を独立に試験して得られる。最も優位なものの近くにあるものは、やはり関連の強い信号を送っているので、その領域が、表れる結果の違いと本当に関連していることをうか

がわせる。これは連鎖不平衡という現象のせいで(もっと詳しい解説については付録6を参照)、それによって染色体の互いに近くにあるSNPは、互いにとっての代理を務めることができる。そのため、最大の「ヒット」に近づくにつれて信号は強くなり、そこから離れるにつれて弱くなる。この点は、図3・2の右端にある、19番の染色体に見られる、ジャクソン・ポロック風の強力なSNPの滴に明瞭に見てとることができる。

★15 y軸はp値、つまりある結果が無作為に抽出した変動で偶然に起きる確率を表す。常用対数のマイナスをとったものが使われるのは、確率が小さいほど図の「高い」ところに来るようにしつつ、コンパクトな幅にまとまるようにするため。破線は5×10^{-8}というゲノムワイドでのp値の閾を表す。

★16 研究に求められる表現型などの特定の条件が一つのサンプルだけに見つかるときには、サンプルを半分ずつ二つに分け、両方で効果が表れることを示すという、研究者がしばしば用いる方式は、あまり望ましくない。

★17 「勝者の呪い」は、発見のときのサンプルにあった最善のSNPから生じる。これが追試サンプルに対して、作用の分布をずらし、平均への回帰になることがある。たとえば、L. Xu, R. V. Craiu, and L. Sun, "Bayesian methods to overcome the winner's curse in genetic studies," *Annals of Applied Statistics* 5, no. 1 (2011): 201–231を参照。

★18 *FTO*遺伝子にある多様性は、この落胆するパターンに対する重要な例外となる。この遺伝子は、BMIと腹囲に影響するいろいろな中間的挙動を予想することが堅実に示されている。

★19 T. A. Manolio, F. S. Collins, N. J. Cox, D. B. Goldstein, L. A. Hindorff, D. J. Hunter, M. I. McCarthy, *et al.*, "Finding the missing heritability of complex diseases," *Nature* 461, no. 7265 (2009): 747–753.

★20 B. Maher, "Personal genomes: The case of the missing heritability," *Nature News* 456, no. 7218 (2008): 18–21.

★21 T. A. Manolio, *et al.*, "Finding the missing heritability."

★22 もっと詳しい一覧については、"Dominant and recessive characteristics," http://www.blinn.edu/socialscience/ldthomas/feldman/handouts/0203hand.htm を参照。たとえば、ある遺伝子座でGが一つ、Aが一つであること(ヘテロ接合)は、(G-Gの場合と比べて)影響がないが、A-Aの場合は大きく影響するなら、相加的遺伝率モデルは下手な近似かもしれない。同じことは、ホモ接合G-GとA-Aのときは同じ表現型となり、ヘテロ接合のG-Aの場合は別の表現型となるといった、他

の非線形の機能にも成り立つ。われわれが集団に見たことの大半がこうした非線形の、相乗的な効果だったら、単純な相加的モデルはそれを捉えられない（非線形性を許容する遺伝率には、双生児モデルも他のモデルもあることは言っておくべきだろう）。

★23 T. D. Howard, G. H. Koppelman, J. Xu, S. L. Zheng, D. S. Postma, D. A. Meyers, and E. R. Bleecker, "Gene-gene interaction in asthma: IL4RA and IL13 in a Dutch population with asthma," *American Journal of Human Genetics* 70, no. 1 (2002): 230–236.

★24 そのような、血縁度によって推定される相加的遺伝率全体（ACEモデルの場合のような）が、遺伝子 - 遺伝子相互作用で膨らんでいるという筋書きが明らかになった例がいくつかある。O. Zuk, E. Hechter, S. R. Sunyaev, and E. S. Lander, "The mystery of missing heritability: Genetic interactions create phantom heritability," *Proceedings of the National Academy of Sciences* 109, no. 4 (2012): 1193–1198.

★25 つまり、各対立遺伝子が、集団内で半分ずつに分かれ、親はランダムに相手を選ぶと仮定する。

★26 ゲノム全体の中立的（隠れた）突然変異を重ねて蓄積することもできるし、実際そうなっている。そうして、そうした変異が子孫で出会うと、「起動」できるようになり、環境状況の違いに応じて、好都合なことが生じる（あるいは不都合なことになる可能性も高い）。それまでの中立的あるいは無意味な突然変異がある閾を超えて顕著な表現型の変化をもたらす場合（デカナリゼーションという〔安定していた流れが不安定になるという含み〕）がある。これは統合失調症、肥満、糖尿病などの現代の慢性病の起源に関する通説の一つであり、蓄積された突然変異がそれまでなかった形でものを言うようになるほど環境が変動し、突然私たちは、以前の集団にはなかった「遺伝性」疾患の発生を見ることになるということだ。こうしてデカナリゼーションは新たな表現型の発生を説明できるが、きょうだいがその断面（遺伝率）で互いに似ている理由を説明しそうにはない。このデカナリゼーションの過程は、コンラッド・ハル・ウォディントンの有名な一連の実験で初めて記述された。要するにウォディントンは、ショウジョウバエを発生段階で何らかの衝撃にさらし（たとえばある岐路になる時点で温度を上げるなど）、そうして表現型の変化——余分に羽が生えるなど——を観察する。それから衝撃にさらされて表現型に反応があったきょうだいを選び、そのきょうだい（こちらは衝撃を受けていない）と交配させて、同じことを繰り返す。数世代経つと、選んだきょうだいの子は、発生期の環境に衝撃

がなくても余分の羽が生えるようになった。そしてこれは、新しい環境にさらされなかった個体の系統に生じたことだった。というよりむしろ、各世代でのきょうだいに対する間接的な選択だった。言い換えれば、隠れた遺伝的変動はずっとあって、新たな環境の衝撃に基づく淘汰によって、デカナライズされた（あるいは活性化された）。C. H. Waddington, "Canalization of development and the inheritance of acquired characters," *Nature* 150 (1942): 563–565, and "Genetic assimilation of an acquired character," *Evolution* 7 (1953): 118–126.

★27 おそらく、キリンも元は馬のように均整がとれていた（キリンに最も近い現存の近縁種はオカピで、これは確かに馬のような体形をしている）。この動物のうち果敢な方の何頭かが首を伸ばして高いところの葉を食べようとした。そのうち、安静時でも首を伸ばせるようになった。そのキリンが子をなすときには、子の首は、親がそれまでに伸ばした分だけ長くならないかもしれないが、低いところの芽や葉で満足していた親の子よりも長くなるだろう。この延長で世代を重ねると、餌のありかが高くなればなるほど、祖先の努力が蓄積されて、今のようなキリンが得られる。

★28 A. Okbay, J. P. Beauchamp, M. A. Fontana, J. J. Lee, T. H. Pers, C. A. Rietveld, P. Turley, *et al.*, "Genome-wide association study identifies 74 loci associated with educational attainment," *Nature* 533, no. 7604 (2016): 539–542.

★29 A. R. Wood, T. Esko, J. Yang, S. Vendantam, T. H. Pers, S. Gustafsson, A. Y. Chu, *et al.*, "Defining the role of common variation in the genomic and biological architecture of adult human height," *Nature Genetics* 46 (2014): 1173–1186, http://www.nature.com/ng/journal/v46/n11/full/ng.3097.html

★30 N. Chatterjee, B. Wheeler, J. Sampson, P. Hartge, S. J. Chanock, and J.-H. Park, "Projecting the performance of risk prediction based on polygenic analyses of genome-wide association studies," *Nature Genetics* 45, no. 4 (2013): 400–405; F. Dudbridge, "Power and predictive accuracy of polygenic risk scores," *PLoS Genetics* 9, no. 3 (2013): e1003348.

★31 H. D. Daetwyler, B. Villanueva, and J. A. Woolliams, "Accuracy of predicting the genetic risk of disease using a genome-wide approach," *PLoS One* 3, no. 10 (2008): e3395.

★32 インピュテーション〔組み入れ〕が助けになる。インピュテーションは測定されたSNPのパターンを使って、それをヒトゲノム多様性プロジェクトによって配列決定ずみの（つまり、集団にある顕著な変動量のほとんどすべての塩基対が調べられている）

参照ゲノムと合わせる。配列決定された参照ゲノムの一つと合致する測定されたSNPの間にあるSNPの確率に基づいて、データの中で測定されていない遺伝子座についての確率論的SNP値を割り当てる。これは連鎖不平衡(LD)のおかげで可能になる。LD多様体は染色体上の小さなかたまりに受け継がれる。しかじかのSNPが一定の範囲にある確率は、その周囲にある同伴のSNPと相関する。参照ゲノムの配列が決定されるほど、SNPチップは濃密に遺伝子型判定され、しかじかの集団での変動は小さくなり(人口ボトルネックあるいは浮動のせいで)、インピュテーションの正確さは増す。インピュテーションは、付録6で述べるように人種の問題に直接関連する。しかしここでの目的には、この手法は近年良くなってはいても、インピュテーションは、各人について各遺伝子座を測定するのとは違うことを忘れないことが重要だ。

★33 Kaiser Permanente Research Program on Genes, Environment, and Health, Division of Research, Kaiser Permanente, https://www.dor.kaiser.org/external/DORExternal/rpgeh/index.aspx

★34 D. Conley, B. W. Domingue, D. Cesarini, C. Dawes, C. A. Rietveld, and J. D. Boardman, "Is the effect of parental education on offspring biased or moderated by genotype?" *Sociological Science* 2 (2015): 82–105.

第4章　アメリカ社会での遺伝子選別と狂騒

★1 1年後の1959年、社会学者のセイマー・リプセットとレインハード・ベンディックスは、「幅広い社会的流動性は、工業化と一体で、現代工業化社会の基本的な性格である。どの工業国でも、人口の大部分は親の世代ととは相当に違う職業を見つけなければならなかった」と記している(S. M. Lipset and R. Bendix, *Social Mobility in Industrial Societies* [Berkeley: University of California Press, 1959], p. 11)〔『産業社会の構造――社会的移動の比較分析』鈴木広訳、サイマル出版会(1969)〕。あるいは、ブラウとダンカンの著作で敷衍されたシブリーの言葉では、「人が到達した地位、ある客観的な基準から見て本人が達成したことは、付与されている地位、つまりどういう家の出身の人物かよりも重要である」(P. M. Blau and O. D. Duncan, *The American Occupational Structure* [New York: John Wiley, 1967], p. 430)〔『職業移動の理論と実態分析』雇用促進事業団職業研究所(1970)〕。つまり、台頭する能力主義は、社会科学者の間ではただの冗談ではなかった。

★2 二人はヤングを挙げておらず、驚くべき省略となっている。

★3 批判する側の多くは当時、二人の興味深い論旨の欠陥を指摘した——とくに社会学者(たとえば、C. S. Fischer, M. Hout, M. Sanchez Jankowski, S. R. Lucas, A. Swidler, and K. Voss, *Inequality by Design* [Berkeley: University of California Press, 1996]を参照)。たとえば、ハーンスタインとマレー(*The Bell Curve: Intelligence and Class Structure in American Life* [New York: Free Press, 1994])は、遺伝子のIQに対する影響と、さらにIQの社会経済的成果に対する影響を過大評価したと言われた。二人はIQの効果が遺伝的に与えられているものの効果だと仮定し、IQは広い環境の影響に左右されること、その遺伝率さえ、家族の社会経済的地位に左右されることを明らかにした広大な文献(行動遺伝学の文献も含めて)を無視した。批判は多かったが、ハーンスタインとマレーの主旨のもう一つの、もっと異論のあった部分さえ、社会学的な主流——すなわち、機能主義的伝統——からは、多くの社会学者が思いたがるほどには外れてはいなかったことは言っておくべきだろう。次の三つの引用を対比されたい。

1 「職業をめぐって競争する人々を不当に妨げたりひいきしたりするものがなければ、どの活動についても有能な人々だけがその地位に就くことになる。すると仕事が分けられる様式を決める唯一の因子は、能力の多様性となる……」
2 「社会的不平等は、最も重要な位置は最も資格がある人物によって良心的に満たされることを社会が保証する、無意識に進化した装置である」
3 「職業がわれわれの認知能力によってわれわれを選別すべきだなどとは誰も宣言しないし、そうした方向を進める人もいない。それは水面下で、それ自体の見えざる手によって進行する」

この三つの引用は、ほぼ50年ずつ隔てて書かれたものだ。最初はデュルケーム(1893; in *Emile Durkheim: Selected Writings*, ed. A. Giddens [Cambridge: Cambridge University Press, 1972], p. 181)、次はK. Davis and W. E. More, "Some principles of stratification," *American Sociological Review* 10, no. 2 (1945): 242–249のもの、最後は『ベルカーブ』(Herrnstein and Murray, p. 52)のもの。「認知能力」という用語は19世紀や20世紀半ばには流布していなかったこと以外は、誰がどれを言ってもおかしくないと言える。

★4 Herrnstein and Murray, *The Bell Curve,* 109–110.

★5 *Ibid.,* 91–92.

★6 *Ibid.,* 341.

★7 B. W. Domingue, D. Conley, J. Fletcher, and J. D. Boardman, "Cohort effects in the genetic influence on smoking," *Behavior Genetics* 46, no. 1 (2016): 31–42.

★8 このパターンは、後でさらに論じるポリジェニック・スコア方式を使っても得られる。私たちが得た結果は、双生児方式を用いて出生コホートによる遺伝率をマップし、同様の結論に至ったある重要な先行論文に基づいていた。J. D. Boardman, C. L. Blalock, and F. C. Pampel, "Trends in the genetic influences on smoking," *Journal of Health and Social Behavior* 51, no 1 (2010): 108–123.

★9 親が移民でアメリカで生まれた子は——親が貧しい国の出身である場合——しばしば一家の年長の構成員より背が高くなることを考えよう。この現象の目立つ例が、極端に低カロリーの環境から、乳と蜜の国(イスラエル)に移ったエチオピア出身のイスラエル人で、1984年に行なわれた「モーセ作戦」〔飢饉にあったエチオピアのユダヤ人をイスラエル政府が救出した事件〕でアジスアベバからの移動中に母胎にいた人々は、同じ時期にすでに生まれていた人々よりも、背が相当に高くなった。V. Lavy, A. Schlosser, and A. Shany, "Out of Africa: Human capital consequences of in utero conditions" (working paper w21894, National Bureau of Economic Research, Cambridge, MA, 2016).

★10 身長やBMIの相加的遺伝率全体を見て、出生コホートによって分割しても、同じパターンが見られる。遺伝率は増加しても、二つの出生コホート群の間に統計学的に有意な差を検出するほどのしかるべき力はわれわれにはない。D. Conley, T. Laidley, D. W. Belsky, J. M. Fletcher, J. D. Boardman, and B. W. Domingue, "Assortative mating and differential fertility by phenotype and genotype across the 20th century," *Proceedings of the National Academy of Sciences* (2016): 201523592.

★11 D. Conley, T. M. Laidley, J. D. Boardman, and B. W. Domingue, 2016. Changing Polygenic Penetrance on Phenotypes in the 20th Century Among Adults in the US Population. *Scientific Reports*, 6を参照。このHRS調査で懸念されそうなところは、死亡率バイアスだ。この調査の回答者は、遺伝子型情報をもったサンプルに入れられるには、21世紀まで生きなければならないので、この分析の古い方のコホートは、平均して長生きの人々を含んでいる。根底の教育向き遺伝子型の値(ポリジェニック・スコアで測定する)が低く高学歴の個人(あるいは逆)が早く亡くなると、古い方のコホートでの遺伝子型と教育の間に観察される相関は、死亡率の違いのために、強くなるかもしれない。広大な研究文献からは、教

育は長寿と正の相関があるので、これはまったくありそうにない（たとえば、A. Lleras-Muney, "The relationship between education and adult mortality in the United States," *Review of Economic Studies* 72, no. 1 [2005]: 189–221を参照）。ポリジェニック・スコアが似たような正の効果（教育とは独立の）を寿命に及ぼすなら、低学歴でポリジェニック・スコアの値が低い人は、死亡率が最大ということになる。その場合、選択バイアスはポリジェニック・スコアと教育の関係を弱める方に作用することになる。この選択バイアスは、古いコホートの方が大きくなるので、遺伝的因子の重みの減退を過小評価することになる。ポリジェニック・スコアを生むために配置された方式が、結果にバイアスをかけるかもしれないということだ。

平均して、発見用サンプル（ポリジェニック・スコアを求めるために使われる重みを見積もるための）は、スウェーデン双生児レジストリにあるコホートよりも若い出生コホートに属する個人で構成されている。発見サンプルにあるすべてのコホートについての平均誕生年は1951.3年となるが、われわれのHRS分析に含まれる人々の平均出生年は1941年だった。全体としての遺伝因子が出生コホートごとに同様の重みがあるとしても、別の出生コホートについては別の遺伝因子がものを言うなら、若い方の出生コホートの重みで構成されたポリジェニック・スコアは、古い出生コホートでの予測力は下がるかもしれない。われわれのポリジェニック・スコアは、平均して若い方のコホートから推定されるので、このバイアス源は、HRSでの若い方のコホートについての方が教育を予測できるようにするだろう。かくてこのバイアス源は、先に示したパターンを動かすことはやはりありそうにない。

最後に、確認として、われわれは同じ作業をフラミンガム心臓研究のサンプル世代2と3についても行なった。こちらの遺伝子型判定時の年齢中央値は39歳で、死亡率バイアスはあまり問題になりそうにない。われわれは出生コホートとそのサンプルでのポリジェニック・スコアの予測力との間の相互作用にも有意な変化は見いださなかった（HRSの約1/3というサンプルサイズなので、やはり力は弱いのだが）。

★12 GCTA遺伝率解析は、若い方、高齢の方、両出生コホート間の変化を示さないが、身長とBMIの解析にあったのと同じ不十分な検定力の問題に陥る。

★13 たとえば、A. R. Branigan, K. J. McCallum, and J. Freese, "Variation in the heritability of educational attainment: An international meta-analysis," *Social Forces* 92 (2013):109–140を参照。この論文の世界中の双子調査についてのメタ分析は、「男性と20世紀後半に生まれた個人については、学歴の分散は遺伝的変動によって説明できる分の方が多い」（p. 132）というパターンを示した。しかし、この論文はこの説を、与えられた集団とサンプル内の違いではなく、サンプ

ルどうしの(つまりは国の)違いの上に立てている。さらに、そこで観察された分散の区分の差は、双子の生まれ方の変化(第一子出生時の年齢が上がることにより、年齢が上の夫婦の方に双子は多い)や、双子による遺伝率推定に影響することが示されている出生前の状況による可能性もある(たとえば、B. Devlin, M. Daniels, and K. Roeder, "The heritability of IQ," *Nature* 388, no. 6641 (1997): 468–471を参照)。

★14 教育の遺伝的作用の減退が分布のどこに生じているかを特定するために、私たちは教育的推移を表す線形確率モデルを推定したところで分析を行なった(R. D. Mare, "Social background and school continuation decisions," *Journal of the American Statistical Association* 75, no. 370 [1980]: 295–305を参照)。私たちは「少なくとも高卒(≥12年の学力)」、「少なくとも大学へ行った(>12年の学力)」、「大卒またはそれ以上(≥16年の学力)」、「大学を超える(>16年の学力)」に注目した。各教育段階について、われわれの分析は、下の段階を終えた人々に注目した(つまり、高校を卒業しただけの人々の間での、少なくとも大学へ行ったことがある人々を見た)。教育のポリジェニック・スコアを教育的推移にわたる予測因子(つまり出生コホート間で一定に制約される主作用)としての強さを調べると、高卒から大学進学と大学卒業へ進むにつれて、それが増えることがわかった。しかし、大学から大学院への進学をモデル化すると、再び下がった。そこでわれわれは、ポリジェニック・スコアと出生年の相互作用を調べ、ポリジェニック・スコアの効果が下がっているところは分布の下限(高卒)にあることがわかった。実際、最高の進学——大学卒業から大学院へ——では、遺伝子の効果が若い方のコホートで増えていることがわかった。私たちはまた、こうしたモデルを同じ団体のポリジェニック・スコアを用いても検査した(C. A. Rietveld, S. E. Medland, J. Derringer, J. Yang, T. Esko, N. W. Martin, H.-J. Westra, *et al.*, "GWAS of 126,559 individuals identifies genetic variants associated with educational attainment," *Science* 340, no. 6139 [2013]: 1467–1471)。とくに大学卒業を予想することを意図し、同じ結果を得た(D. Conley and B. Domingue, "The Bell Curve revisited: Testing controversial hypotheses with molecular genetic data," *Sociological Science* 3 [2016], doi:10.15195/v3.a23)。

教育段階分析は、教育制度の中での生い立ちの影響をめぐる論争に対してはものを言う。メアは("Social background")、与えられている進学がある教育の「階梯」を上がるほど、家庭面での生い立ちは、各段階での選択勾配のせいで、さほどではなくなることを唱える。教育のポリジェニック・スコアは親譲りの財産の一部

だが、家族内での違いも大きく、実は、万能主義に向かう選択勾配の作用が及ぶ技能依拠の資質の尺度だとも言える。われわれはすべての出生コホートにわたり、教育的ポリジェニック・スコアが大学の学力で最大で、高卒や大学院進学については弱いことを知った――つまり、選択勾配説には合致しない逆U字型のパターンを明らかにした。この教育段階分析を用いて、われわれは「最大に維持される不平等」説(MMI――A. E. Raftery and M. Hout, "Maximally maintained inequality: Expansion, reform, and opportunity in Irish education, 1921–75," *Sociology of Education* [1993]: 41–62参照)の遺伝子版も試験した。MMI説の予測の一つは、しかじかの教育段階(中等教育など)が飽和に近づく(つまり誰もが行けるようになる)につれて、その段階に対する階級的背景の重みは小さくなるということだ。中等教育に誰でも行けるようになると、時間とともに高卒に対するポリジェニック・スコアの影響は下がることになったはずだが、中等教育以後の就学は同じ不平等減衰の度にまでは広がらなかったので、中等教育以後の制度内での進学については、若い方の出生コホートで、ポリジェニック・スコアの影響が下がることは予想されない。ここでは、MMI説の方向で、われわれは、遺伝子特徴の重みが下がることは、教育的分布の下側半分に見られることがわかった(主として高卒と、中等教育以後への進学)。実際われわれは、大学卒業から大学院への進学については、ポリジェニック・スコアの影響の傾向は、時間とともにプラスになると見る(Conley and Domingue, "Bell Curve revisited")。

★15 もちろん、この間の合衆国での教育水準の変化の大部分は、「義務」の要請(ふつう10年の就学)の先で起きていて、20世紀後半にはさらに上の教育が拡大し、遺伝子型がものを言うはずだということを重ねて主張する。

★16 A. Okbay, J. P. Beauchamp, M. A. Fontana, J. J. Lee, T. H. Pers, C. A. Rietveld, P. Turley, *et al.*, "Genome-wide association study identifies 74 loci associated with educational attainment," *Nature* 533, no. 7604 (2016): 539–542.

★17 D. Conley and B. Domingue, "Bell Curve revisited."

★18 もちろん、教育や、さほどでなくても職業選択は、しばしば(いつもではないが)、関係が形成される前に決まっているが、所得は関係が形成された後の判断には大きく関与する。同類交配研究に関する総説については、C. Schwartz, "Trends and variation in assortative mating: Causes and consequences," *Annual Review of Sociology* 39 (2013): 451–470を参照。

★19 C. R. Schwartz and R. D. Mare, "Trends in educational assortative mating

from 1940 to 2003," *Demography* 42, no. 4 (2005): 621–646.

★20 「大学卒」は、遺伝子型の類似に反映されているかもしれない微妙な違いの多くを隠す大きな籠なので、たぶん私たちは、表現型による選別よりも遺伝子型による選別が大きくなっているのを目撃しているのだろう。つまり、遺伝子型は配偶者が何を求めているか(認知能力、満足を先延ばしする能力など、学業上の成功につながる形質)の尺度としては、単に学士号があるかないかよりも優れているかもしれない。

★21 J. R. Alford, P. K. Hatemi, J. R. Hibbing, N. G. Martin, and L. J. Eaves, "The politics of mate choice," *Journal of Politics* 73, no. 2 (2011): 362–379.

★22 たとえば、C. T. Gualtieri, "Husband-wife correlations in neurocognitive test performance," *Psychology* 4, no. 10 (2013): 771–775を参照。

★23 *Ibid.*

★24 婚姻中の様々な時点での夫婦を調べる学者は、類似性が増したとは見ておらず、将来的に収束する可能性はないとしている。しかし、すでに結婚している人々を調べるというのは、ありうる説明を区別しにくくする。理想的には、夫婦が結婚する前の情報も集められればよいのだが。たとえば以下を参照。M. N. Humbad, M. B. Donnellan, W. G. Iacono, M. McGue, and S. A. Burt, "Is spousal similarity for personality a matter of convergence or selection?" *Personality and Individual Differences* 49, no. 7 (2010): 827–830; R. R. McCrae, T. A. Martin, M. Hrebícková, T. Urbánek, D. I. Boomsma, G. Willemsen, and P. T. Costa Jr., "Personality trait similarity between spouses in four cultures," *Journal of Personality* 76, no. 5 (2008): 1137–1164; D. Watson, E. C. Klohnen, A. Casillas, E. N. Simms, and J. Haig, "Match makers and deal breakers: Analyses of assortative mating in newlywed couples," *Journal of Personality* 72, no. 5 (2004): 1029–1068; G. C. Gonzaga, S. Carter, and J. G. Buckwalter, "Assortative mating, convergence, and satisfaction in married couples," *Personal Relationships* 17, no. 4 (2010): 634–644.

★25 二つの研究で、政治学者が、ネットで人気がある実際の出会い系サイトの内容を分析した。それでわかったことは、各人がプロフィールに自分の政治面での情報は公開したがらないということだった。しかし非政治的な特徴に基づいて選択をしても、その特徴にリベラル好み、保守好みで共通するものがあるかもしれない。すると、相手の選択は明示的には政治的イデオロギーに基づいていないかもしれないが、この力学はやはり同類交配をもたらすことはありうる。C. A. Klofstad, R.

McDermott, and P. K. Hatemi, "Do bedroom eyes wear political glasses? The role of politics in human mate attraction," *Evolution and Human Behavior* 33, no. 2 (2012): 100–108 および "The dating preferences of liberals and conservatives," *Political Behavior* 35, no. 3 (2013): 519–538を参照。

★26 最近の政治学者チームによる研究は、個人が将来の配偶者について、政治的姿勢が似ているかどうかを特定できる仕組みを示唆している——それは匂いだった。もっと具体的に言うと、個人は似たような考え方の人を嗅覚による手がかりで察知するのかもしれないということだ。この研究の背後には、病気の回避、捕食者の察知など、いくつかの進化上の理由で、集団の構成員と部外者とを特定できれば役に立つということがある。嗅覚情報はそうしたことをするのを補助しやすい。この研究者グループは、被験者に、政治的立場のスペクトルで左派(リベラル)の極と右派(保守)の極にいる匿名の人々(標的)の体臭について、魅力を評価するよう求める実験を行なった。被験者は、自分とは反対の政治的傾向の標的の匂いよりも、自分と似た政治的傾向の標的の匂いの方を好意的に評価する傾向があった。なかなか刺激的な結果だが、政治的姿勢と嗅覚情報のつながりが確立したと言えるまでには、さらに調査をしなければならない。このことが見事に表れている例は、人が腐った食べ物の匂いをかいだときの嫌悪感だ。この肉体的反応は、食べると病気になったり、下手をすれば死んだりするものを避けるのに役に立つ。研究からは、嫌悪感の感度は保守的な姿勢、とくに道徳や性的指向の領域でのそれと強く相関していることがわかっている。R. McDermott, D. Tingley, and P. K. Hatemi, "Assortative mating on ideology could operate through olfactory cues," *American Journal of Political Science* 58, no. 4 (2014): 997–1005.

★27 L. Eika, M. Mogstad, and B. Zafar, "Educational assortative mating and household income inequality" (working paper w20271, National Bureau of Economic Research, Cambridge, MA, 2014), http://www.newyorkfed.org/research/staff_reports/sr682.pdf

★28 R. Breen and L. Salazar, "Educational assortative mating and earnings inequality in the United States," *American Journal of Sociology* 117 (2011): 808–843.

★29 所得の不平等が大きいときには集団間の距離が大きくなると、交際相手に出会うのはそれぞれの集団内という可能性が高くなり、さらに、所得の不平等がもっと大きくなると、下の階層と結婚しない方の動機が高まり、結婚での不均一が減るとする説もある。R. Fernandez, N. Guner, and J. Knowles, "Love and money: A

theoretical and empirical analysis of household sorting and inequality," *Quarterly Journal of Economics* 120 (2005): 273–344.

★30 http://discovermagazine.com/2003/aug/featkiss#.UuiJgWQo46g

★31 J. H. Fowler, J. E. Settle, and N. A. Christakis, "Correlated genotypes in friendship networks," *Proceedings of the National Academy of Sciences* 108, no. 5 (2011): 1993–1997. われわれは、友人間の遺伝子型相関の分析を拡張することによってこの分野での作業も行ない、学校(さらに広く言えば環境)がこうした相関の生まれ方を形成することを示した。似た友人を能動的に探していなくても、社会的構造が友人間の遺伝子型に相関を生むという役割がある。J. D. Boardman, B. W. Domingue, and J. M. Fletcher, "How social and genetic factors predict friendship networks," *Proceedings of the National Academy of Sciences* 109, no. 43 (2012): 17377–17381.

★32 蛾ではリノール酸が代謝されてフェロモンになるので、もしかするとそういうことなのかもしれない。しかし、リノール酸は脂肪細胞機能や骨形成といった、多数の身体機能にも関係する。つまり、肉体的な大きさで友人を選別していることもありうる(よく知られている現象)。

★33 しかじかの遺伝子の進化での適応度が、遺伝子型の分布全体しだいという、負の頻度依存淘汰(平衡淘汰)などの場合もある。野生の草花の草原を考えるとわかりやすい。すべての花が紫で、どれかが緑になる突然変異を受けたとすると、それは目立って授粉者(色は識別できるものとする)の目を引くかもしれない。するとこの個体は、周囲の目立たない紫の親戚より高い率で広まり、何世代かすると、その草原での緑の比率が上がる。ところがそうして緑が優勢になると、紫の方が目立ち、有利になる側が変わって、花の色の実際の分布は均衡してくる。これが遺伝学者の言う負の頻度依存淘汰だ。もちろん、緑の個体も捕食を防ぐための偽装をしようとすれば、その遺伝子型の適応度は、周囲の生物の遺伝子の特徴——たとえば、一生を送るとき花の色の背景となる葉の色——で決まる。これは正の共生的進化の道をもたらす——花の色が何らかの形で葉の助けになることも仮定すれば。

　われわれは人間の行動に関してもこの可能性を調べ、セロトニン神経系とドーパミン報酬系に見られるよく調べられている二つの遺伝子多様体に注目した。われわれは、自分の遺伝子型の作用はきょうだいの遺伝子型に依存しているかを考えた。巣で親の関心と投資を奪い合っているときには、感度が高く、要求が高い遺伝子型は、きょうだいの遺伝子型がもっと「冷淡」な場合には有利になる。しか

し逆にもなりうる。きょうだいの中で唯一声が大きい存在だったら、目をつけられて追い出されるところを、きょうだいすべてが要求の高い対立遺伝子を持っていたら、連合のようなものを組んで、親からの資源を余分に引き出すといったこともありうるだろう。

驚いたことに、ドーパミン系でもセロトニン系でも、一般に感度が高い方と規定されるような遺伝子多様体があっても(この説について詳しくは第7章)、その遺伝子型を持っているのがきょうだいの中で一人だけなら、その一人がうつになる可能性、あるいは学校での成績(家族の力学を反映するかもしれない結果の表れ)に対してまったく影響しなかった。しかし他のきょうだいも(この場合は二卵性双子の相手)同じ感度を持っていたら、最適でない結果の表れになるリスクの点で全員が悪くなる。もちろん、これまでの章で論じたように、これは比較的小さなサンプルに基づく候補遺伝子研究だということからすると、この結果は追試でも確かめられてはじめて意味があると考えられるべきだろう。

★34 身長のポリジェニック・スコアは、潜在的な相手を選別する元になる、多面発現効果の他の外面的兆候——一般的な強壮など——を持っているということかもしれない。これは興味深い謎だ。

★35 たいていの形質について親との間に正の遺伝子相関があることは、古典的な双子に基づく遺伝率推定方式が低い方に偏っていることを示唆している点にも注意すべきだろう。ACEモデルは一卵性双生児は二卵性双生児の2倍、遺伝子的に似ているので、きょうだい間相関が一卵性と同性の二卵性双生児の違いを2倍すれば、A(相加的遺伝成分)が得られると想定しているという第2章の話を思い出そう。親は(原因となる対立遺伝子について)遺伝子的に似ている場合の方が多く、二卵性双生児は平均して遺伝子的に50%を超えて似ているので、相関の差は2より大きい係数をかけるべきだということになる。もちろん、この偏りの元は、他の偏りによって相殺されるかもしれない。

★36 実は、学歴ポリジェニック・スコアによって予測される学歴成分を除いて残り——ポリジェック・スコアで予測されない部分——についての配偶者間相関を見ると、ほとんど変わりはない。つまり、図4・5に見られるバーの高さからは、遺伝子型選別の強さは表現型選別の強さの1/4ほどに見えるが、両者は実は異なる過程だ。

★37 教育について遺伝子選別が増えることはありうるが、この特定の尺度はそうであることは示していない。それが成り立つには、ポリジェニック・スコアが、学歴あるいはIQに対する全体的な遺伝子の寄与を代表していない事情について、思い切った仮定を立てなければならないだろう。生存バイアスに関係する問題もあるかもしれ

ない。われわれは分析を初婚に限ったので、遺伝子型が分かれている配偶者どうしよりも、類似の遺伝子スコアの配偶者どうしの方が、結婚が長く続く(ひいては長生きする)可能性が高いということもありうるだろう。そういうことなら、差のあるサンプルを選んだことによるコホートの差を見ることができるだろう。すなわち、年配の方の集団の方が、そのサンプルにいられるほど長生きして婚姻も長く続いた人々であるがゆえに、遺伝子型が似ているように見えて、そのサンプルにいたかもしれないスコアがばらけた人々の方は、亡くなったり離婚したりしているということだ。われわれはこの死亡仮説を直接に評価することはできないが(先の遺伝子型/表現型の傾向全体との関連性を論じ、否定はする)、再婚、再々婚が集団内に含まれるようにできれば結果が変わるかどうかを見ることはできる。こうした夫婦をサンプルに加えても、全体の傾向は変えない。

★38 今やこの結婚と結びついた『ベルカーブ』命題は不要になったので、関連する問題、すなわち、自分と配偶者の遺伝子の組合せ——特定のポリジェニック・スコアに関する不一致のような——が、結婚の質、ひいては別れる可能性を予測するかという問いに本当に答えたいところだ。しかし利用できるデータはこの課題には答えられない。この問題をアメリカという状況で考えるときには、配偶者双方についての遺伝子型情報がある合衆国の二大データベースがある。先に挙げた、「健康と退職に関する研究」にある夫婦は、私たちがそれを見る時点では年齢が高すぎて(いちばん下が50歳)、それまでに亡くなったり離婚したりしている組合せについては見られない(再婚、再々婚の例は見られるが)。また、フラミンガム心臓研究の第二世代サンプルは配偶者を含むが、単純に、サンプルの結婚について、遺伝子型の合致によって将来を追跡できるほどのデータがない。全個人の出会い市場に入ってからの記録があって、遺伝子型が関係の形成にどう影響するかが観察できればもっといいのだが、残念ながら、今利用できるデータはそのような問いに取り組めるようなものではない。関係形成の問題に取り組むには、一つの人口を遺伝子型判定する必要があるだろう。北欧諸国なら——徹底した全国的な個人記録により——見事に行なうことができるかもしれない(まだ行なわれてはいないが)。合衆国にはそのような包括的なデータ収集には否定的な強い規範がある。

★39 たとえば、R. Lynn, *Dysgenics: Genetic Deterioration in Modern Populations* (Santa Barbara, CA: Praeger Publishers, 2011)を参照。

★40 T. J. Mathews and S. J. Ventura, "Birth and fertility rates by educational attainment: United States, *Monthly Vital Statistics Report* (National Center for Health Statistics) 45, no. 10 suppl. (1994): 97–1120.

★41 R. D. Mare and V. Maralani, "The intergenerational effects of changes in women's educational attainments," *American Sociological Review* 71 (2006): 542–564.

★42 たとえば、F. C. Tropf, R. M. Verweij, P. J. van der Most, G. Stulp, A. Bakshi, D. A. Briley, M. Robinson, *et al.*, "Mega-analysis of 31,396 individuals from 6 countries uncovers strong gene-environment interaction for human fertility," *bioRxiv* (2016): 049163を参照。

★43 潜在的な死亡率に関する但書きはここでも成り立つ。

★44 次の図は、学歴についての初のポリジェニック・スコアを生み出した『サイエンス』の論文のマンハッタンプロットを示している。学歴を予測した遺伝子の力が男と女で同じなら、マンハッタンプロットのビルは似た並び方をするはずだがそうはなっていない。多くの遺伝子の効果には、統計学的に検出可能な差異はないが、こうした結果は少なくともさらに性差を調べる必要があることは示している。

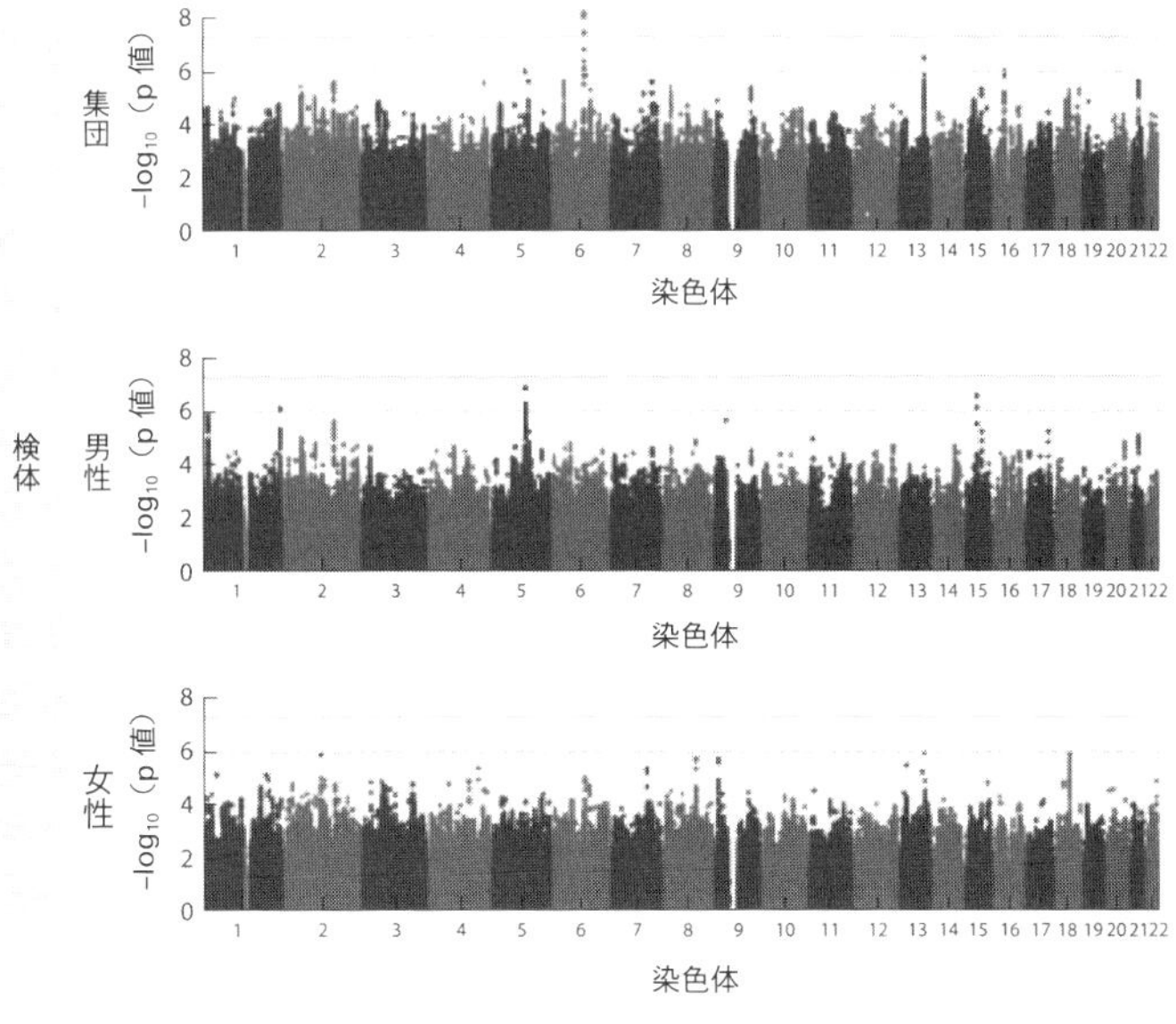

図4・7 単一のゲノム比較対照メタ分析での教育年数についてのSNPマンハッタンプロット。SNPは、各染色体上の位置に沿って、x軸上に並べられ、y軸上の教育年数との相関（p値の常用対数のマイナスで示される）に対比させて

プロットされている。実線はゲノムワイドの有意性閾（$p < 5 \times 10^{-8}$）を示し、破線は当たりを示唆する閾（$p < 1 \times 10^{-6}$）を表す。

From Cornelius A. Rietveld *et al.* (2013) GWAS of 126,559 individuals identifies genetic variants associated with educational attainment. *Science* 340 (6139): 1467–1471. Figure S5. Reprinted with permission from AAAS.
This translation is not an official translation by AAAS staff, nor is it endorsed by AAAS as accurate. In crucial matters, please refer to the official English-language version originally published by AAAS.

もちろん、性差についての分析を行なうには、さらに大きなサンプルサイズが必要となる。この説明が関心の的になるのは、それが、大学に入るフィルターになる環境の効果が男と女で違うことを示しているからだ。

第５章　人種は遺伝か？——最も緊張する、悩ましい、無意味な問い

★1 F. González-Andrade, D. Sánchez, J. González-Solórzano, S. Gascón, and B. Martínez-Jarreta, “Sex-specific genetic admixture of Mestizos, Amerindian Kichwas, and Afro-Ecuadorans from Ecuador,” *Human Biology* 79, no. 1 (2007): 51–77.

★2 遺伝的浮動とは、生物体がランダムに抽出されるせいで集団内の遺伝子多様体の頻度に変化が生じること。子の遺伝子多様体は親にあったもののサンプルなので、それが(偶然に)抽出される可能性は、しかじかの遺伝子型が集団に残るかどうかを決める役割を演じている。

★3 R. Bhopal, “The beautiful skull and Blumenbach’s errors: The birth of the scientific concept of race,” *BMJ* 335 (2007): 1308.

★4 ブルーメンバッハは肌の色や色素を分類手段としては退け、人種間の違いは主として気候によるもので、それが皮膚の色(植物の色にも)、頭蓋骨の構造、体格にも影響したと唱えた。ブルーメンバッハによる特筆すべき主張には、最も美しい民族は今で言うジョージア〔旧称グルジア〕の人々だとか、白い皮膚は人類最初の肌の色だ(白から茶色に濃くなる方が逆よりも容易だという推論)というものもある。

こうした分類体系はその後縮小も拡大もした。ジョルジュ・キュヴィエ(1769〜1832)は、人種は三つ——コーカサス、エチオピア、モンゴル——と唱えた(J. P. Jackson and N. M. Weidman, *Race, Racism, and Science: Social Impact and Interaction* [New Brunswick, NJ: Rutgers University Press, 2005], 41–42)。カール・リンネは1793年刊の著書『自然の体系』で、ヒトという種を、白色ヨーロッパ人、赤色アメリカ人、褐色アジア人、黒色アフリカ人と分けている。大半の分類

に共通の特徴は、特定の人種数を保持することよりも、白人が優れていて黒人は劣っているという主張だった。

★5 ここでは省略して簡略化している。私たちはなお、ある時期について地理の境界を定めなければならない（通常は現代の国の配置によって）。「系統」（ancestry）は、「先住の人々」に合うように意図されているが、先住であるというのは、何らかの時期によって決まることでもある。イギリス系とは、ノルマン征服《コンクエスト》以後の集団を指すが、「アフリカ人」の両親からイギリスで生まれた子は含まない。また、今や合衆国の特定の地域に数百年も暮らす家系がありえても、「合衆国系」のような区分はない。

★6 社会科学者が利用する国勢調査の人種区分は、系統樹上で分かれているように見える広い集団に分けているので遺伝子的な意味は比較的あると論じることもできるだろう。（主として）アフリカ由来、ユーラシア由来、アメリカ先住民由来——ブルーメンバッハの四つまたは五つの区分を三つに変更している。しかしそうすることは、集団間に相当にある結婚（遺伝学者が「混合（admixture）」と呼ぶこと）を無視することになるし、混合度が最も高い集団で、先住民系、アフリカ系、ヨーロッパ系の比率が民族集団によって異なるが、無視できないほど高い南米系は認めないことになる。たとえば、メキシコ系アメリカ人は、アジア系の度が高いが、プエルトリコ人はアフリカ系を相当程度に示す（この混合については本章でも後で少し詳細に取り上げる）。

★7 L. Wacquant, "Deadly symbiosis when ghetto and prison meet and mesh," *Punishment & Society* 3, no. 1 (2001): 95–133.

★8 しかし近年では、DNA分析によって、多くのアフリカ系アメリカ人が民族のアイデンティティを、系統分析によって特定の系統をたどることにより、容易に再確認できるようになった。たとえば、A. Nelson, *The Social Life of DNA: Race, Reparations, and Reconciliation after the Genome,* (Boston, MA: Beacon, 2016)を参照。

★9 クワンザという行事〔毎年12月26日～翌1月1日〕はいわゆる原則を証明するような例外となる〔わざわざそういうものを作らなければならないほど何もなかったということ〕。始まったのはほんの50年前の合衆国で、アフリカ系アメリカ人の1～5%がこれを祝うと言われている。M. Scott, "Kwanzaa celebrations continue, but boom is over," *Buffalo News,* December 20, 2009, http://web.archive.org/web/20091220052310/http://www.buffalonews.com/260/story/897568.html

★10 たとえばヨーロッパ人、あるいはヨーロッパ由来の人々は、両種間の交配の結果と

して、ゲノムの1〜3%がネアンデルタール系となっている。たとえば、S. Sankararaman, S. Mallick, M. Dannemann, K. Prüfer, J. Kelso, S. Pääbo, N. Patterson, and D. Reich, "The genomic landscape of Neanderthal ancestry in present-day humans," *Nature* 507 no. 7492 (2014): 354–357を参照。

★11 もちろん、さらにさかのぼれば、全人類は、最初の「アダム」と「イヴ」、つまり最初の現生人類と呼ばれる存在の子孫だ(ただし、本当に万人の祖父母となる一組がいたかと言えば、大いに論議の的になる)。それでも、アフリカのゆりかごの内部では、何万年もの間、突然変異が現れて蓄積できて、人類の祖先のゆりかごに——当時も今も——住む集団に大きな遺伝的多様性をもたらした。しかし北東アフリカを出た人々は、当時のその集団にあった遺伝子多形のみを持ち出した。これは人類という種の中の同じ時代の多様性のうちのごく小さな部分でしかない。もちろん、リフトバレーを出て以来の6万年の間に新たな突然変異があっただろうが、それはアフリカ内外で生じる率と同じだった。

★12 中立説は、淘汰圧がなくても、突然変異と浮動の過程を通じて、遺伝的変動が生じて維持されるとする。M. Kimura, *The Neutral Theory of Molecular Evolution* (Cambridge: Cambridge University Press, 1984).〔木村資生『分子進化の中立説』日下部真一、向井輝美訳、紀伊國屋書店(1986)〕

★13 もっと正確に言うと、対立遺伝子がハーディ=ワインバーグ平衡にあるとしている。ハーディ=ワインバーグ平衡とは、移住、淘汰、突然変異がなく、ランダムな交配が生じる実効的交配集団サイズが大きいために対立遺伝子頻度が集団で安定している理想的な状況のことを言う。

★14 別の多様性の尺度——F統計量と呼ばれる——を、東アフリカからの移住距離と対比してきちんとグラフにすると、この堅固なパターンが見られる(たとえば、Q. Ashraf and O. Galor, "The 'Out of Africa' hypothesis, human genetic diversity, and comparative economic development," *American Economic Review* 103, no. 1 (2013): 1–46)。F統計量は集団構造を反映する同系交配の尺度で、これは要するに、ハーディ=ワインバーグ平衡での予想される対立遺伝子頻度と、集団内、あるいは集団間に観察される率との差のことだ。

★15 この区別は、先に触れたようなアフリカを出た人々がホモ・サピエンス以外、つまり現生人類が進化するよりも前にアフリカの外へ移住したネアンデルタール人やデニソワ人と交配したという事実を考慮に入れても成り立つ。

★16 こうした数字はアフリカ起源か非アフリカ起源かが話の枢要な部分であることを明瞭に示すが、こうした数字をもたらすデータをどのようにして得るのかと思われてい

るかもしれない。実際、集団の遺伝子のクラスタリングをどのように行なったかについての批判がいくつかある。たぶん、最も的を射ているのは、研究者がヒトゲノム多様性プロジェクト(HGDP)について得ているサンプルに基づく診断バイアスがあるという批判だ。われわれは何万年もの間に起きた移住や遺伝的浮動の様子を記述しようと試みていて、その時期についての遺伝子データはない。今の世界的な遺伝子状況を正確に表したものが欲しいとすれば、どうすべきなのだろう。

研究者がとる典型的な方式は、人が現在、自分で属していると思っている民族集団を調べて、そのDNAを集めることだ。この方式はいくつもの前提に依拠する。まず、しかじかの地理的範囲内で、そこに今日暮らしている人々は、数千年前から同じ地域に暮らしていたのと同じ集団であると仮定している(当然、民族集団が近年になって移動していることが知られているとき、そのことは考慮される)。また、この自分が属していると思っている集団は、比較的独立した交配集団をなすと仮定している。つまり、中国のように大きな国でもオランダのような小さな国でも一国の中で相当の遺伝的多様性があることを軽視はしていないが、オランダや中国のいろいろな地域から得た部分サンプルをたくさん取ったとしても、地球全体レベルでの状況を変えることはない——つまり図5•4は同じように見えると仮定している。すると、今あるように見える人間の集団の分布全体にわたってランダムにDNAを抽出する、地理的に理想的な方式があるかもしれないが、それによってここに述べた基本的な話が変わることはまずないだろう。

しかし、いくつかの顕著な例外はあるが、遺伝子データの仮説抜きの解析は、頭蓋骨の形態や骨格の特徴に基づく祖先や移住を分類する従来の研究をおおむね追認する。この方式は、民族言語学的変動のクラドグラム(分類系統樹)と遺伝的変動のクラドグラムとの対応によってさらに妥当とされる。N. Creanza, M. Ruhlen, T. J. Pemberton, N. A. Rosenberg, M. W. Feldman, and S. Ramachandran, "A comparison of worldwide phonemic and genetic variation in human populations," *Proceedings of the National Academy of Sciences* 112, no. 5 (2015): 1265–1272を参照。

★17 "Zea mays," Gramene, http://ensembl.gramene.org/Zea_mays/Info/Index

★18 K. McAuliffe, "They don't make Homo sapiens like they used to," *Discover*, March 2009, http://discovermagazine.com/2009/mar/09-they-dont-make-homo-sapiens-like-they-used-to

★19 M. D. Weight and H. Harpending, "Some uses of models of quantitative genetic selection in social science," *Journal of Biosocial Science* (2016):

1–16, doi: 10.1017/S002193201600002X.

★20 J. Hawks, E. T. Wang, G. M. Cochran, H. C. Harpending, and R. K. Moyzis, "Recent acceleration of human adaptive evolution," *Proceedings of the National Academy of Sciences* 104, no. 52 (2007): 20753–20758.

★21 遺伝子同類交配でさえ、十分に優勢なら、有意な大きさの遺伝子的差異を引き起こせる。しかし、この場合は社会内の分裂になる可能性が高い。たとえば、H. Harpending and G. Cochran, "Assortative mating, class, and caste," in *The Evolution of Sexuality*, ed. T. K. Shackelford and R. D. Hansen (New York: Springer, 2015), 57–67を参照。

★22 E. Milot, F. M. Mayer, D. H. Nussey, M. Boisvert, F. Pelletier, and D. Réale, "Evidence for evolution in response to natural selection in a contemporary human population," *Proceedings of the National Academy of Sciences* 108, no. 41 (2011): 17040–17045, http://www.pnas.org/content/108/41/17040

★23 この間違いは成功を運(遺伝的浮動)のせいにするか、努力と能力(自然淘汰)のせいにするかの党派的違いに似ている。R. H. Frank, *Success and Luck: Good Fortune and the Myth of Meritocracy* (Princeton, NJ: Princeton University Press, 2016)を参照〔フランク『成功する人は偶然を味方にする』月沢李歌子訳、日本経済新聞出版社(2017)〕。

★24 B. Bogin and M. I. Varela-Silva, "Leg length, body proportion, and health: A review with a note on beauty," *International Journal of Environmental Research and Public Health* 7, no. 3 (2010): 1047–1075.

★25 M. J. Zuidhof, B. L. Schneider, V. L. Carney, D. R. Korver, and F. E. Robinson. "Growth, efficiency, and yield of commercial broilers from 1957, 1978, and 2005," *Poultry Science* 93, no. 12 (2014): 2970–2982, http://ps.oxfordjournals.org/content/early/2014/09/26/ps.2014–04291.abstract

★26 こうした変化は、上海は今やイタリアなみの所得水準に達しているが西部の奥地はアフリカ諸国の方に近いという中国の台頭物語にはもしかしたらありうるような、選択的移住——遺伝子的に有利な人々が今繁栄している地域に集まっている——のせいにもできない。

★27 J. Kourany, "Should some knowledge be forbidden? The case of cognitive differences research," *Philosophy of Science*, 2016 (in press).

★28 J. Novembre, T. Johnson, K. Bryc, Z. Kutalik, A. R. Boyko, A. Auton, A. Indap, *et al.*, "Genes mirror geography within Europe," *Nature* 456, no.

7218 (2008): 98–101.

★29 PCAが仮説に基づく分析ではなく、理論によらない統計学的作業だという事実には、恩恵もあれば、影響もある。恩恵の一つは、この手順が利用できるデータを、集団化にあらかじめ定められた人種や民族のラベルを押しつけることなく結合し、まとめるだけだという点。影響の一つは、PCには明瞭で具体的な解釈がないところ。データが遺伝子変数を測定しているときは、PCはDNAにある規則性を捉える。先に論じたように、DNAデータで鍵になる規則性は、移住、遺伝的浮動、混合を反映し、PCに「系統」という名をつけるのは妥当に思われる。しかしそのような名称は、祖先の遺伝子型の尺度と社会経済的な面に表れる結果とにありうる結びつきを調べる分析に根拠を提供する多くの前提の一つとなる。

★30 これはわれわれのデータだけにあるパターンではない。たとえば以下を参照。F. Zakharia, A. Basu, D. Absher, T. L. Assimes, A. S. Go, M. A. Hlatky, C. Iribarren, *et al.*, "Characterizing the admixed African ancestry of African Americans," *Genome Biology* 10, no. 12 (2009): R141; K. Bryc, A. Auton, M. R. Nelson, J. R. Oksenberg, S. L. Hauser, S. Williams, A. Froment, *et al.*, "Genome-wide patterns of population structure and admixture in West Africans and African Americans," *Proceedings of the National Academy of Sciences* 107, no. 2 (2010): 786–791; R. Yaeger, A. Avila-Bront, K. Abdul, P. C. Nolan, V. R. Grann, M. C. Birchette, S. Choudhry, *et al.*, "Comparing genetic ancestry and self-described race in African Americans born in the United States and in Africa," *Cancer Epidemiology Biomarkers & Preventions* 17, no. 6 (2008): 1329–1338.

★31 Novembre *et al.*, "Genes mirror geography."

★32 K. Bryc, E. Y. Durand, J. M. Macpherson, D. Reich, and J. L. Mountain, "The genetic ancestry of African Americans, Latinos, and European Americans across the United States," *American Journal of Human Genetics* 96, no. 1 (2015): 37–53.

★33 先祖と対応させるためにPCをどう使うかの例としては、たとえば、A. L. Price, N. A. Zaitlen, D. Reich, and N. Patterson, "New approaches to population stratification in genome-wide association studies," *Nature Reviews Genetics* 11, no. 7 (2010): 459–463; G. McVean, "A genealogical interpretation of principal components analysis," *PLoS Genetics* 5, no. 10 (2009): e1000686を参照。

★34 S. Baharian, M. Barakatt, C. R. Gignoux, S. Shringarpure, J. Errington, W. J. Blot, C. D. Bustamante, *et al.*, "The Great Migration and African-American genomic diversity," *PLoS Genetics* 12, no. 5 (2016): e1006059.

★35 何と言っても、「部族」によって固まるところが肝心で、家族は最も基本的な部族だ。

★36 組換えと分離のランダムさによる。

★37 フラミンガム心臓研究とミネソタ双生児家族調査の二つで、どちらもほとんど白人のきょうだいによる高度に等質的なサンプル。つまり、PCのきょうだい差からは私たちが人種差と呼ぶものは検出されず、民族的な差となる。あるいはむしろ、民族比率の違いに近いものだ——きょうだいそれぞれのDNAのるつぼが、イタリア系と比べてドイツ系をどれほど含んでいるかというような。

★38 直観的には、この分析は単純に見えるが、詳細の多くは明らかになっていない。手法としては、きょうだいそれぞれが、親から受け継ぎうる文字を元に、ランダムに各位置の遺伝子文字を受け取っているという考え方を用いる。きょうだいの文字が各位置で違う程度はランダムで、小さな遺伝子のくじが何百万回と行なわれることになり、それによる結果の表れへの因果的作用を推定するのに使えるかもしれない。細かいところを一つ挙げれば、きょうだいが親が持っている文字だけを受け取れるということだ。きょうだいどうしの違いは、親がヘテロ接合(文字が異なる)である場所だけにありうるので、きょうだいのすべての対がすべての個々の遺伝子くじに「適格」というわけではなく、与えられたポリジェニック・スコアの重要な部分をなすくじにとってきょうだいが一般に適格かどうかはわからない。

細かいところの第二は、ポリジェニック・スコアがSNPの情報を、ゲノム全体の「リスクのある」対立遺伝子の数に基づいて、ごく単純に足し合わせるということだ。きょうだいモデルはきょうだい間の最終的なポリジェニック・スコアの違いを取り上げて、この違いを、きょうだいの学歴の違いに重ねる。しかしこれでは単純すぎるとしたらどうなるだろう。教育ポリジェニック・スコアの「動作」すべてが1番の染色体にあり、きょうだいによってはその染色体にほとんど違いがなかったり、多くの違いがあったりするとしたらどうだろう。あるいは、あるきょうだいの組合せについてのスコアの不一致の源が、ほとんど8番の染色体にあるが、同類交配のパターンの違いのせいで、一部は6番の染色体にもあるとしたらどうなるだろう。そうして、表面的には、きょうだいの差異はそれぞれの家族内部でランダムに見えるかもしれないが、きょうだいの組合せ全体で、ゲノムのどこにそうしたスコアの違いが生じるかによって、集団構造が忍び込むかもしれない。

第三に、先に触れたように、きょうだいの差異モデルは——候補遺伝子研究に

ついてさえ——集団構造(したがって家族間の環境の違い)と対立遺伝子の影響の間のつながりを切る。しかし家族内比較については内的に整合するが、家族内で生まれた推定が、同じ遺伝子型／表現型関係の家族間差異に外的妥当性があるかという問いについては答えは出ない。つまり、ニッチ形成あるいは逆に家族内での補償のせいで、そのようなモデルは、私たちが集団全体に一般化したい効果を過大評価するか過小評価しているということかもしれない。実際、第3章で取り上げたように、教育ポリジェニック・スコアは家族内では家族どうしよりも影響が大きいように見え、この形での流動性のエンジンとして動作している。

もう一つの細部はすでに論じたものだ。PGSとPC分析は、遺伝の仕組みを理解しにくくする。教育についてのポリジェニック・スコアが11か10かで、就学期間が1か月増えることは、特定の遺伝機構については、ある遺伝子においてTではなくAがあることが1日就学期間を増やすことが示せる候補遺伝子方式ほど明らかにできるわけではない。1日単位の影響を探しているのであれば、私たちはきょうだいについて、遺伝子型の学歴に対する効果を見積もれるほど大きなデータ集合が手に入ることはないかもしれないというのは正当な反論だ。

★39 しかし、きょうだい分析は独自の問題を起こす。お互いの間でのもれの効果があって、家族内で効果を抑えるとか、ニッチ形成で作用を過大に言うことになるとか。加えて、家族内の不一致にある特定効果は、測定誤差が相当にある場合には独自の問題を生じる。たとえば、T. Frisell, S. Öberg, R. Kuja-Halkola, and A. Sjölander, “Sibling comparison designs: Bias from non-shared confounders and measurement error,” *Epidemiology* 23, no. 5 (2012): 713–720を参照。

★40 もっとも他のそれほどには成り立ちそうに見えない説明もやはり可能性はあるが——人種による出生時体重の別の原因が考えられるようになる遺伝子-環境相互作用のような——そのような選択肢は、人種差の「素朴な」分析の場合よりはずっと少ない。Dalton Conley and Kate W. Strully. “Birth weight, infant mortality, and race: Twin comparisons and genetic/environmental inputs.” S*ocial Science & Medicine* 75, no. 12 (2012): 2446–2454を参照。

★41 もちろん、健康な人の方が太陽に当たらないことが多い(したがって軽い)仕事を得るということもありうるが、やはり別の説明があてはまる範囲や妥当性は、遺伝子の比較対照とともに大きく弱められる。他の仮定の下では、健康に表れる結果に対する遺伝子的に(太陽ではなく)誘発された皮膚の色の純粋に環境的な影響を評価するために、皮膚の色の遺伝子を使ってきょうだいの色の違いを予測できる(ここでの前提は、皮膚の色遺伝子が血圧には直接影響しないとしている)。

★42 Ann J. Morning, Department of Sociology, New York University, 電子メール。

第6章　諸国民の富――遺伝子に関係があるか？

★1 J. d'A. Guedes, T. C. Bestor, D. Carrasco, R. Flad, E. Fosse, M. Herzfeld, C. C. Lamberg-Karlovsky, *et al.*, "Is poverty in our genes?" *Current Anthropology* 54, no. 1 (2013): 71–79.

★2 http://data.worldbank.org/topic/poverty

★3 "GDP per capita," Data, World Bank, http://data.worldbank.org/indicator/NY.GDP.PCAP.CD?order=wbapi_data_value_2013+wbapi_data_value+wbapi_data_value-last&sort=asc

★4 "Life expectancy at birth, female (years)," Data, World Bank, http://data.worldbank.org/indicator/SP.DYN.LE00.FE.IN?order=wbapi_data_value_2012+wbapi_data_value+wbapi_data_value-last&sort=asc

★5 "Korea, Rep.," Data, World Bank, http://data.worldbank.org/country/korea-republic

★6 "North Korea," The World Factbook, Central Intelligence Agency, https://www.cia.gov/library/publications/the-world-factbook/fields/2004.html#kn

★7 また、北朝鮮は1950年代の朝鮮戦争でひどく破壊されたことも思い出そう。この国の発展が成功していないのは戦災のせいで、必ずしも朝鮮労働党の支配下で設置された制度のせいではないのではないかと考えてもいいかもしれない。また、北朝鮮での工業生産は、1957年段階では完全に回復していたとする報告もある。北朝鮮も、1910年から45年にかけての日本による統治下でもっと急速に工業化していて、最初から不利だったわけではない。38度線に「近い」ところでの成果の違いの比較は、恣意的に定められた境界のせいで、とくに説得力がある。R. L. Worden, ed., *North Korea: A Country Study*, 5th ed. (Washington, DC: Federal Research Division, Library of Congress, 2008.

★8 アフリカの河川盲目症（糸状虫症）は、とくにサハラ以南のアフリカで河川のそばに棲息するブユによって広められる寄生虫に感染することで引き起こされる疾患で、感染による失明の原因としては第2位となっている（1700万〜2500万人が罹患）。

★9 S. Enrico and R. Wacziarg, "How deep are the roots of economic development?" *Journal of Economic Literature* 51, no. 2 (2013): 325–369.

★10 ジャレド・ダイヤモンドは、温帯性の植物は、熱帯性の植物より、人間にとっての可食部分に蓄えられるエネルギーが多いこと、現代に近い方の時期の氷河の前進

と後退は、熱帯の外の土壌を豊かにしたことという例を挙げる。J. Diamond, "What makes countries rich or poor?" *Why Nations Fail: The Origins of Power, Prosperity, and Poverty,* by Daron Acemoğlu and James Robinson〔『国家はなぜ衰退するのか』〕の書評。*New York Review of Books,* June 7, 2012, http://www.nybooks.com/articles/2012/06/07/what-makes-countries-rich-or-poor/

★11 もちろん、東西の交易はいつも利益になるわけではないことは、14世紀にヨーロッパの人口の約1/3が死亡した腺ペストの流行〔貿易品についたノミによってもたらされたとされる〕が証立てている。

★12 O. Galor and Ö. Özak, "The agricultural origins of time preference" (working paper w20438, National Bureau of Economic Research, Cambridge, MA, 2014).

★13 T. Talhelm, A. Zhang, S. Oishi, C. Shimin, D. Duan, X. Lan, and S. Kitayama, "Large-scale psychological differences within China explained by rice versus wheat agriculture," *Science* 344, no. 6184 (2014): 603–608.

★14 A. Alesina, P. Giuliano, and N. Nunn, "On the origins of gender roles: Women and the plough," *Quarterly Journal of Economics* 128, no. 2 (2013): 469–530.

★15 遠い過去の環境過程や因子が現代の成功した経済成長にとって重要だとする筋書きに対しては、「運命の逆転」という筋書きが対置される。これによれば、初期の運命は現代の発展を予想するプラスの因子ではないだけでなく、因子となるとすればマイナスの因子だという。たとえば、Daron Acemoğlu, Simon Johnson, and James Robinson, "Reversal of fortune: Geography and institutions in the making of the modern world income distribution," *Quarterly Journal of Economics* 117, no. 4 [2002]: 1231–1294は、西暦1500年に一部の社会を豊かにした地理的・環境的因子は、実は現代にあっては同じ地域を貧しくしているという証拠を示す。その分析では、かつてのヨーロッパの植民地が、あるプラスの地理的因子(鉱物の存在)があればこそ、ヨーロッパによる植民地化をもたらし、そのことが長年の間に、制度の失敗のせいで、地元の人口の状況を悪くすることになったかもしれないということに注目する。もっと新しいところでは、Areendam Chandra, C. Justin Cook, and Louis Putterman, "Persistence of fortune: Accounting for population movements, there was no post-Columbian reversal," *American Economic Journal: Macroeconomics* 6, no. 3 [2014]: 1–28の出した結果に

よって、こうした運命の逆転の結果が複雑になっている。この研究は、移民のパターンが「逆転」の一部を説明するという。1500年のプラスの環境条件を経験した場所は運命の逆転を経験しているが、1500年にこうしたプラスの条件を経験した民族は(実際にはその子孫が)、今や1500年当時とは異なるところで暮らしているため、元の運命が残っている。

地理歴史的視点の中から生まれる下位分野もあって、同じ地理的条件が後の展開——そうした効果はさらに別の因子による——にプラスの影響もマイナスの影響も持ちうるかどうかを調べ、地理的有利不利の雪だるま効果にさらに複雑さを加えている。地元の地形の「でこぼこ(ruggedness)」が良い例だ。Nathan Nunn and Diego Puga, "Ruggedness: The blessing of bad geography in Africa," *Review of Economics and Statistics* 94, no. 1 [2012]: 20–36は、地形のでこぼこが、国として表れる結果に逆の効果を持ちうると論じている。それは、農業、建設、貿易のような形成因子によって、現代の国の成功の多くの面に直接のマイナスの蓄積する影響を持つことがありうる。でこぼこは農地を囲い込んだり、近隣との交易のために移動したり、丈夫な家や学校を建てるのを難しくする。つまり、発達した国々の中にある山岳地域は、平らな地域よりも遅れることになる。しかし、でこぼこには明るい面もある。奴隷貿易初期のアフリカを考えよう。でこぼこの地形は実際、奴隷狩りや奴隷貿易にとっては障害となり、地元の人々は安全で、近隣のそれほどでこぼこでない地域の人々が乱暴に捕らえられ、新世界に売られ、奴隷になる間に、村やインフラを拡充できた。実際、研究からは、集団を保護する(間接的な)歴史的プラスの効果は、現代の(直接的な)マイナスの効果の2倍あるかもしれないことが示されている。

★16 この研究は、多くは人種差別・外国人嫌いに由来する古い論争を掘り返す。これまでの章で述べたように、遺伝学と社会科学の統合によって、機会も落とし穴もできる。集団遺伝学、マクロ経済学、社会科学を組み合わせると、そうした問題は拡大する。実際、遺伝学(暗黙のうちに人種や家系)と、国の成功/失敗との交差の新たな説明は、ヨーロッパ諸国の成功と他の(しばしばアフリカ)諸国が成功していないことを、諸国民の「人種」の間にある「優劣」という生物学的・遺伝学的違いのせいにする点で歴史的に科学(と疑似科学)を利用したり誤用したりしてきたことを認識し、反省しなければならない。第5章で取り上げたように、こうした理論の多くは科学的に妥当でないことが示されつつあるし(重要な倫理的・道徳的問題以外にも)、それほど目が開かれていない時代の遺物になる、と期待される。たとえば、第2章で、著者は『ベルカーブ』の遺伝子階層化(遺伝子支配)に関する警

告を取り上げた(そして退けた)。第5章では、さらに「人種の遺伝学」の仮面をはいだ。加えて、過去に遺伝学や生物学の先行「研究」を誤用して、表れる結果の国ごとの違いを記述することがあった。その誤用は認識したうえで、その先へ進みたい。そのようなことを認識するからといって、集団遺伝学と社会科学の新たな統合には異論の余地がないとか、過去の色を帯びていないということではない。

★17 Q. Ashraf and O. Galor, “The ‘Out of Africa’ hypothesis, human genetic diversity, and comparative economic development,” *American Economic Review* 103, no. 1 (2013): 1.

★18 こうした計算は、実は思うよりも複雑で、遺伝的多様性の尺度を生み出す方法はいくつかある。実際、私たちは世界中の集団の、同じ人口空間(たとえば国)にいる人々の無作為に抽出した対を比べるのに使えるような、十分な遺伝子データを得ていない。それはデータ集合にあるすべての国の人々の大規模なサンプルを必要とするだろう(図6・1には109か国が含まれている)。ところが、使われているのはもっと少ない53の民族集団の集合で、一集団に100人もいないこともある。この情報——たとえばシベリアのヤクート族についての遺伝的多様性が計算され、それからその数(多様性スコア)がヤクート族の人々が現に住んでいるどの国にも——この場合ロシア——人口に対する比率に沿ってあてはめられる。次のような例もある。研究者はフランス人という民族集団の遺伝的多様性を推定して、その数字をフランスという国にあてはめることができる(フランス人の人口に対する比率に沿って、北アフリカなど世界各地の民族集団の情報を加える)。研究者は「フランスの」多様性水準を合衆国の多様性水準スコアに、合衆国でフランス系だと言っている市民の数に比例してあてはめ、また今もフランス人集団がいる旧フランス植民地にもあてはめることになる。国の多様性尺度を創るために組み合わされる民族集団尺度を使うのとは別に、各民族集団の地理的位置の関係を、出アフリカ移住経路と対比して、各国の遺伝的多様性の予測を立てることもある。

★19 Ashraf and Galor, “The ‘Out of Africa’ hypothesis,” 3.

★20 この理論をもっと複雑にすると、遺伝的多様性によって、さらに大きな分業が可能になるということになる。たとえば、生産するために精密運動技能と大まか運動技能の両方を必要とする(つまり両技能が相補的な)商品があるかもしれない。両方の「型」を持っていると、「精密運動」だけか「大まか運動」だけしかないところには存在しないような商品が生産できる。

★21 E. Spolaore and R. Wacziarg, “Ancestry, language and culture,” in *The Palgrave Handbook of Economics and Language,* ed. V. Ginsburgh and S. We-

ber (London: Palgrave Macmillan, 2015), 174–211.

マクロ遺伝子経済学には、遺伝学を使って、成長のパターンではなく、集団間の相互作用を説明するという分野もある。この研究は遺伝的多様性の長短のロジックを使って、国の発達に表れる結果を説明し、諸国間の遺伝子的類似(遺伝子的距離)の水準がどのように交易や暴力などの関係のパターンを決めるかを問う。マクロ経済学者のエンリコ・スポラオーレとロマン・ワジアルグは、この研究の先頭に立った。"War and relatedness" (working paper 15095, National Bureau of Economic Research, Cambridge, MA, June 2009, http://www.nber.org/papers/w15095)では、国内の集団が遺伝子的に互いに近縁度が高い国の方が、州どうしの対立が多くなることを示した。この発見は、州間、集団間の紛争に関する多くの理論に逆らっている。20世紀初頭にさかのぼると、ウィリアム・サムナーが、民族的非類似性は戦争や掠奪《りゃくだつ》と相関するが、文化的に似ている社会はそれほど争わないという仮説を立てた。スポラオーレとワジアルグの論文の第二の仮説は、地理的——文化的ではなく——近さは紛争理解の鍵ということだった。境を接する国々は、歴史や文化をある程度共有することも多いので、文化の効果から近さの効果を解明するのは難しい。実際には、二人は旧仮説を、地理的近さを抑えても、遺伝子的類似性は高い水準の対立に結びついていることを見いだしてひっくり返す。

スポラオーレとワジアルグは、遺伝的多様性の相反する関係と同じく、国と国の遺伝子的距離についての相反する関係の可能性の概略を描く。プラス側では、遺伝子的に似ている国の方が、紛争を平和的に解決するのに資する共通の文化的習慣や理想を持つかもしれない。しかし、類似と接触部の大きさは反面では、不一致と対立に至るということで、不一致の一部は戦争になるほど大きいかもしれない。実は、この二人の著者の結論は、戦争に関しては欠点の方が恩恵を上回ることを言う。遺伝子的に似た国どうしは交流も多くなり、そのような交流のパターンは対立やその後の戦争になるという。これは紛争の「接触」理論——国々は交流がある相手と対立するのであって接触がない相手とではないということだ。

もっと新しいところでは、同じ二人が国どうしの遺伝子的距離を、国民間の文化的類似の概略的尺度(簡易統計)として提起した。これも従来の文化や規範の社会科学的尺度を世界中の爆発的に増えている遺伝子データと組み合わせる上で、重要だが異論もある一歩となる。二人は国の集団間の遺伝子的距離の尺度が、集団間の「距離」を示す別の尺度、規範についての調査から得られた、言語、宗教、「価値観」といったもの(「伝統的な」家族的価値観を持つとか、男女平等の

考え方に賛成するとか)と統計学的に関係していることを示す。

★22 表れる結果として最もわかりやすいものではないが、人口密度はこの時期(コロンブス以前)の国レベルでの分析ではよく用いられる。一部には、これが1500年当時の世界中の国レベルでのGDPデータがないことの反映でもある。マクロ経済学者は人口密度が富や成長に関係する幅広い状況を捉えていると解く。インフラと物質的富を持った都市あるいは国家だけが、高い密度を継続して維持できるだろう。

★23 因果関係を認めること自体が大きな一歩となる。アシュラフとガローはどのようにして、多様性や成長と統計学的に対応していそうな他の「潜んでいる」過程を分離して、遺伝的多様性と国の成長の因果関係のみに注目できるのだろう。二人はこの点をほぐし出すために興味深い方式を唱える。遺伝的多様性とは結びつくが、成長にやはり影響するかもしれない他の仮定とは結びつかない、社会科学研究で操作変数と呼ばれる変数を定めるのだ。

二人はこの方式を、集団遺伝学や歴史的解析の確立した知見を用いることによって進める。東アフリカのリフトバレーの人類のゆりかごからある国までの徒歩で進む距離は、その国の遺伝的多様性を予測する。二人はこの距離の尺度が操作変数——つまり遺伝的多様性にのみ影響して、他の仮定には影響しない変数——の役割を埋めると説き、また、その分析の中で、植民地化のパターン、国の緯度と経度、新石器革命の年代など、主要な他の仮説の多くを統計学的に抑制する。こうして二人は、データ集合にあるすべての国について、この地理的距離(徒歩で、出アフリカの)の尺度を作り、距離尺度を用いて、国レベルの遺伝的多様性を統計学的に予測する。それからこの遺伝的多様性の水準を統計学的に国の成長に結びつける。二人の仮定が正しければ——出アフリカ移住距離が遺伝的多様性との結びつきのみを通じて国の成長と対応するのであれば——因果関係が見つかったと言える。他の人が、遺伝子尺度と成長の両方と相関する別のありそうな説明をもたらすまでは。

★24 アルベルト・アレシーナとエリアナ・ラ・フェッラーラは、民族的多様性、断片化、不均一性の尺度を用いて、経済面に表れる結果の総体を調べる文献を総説している(Alberto Alesina and Eliana La Ferrara, “Preferences for redistribution in the land of opportunities,” *Journal of Public Economics* 89, no. 5 [2005]: 897–931)。二人はまた、国レベルの成長や、福祉国家の大きさと寛容度など、この種の多様性の代償と恩恵を幅広く見渡している。

表れる結果への民族的多様性の影響についての諸概念と経験的知見を、民族

的多様性と遺伝的多様性がからみあっているという考え方と組み合わせると、遺伝的多様性の尺度に効果があるということになりうる。しかし、こうした知見をある領域から別の領域に広げるのには（密接に関係していても）さらに根拠が必要となる。

★25 E. Spolaore and R. Wacziarg, "War and relatedness," *Review of Economics and Statistics*, 2016 (in press).

★26 乳糖分解酵素（ラクターゼ）は乳糖（ラクトース。ミルクに甘い味をもたらす糖分）を分解する酵素で、ラクターゼがなかったら、乳製品を摂取すると、嘔吐《おうと》、下痢などの乳糖不耐性症状を起こすことがある。哺乳類はふつう、離乳後はラクターゼの生産をやめるが、これが残るのは人間に特異なことで、この1万年で進化したことだ。乳糖分解酵素遺伝子は、ラクターゼ酵素のコードとなっていて、SNP突然変異による変動がある。J. T. Troelsen, "Adult-type hypolactasia and regulation of lactase expression," *Biochimica et Biophysica Acta* 1723, no. 1–3 (2005): 19–32を参照。

★27 C. J. Cook, "The role of lactase persistence in precolonial development," *Journal of Economic Growth* 19, no. 4 (2014): 369–406.

★28 自分とは異なる遺伝子多様体がある相手と交配することの、免疫系の機能と関連する有利さを論じた第4章も参照。

★29 似たようなこととして、コンピュータをウイルスから守ることを考えてみよう。ウイルス側はよくあるコンピュータウイルス保護ソフトに穴を見つけていて、消費者はそのソフトを絶えず更新している。同じウイルス保護ソフトを使っているコミュニティ（会社など）は、すべてが異なるソフトを使っている（したがって脆弱《ぜいじゃく》性や強さが異なる）コミュニティに比べて、特定のウイルスによる攻撃には弱いかもしれない。

★30 C. J. Cook, "The natural selection of infectious disease resistance and its effect on contemporary health," *Review of Economics and Statistics* 97, no. 4 (2015): 742–757.

第７章　環境の逆襲――オーダーメイド政策の光と影

★1 付録4のエピジェネティクスに関する解説を参照。エピジェネティック・マーカーは文字を変えること（CGCからCCCへなど）はしないが、遺伝子がタンパク質を形成する能力のスイッチを切ることができる。エピジェネティック・マーカーは環境条件で決まるので、環境を障害と見て、結果としての表れに対する遺伝的多様性の普遍的効果にのみ注目しないよう、注意しなければならない。

★2　科学的研究で生まれと育ちを等しい足場に乗せるのは、最近は比較的異論を呼ばなくなったが、いつも、とくに基礎科学では、そうとはかぎらない。環境因子を小さく見る歴史は、もっと広く遺伝子分析の歴史と強く連携している。人間行動や活動の（ほとんど）すべてについて、多様性の中心的な源としてつねに遺伝子の方を向いてきた1世紀にわたる遺伝率推定が、あるところでは、ブラインドの作用をして、環境因子を考えるのを遮ってきた（第2章参照）。重要な表れをもたらす遺伝的因子を理解する作業では、環境はおおむね細かいこと（つまり遺伝的信号を検出しにくくする雑音）と見られていた。

生物学や遺伝学の普遍的真理を解明しようとするとき、環境の潜在的な重みに目をつぶるのには、それなりの理由がある。ブラインドがあれば、最も重要と思われることに的を絞って注目できて、こうした真実を取り巻く複雑なことに気をとられないですむ。臨床的な研究者や進化科学者は、遺伝子とその作用の根本的な重みと不変性を信じることが多い（立派な証拠もある）。遺伝子には具体的な生物学的機能がある――タンパク質を表すコードとなり、生物や生命そのものの設計図を含んでおり、その作用を理解する必要がある。そのためには、遺伝子機能を環境的状況やそれが影響する可能性から切り離す方法が用いられる。科学者は遺伝子の不変の特色――いつも同じことをする機能――に注目する。

しかしもっと広く見れば、科学者は遺伝子を環境に影響されないものと考えることが多い。少なくとも、短期的で、典型的な状況では。これは人間行動をモデル化するときには、とるべき妥当な近道となる。環境は人間の遺伝子の姿を、何世代にもわたり、各世代での有性生殖のパターンや生存のしかたを変えることによって形成してきたが、人間の遺伝子コードは堅牢すぎて、環境によって意味あるように形成されることはできない（チェルノブイリ原発事故のときのような、大規模な放射線被曝の場合でもなければ）。つまり、ふつうの人間一人には、1世代で30～100の新たな突然変異しかなく、DNA複写のエラーによることが多い。R. Acuna-Hidalgo, T. Bo, M. P. Kwint, M. van de Vorst, M. Pinelli, J. A. Veltman, A. Hoischen, L. E. L. M. Vissers, and C. Gilissen, “Post-zygotic point mutations are an underrecognized source of de novo genomic variation,” *American Journal of Human Genetics* 97, no. 1 (2015): 67–74, http://www.cell.com/ajhg/fulltext/S0002-9297(15)00194-9

しかし、「ディープ配列決定」法を用いて、人間のDNAにあるさらなる違いを明るみに出す遺伝学研究で得られる新たな予備的な証拠は、次の世代での新たな突然変異の源には疑問を投げかけるようになっている。新しい突然変異の古典

的な位置は卵細胞や精細胞にあり——いわゆる生殖細胞突然変異——これは子どもに伝えられる。最近の発見は、接合後（卵子と精子が結合した後）に現れる第二の突然変異源があることで、モザイク胚という。この発見によれば、一個体の中で単一受精卵から遺伝子的に相異なる複数の細胞集団が発生する状態があることになる。たぶん、妊娠初期に双子がその片割れを「吸収」するようなもので、このモザイク胚は、すべての細胞に単一のDNAによる設計図がある人間という自己理解をさらに成り立たなくする。私たちは複数の設計図をもった個体として形成される——まさしくDNAエラーのるつぼだ。しかし今のところ証拠は新しすぎて、人でのモザイク度について明確なことは得られていない。DNA突然変異の約7％がモザイク型だとする研究もあるが、この数字はわずか50人のサンプルについて計算されたにすぎない。

つまり、人の遺伝子構造を、固定され、環境に影響されないものとして扱い、一方的な因果関係——つまりゲノムから結果としての表れへ向かうのであって表れ（や環境や曝露）からゲノムではない——に注目するのは理由のあることだ。

それでも、社会科学者は、環境が遺伝子をどう形成するかを気にしている——ダーウィン的な自然淘汰の結果ではなく、直接の相互作用によって。この種の相互作用は、遺伝子そのものの機能に影響することなく、遺伝子が状況によって社会的な有利不利をもたらせるようにする。そうして環境や社会的な状況が生物学的機能を形成し、健康や子の数や経済的成功のような、結果としての表れにする。

★3 E. Turkheimer, A. Haley, M. Waldron, B. D'Onofrio, and I. I. Gottesman, "Socioeconomic status modifies heritability of IQ in young children," *Psychological Science* 14, no. 6 (2003): 623–628.

★4 P. M. Blau and O. D. Duncan, *The American Occupational Structure* (New York: Free Press, 1978).

★5 ジョシュア・アングリストによる、ベトナム戦争時の兵役の作用に関する有名な研究は、1980年代の白人については徴兵されることに生涯所得で15％という重大なコストがあったが、黒人にとっては賃金上の損はなかったことを見ていて、同様の結果となっている。これには、昇進の機会がほとんどない民間労働市場に臨めば、戦争で1年や2年、民間での経験が遅れたとしても大差はないという説明がつく。戦争前に低賃金の仕事しかなかったら、戦争後もやはり低賃金の仕事で、その間の兵役は大した差をもたらさない。しかし後のアングリスト本人の分析（新しい共著者ステイシー・チェンとの）は、他の人々の研究と同様、白人に明らかな賃金での損失は2000年までには消えた（あるいはそもそも過大評価されていた）ことを見て

いる点は記しておくべきだろう。J. D. Angrist, "Lifetime earnings and the Vietnam era draft lottery: Evidence from Social Security administrative records," *American Economic Review* (1990): 313–333; J. D. Angrist and S. H. Chen, "Schooling and the Vietnam-era Gl Bill: Evidence from the draft lottery," *American Economic Journal: Applied Economics* (2011): 96–118.

★6 第3章の、クォとスターンズが人種について似たような説を唱えたことを思い出してもいいかもしれない。G. Guo and E. Stearns, "The social influences on the realization of genetic potential for intellectual development," *Social Forces* 80, no. 3 (2002): 881–910.

★7 正の遺伝子による同類交配があれば、双子による推定は遺伝率を過小評価することを思い出そう。

★8 環境のどの部分が肝心かがわかっていたら、高いSESの家族よりも低いSESの家族の方がその尺度で大きな変動があって、この結果のパターンを生むかどうかを見ることができるだろう。しかし環境のどの面を測定すべきかわからない。

★9 この結果は白人サンプルのもので、ポリジェニック・スコアは白人についてのみ計算されているので、私たちは直接には人種問題は取り上げていない。

★10 もちろん、このスコアによる遺伝的作用の最大の比率を捉えてはいない。しかし、母親の教育水準(私たちのSESの尺度)との相互作用効果が見つかったとしても、これが実は遺伝子-遺伝子相互作用ではないことを排除できなかっただろう。つまり、子の遺伝子型の影響を上げるか下げるかの因子は母親が実際何年学校へ行ったかではなく、母親の就学年数(たとえば、就学年数などで代理される遺伝子に基づく認知能力)を予測する遺伝子型だったかもしれない。

★11 確かに、ポリジェニック・スコアの作用を和らげる(その作用に影響する)ように見える唯一の変数は、母親のポリジェニック・スコアだった。遺伝子型的に教育面で有利な子どもが遺伝子型的にスコアが高い母親をもつ場合、子どもは遺伝子型的に平均的な母親の許に生まれたとした場合よりも上の学校へ行くことが予想された。実際、この親の遺伝的尺度は、この遺伝子型がどれほどものを言うかに影響するように見える唯一の背景となる変数だった。「社会的」と言われる変数に、子どもについての遺伝子型/表現型関係に何らかの影響があるものはなかった。子どもの教育のポリジェニック・スコアの効果は、親の年齢、母親の教育程度、子どもの性別による変化はなかった。ポリジェニック・スコア効果に影響した唯一の因子は、母親自身のポリジェニック・スコアが高いか低いかだった。

★12 ポリジェニック・スコアで説明される分散のうちどれだけが、表現型における多様

性への遺伝子の寄与全体に関係するかの議論については、D. Conley, B. W. Domingue, D. Cesarini, C. Dawes, C. A. Rietveld, and J. D. Boardman, "Is the effect of parental education on offspring biased or moderated by genotype?" *Sociological Science* 2 (2015): 82–105の付録を参照されたい。

★13 問題は、私たちがポリジェニック・スコアについて、ある多様体を使うためには、それが私たちの分析での54のデータ集合すべてにわたって、ある程度教育に結びついていなければならないということだ。

★14 J. Yang, R. J. F. Loos, J. E. Powell, S. E. Medland, E. K. Speliotes, D. I. Chasman, *et al.*, "FTO genotype is associated with phenotypic variability of body mass index," *Nature* 490, no. 7419 (2012): 267–272.

★15 とくに、エピジェネティクスの分野の成果を取り上げている付録4を参照。

★16 *MAO-A*遺伝子の機能に関するこうした生物学的知見を用いて、一部の抗うつ剤や抗不安薬——何種類かのモノアミン酸化酵素阻害薬(MAOI)——は、明示的にこの遺伝子をねらってその活動を減らしている。そうすることによって、薬はモノアミン神経伝達物質の分解を妨げ、神経的ストレス因子に対してかけるブレーキ効果を高める。こうした薬には長い歴史がある。元は結核治療薬だったが、研究者は結核にかかっているうつ病患者のうつが軽くなるように見える(しかしまだ他の結核の症状はある)ことに気づき、1950年代にうつのモノアミン理論と広くMAOIを採用するに至った。そうした薬の多くはマイナスの副作用があって、他の抗うつ薬への切替を促したが、この10年の間には、あまり副作用がなく、食物や他の薬との相互作用も少ない新しいMAOI薬が承認されている。MAOIも新しい区分の薬——SSRI——も、パラドックスに見えることを示す。すなわち、候補遺伝子研究では、遺伝子の活性が低いものが精神病理学的には個人の発病リスクを高めるのに、それを治療する各薬剤は、その遺伝子の活動を抑える(つまり低活性の遺伝子をまねる)ことで効くように見えるということだ。このパラドックスの説明は何通りかありうる。①候補遺伝子研究が間違っていた(それが実際には系統的に追試されていないことは見た)。②こうした薬は脳由来神経栄養因子(BDNF)を刺激する(神経可塑性を高める)など、私たちが思うのとは異なる作用のしかたをする。③脳には補償機構があって、それが実際の効果となる。

★17 対照的に、この分野の多くの研究が、成人から集められた、しばしば何年も何十年も経った子ども時代の経験についての回顧的叙述を用いる。子ども時代の経験を回顧するという手段にまつわる問題点は、経験の報告が、子ども時代以降に起きた出来事によって形成されているかもしれないということだ。たとえば、成人と

してあまりうまくいっていない人は、子ども時代の心的外傷を「実際」よりも高く報告するものだ。きわめて成功した人は、調査時には過去のことを「忘れて」いるかもしれない。こうして成人としての成功・不成功が、子ども時代の心的外傷を形成して、子ども時代の心的外傷を成人になって表れる結果と結びつける統計学的分析が一部間違った因果関係の矢印を持つことになるかもしれない。

この種の報告バイアスには長い歴史があり、多くの研究に影響している。また、人々に今の雇用状況について尋ね、それから自分が職を維持する能力を制限する障害があるかと尋ねる調査の例もある。今失業中と答える人々の中には、自分の雇用状況を正当化するために、障害の存在を「創造」する場合もある。こうした過程は、調査における正当化バイアスというくくりに入れられる。つまり、人は自分の現状について、他の問いへの答えを作ることによって説明しようとするということだ。こうして失業という状態が、障害があるという報告を増やし、成人になって表れた結果が貧しいと、その人の成人になってからの結果がもっと肯定的だった場合には報告されなかったような子ども時代の心的外傷の報告をもたらすことがある。

★18 A. Caspi, K. Sugden, T. E. Moffitt, A. Taylor, I. W. Craig, H. Harrington, J. McClay, *et al.*, "Influence of life stress on depression: Moderation by a polymorphism in the *5-HTT* gene," *Science* 301, no. 5631 (2003): 386–389.〔2002年の方は本章の原註26を参照〕

★19 N. Risch, R. Herrell, T. Lehner, K.-Y. Liang, L. Eaves, J. Hoh, A. Griem, M. Kovacs, J. Ott, and K. R. Merikangas, "Interaction between the serotonin transporter gene (*5-HTTLPR*), stressful life events, and risk of depression: A meta-analysis," *JAMA* 301, no. 23 (2009): 2462–2471; K. Karg, M. Burmeister, K. Shedden, and S. Sen, "The serotonin transporter promoter variant (*5-HTTLPR*), stress, and depression meta-analysis revisited: Evidence of genetic moderation," *Archives of General Psychiatry* 68, no. 5 (2011): 444–454.

★20 E. Walker, G. Downey, and A. Bergman, "The effects of parental psychopathology and maltreatment on child behavior: A test of the diathesis-stress model," *Child Development* 60, no. 1 (1989): 15–24, http://www.jstor.org/stable/1131067

★21 「リスクのある」多様体は、他の表現型にとっては「利益のある」多様体であるという役割を通じて集団に残るのかもしれないという理由を理解しようとする新たな方

向は、GWAS(ゲノムワイド関連解析)というデータマイニングの逆転によっている。これはPheWAS(フェノムワイド関連解析)と呼ばれ、研究者は単一の遺伝子型に対する何千という表現型《フェノタイプ》を探し回って、「リスクがある」多様体と言われるものについての新しい関連を見つける。たとえば、M. Rastegar-Mojarad, Z. Ye, J. M. Kolesar, S. J. Hebbring, and S. M. Lin, "Opportunities for drug repositioning from phenome-wide association studies," *Nature Biotechnology* 33 (2015): 342–345. doi:10.1038/nbt.3183を参照。

★22 K. Donohue, L. Dorn, C. Griffith, E. Kim, A. Aguilera, C. R. Polisetty, and J. Schmitt, "The evolutionary ecology of seed germination of *Arabidopsis thaliana*: Variable natural selection on germination timing," *Evolution* 59, no. 4 (2005): 758–770, http://www.ncbi.nlm.nih.gov/pubmed/15926687

★23 S. F. Levy, N. Ziv, and M. L. Siegal, "Bet hedging in yeast by heterogeneous, age-correlated expression of a stress protectant," *PLoS Biology* 10, no. 5 (2012): e1001325, http://journals.plos.org/plosbiology/article?id=10.1371/journal.pbio.1001325

★24 さらなる背景についての解説は、S. R. Jaffee and T. S. Price, "Gene–environment correlations: A review of the evidence and implications for prevention of mental illness," *Molecular Psychiatry* 12, no. 5 (2007): 432–442を参照。

★25 M. Rutter, "Gene-environment interdependence," *Developmental Science* 10, no. 1 (2007): 12–18, http://onlinelibrary.wiley.com/doi/10.1111/j.1467-7687.2007.00557.x/full

★26 A. Caspi, J. McClay, T. E. Moffitt, J. Mill, J. Martin, I. W. Craig, A. Taylor, and R. Poulton, "Role of genotype in the cycle of violence in maltreated children," *Science* 297, no. 5582 (2002): 851–854; A. Caspi *et al.*, "Influence of life stress on depression."

★27 C. Jencks, "Heredity, environment, and public policy reconsidered," *American Sociological Review* (1980): 723–736.

★28 ジェンクスの例についてさえ、遺伝子多様体が環境(食餌)と相互作用して知的障害を生むという説をどうすれば評価できるのかと疑問に思われるかもしれない。注目している環境——食餌——が実際に部分的にでも(受動的)遺伝子-環境相関によって決定されて、資源のある家族はその食餌を選べるが、そうでない家族もあって、食餌を選べるかどうかは(一部は)家族どうしの遺伝子的違いに関連しているのではないかとにらんだらどうなるだろう。

★29 学校の例を取ろう。学校の割当てはランダムではなく、おそらく遺伝的因子とも相関しているだろうから、学校の質(環境)とリスクに関するポリジェニック・スコアの遺伝子 - 環境相互作用を評価しようとする試みは、重大な壁に突き当たる。この壁を乗り越える一法は、抽選によって学校が指定されるとか、テスト成績による機械的足切りとか、テネシー州のSTAR小規模クラス指定〔ランダムにクラスが割り振られる〕のような学校環境に注目することだ。J. B. Cullen, B. A. Jacob, and S. Levitt, "The effect of school choice on participants: Evidence from randomized lotteries," *Econometrica* 74, no. 5 (2006): 1191–1230; A. Abdulkadiroğlu, J. Angrist, and P. Pathak, "The elite illusion: Achievement effects at Boston and New York exam schools," *Econometrica* 82, no. 1 (2014): 137–196; A. B. Krueger and D. M. Whitmore, "The effect of attending a small class in the early grades on college-test taking and middle school test results: Evidence from Project STAR," *Economic Journal* 111, no. 468 (2001): 1–28.

★30 われわれは暗黙に、遺伝子型の変動は生年月日にはよらないと仮定している。遺伝子型は実は誕生日によって変動することを示した研究はあるが、ベトナム戦争の抽選はこの関連を破るものと想定されている。C. A. Rietveld and D. Webbink, "On the genetic bias of the quarter of birth instrument," *Economics and Human Biology* 21 (2016): 137–146を参照。

★31 L. Schmitz and D. Conley, "The long-term consequences of Vietnam-era conscription and genotype on smoking behavior and health," *Behavior Genetics* 46, no. 1 (2016): 43–58.

★32 J. M. Fletcher, "Enhancing the gene-environment interaction framework through a quasi-experimental research design: Evidence from differential responses to September 11," *Biodemography and Social Biology* 60, no. 1 (2014): 1–20, http://www.tandfonline.com/doi/abs/10.1080/19485565.2014.899454#.U2ZF-Bbo09U

★33 この研究では、人々の四つの「群」がある。一つはリスクのある遺伝子多様体を保有し、9.11以前に面接を受けた人々。第二群はリスクのある多様体を保有し、9.11後に面接を受けた人々。第三群はリスクから保護する多様体を有して9.11より前に面接を受けた人々。第四群はリスクから保護する多様体を持ち、9.11より後に面接を受けた人々。われわれは差分の差分法を用いた。これは、9.11の後に面接を受けたリスクのある遺伝子型の群と保護的遺伝子型の群とのうつ症状の違いが、9.11より前に受けた群どうしの差とくらべて大きいかどうかを調べる。

★34 Caspi *et al.*, "Influence of life stress on depression."

★35 カスピ効果は誤認かもしれないという直観に加えて、*5-HTT*と相互作用する環境の衝撃として一卵性双生児の出生時体重の差のランダムさを使った私たちの研究がある。出生時体重——出生前の栄養やもっと一般的な子宮での状態の代理——は、認知発達、身長、心臓病、賃金まで、あらゆる種類の結果の表れを予測することが知られている。一卵性双生児は子宮環境、妊娠期間、遺伝子を共有しているので、出生時体重が少ない方は、ランダムに胎盤に対して後列の座を得たおかげでカロリー制限を受けたものと考えられる。この方式は——他にもあるが——胎児の成長の、それに伴っているかもしれない他の因子とは別のものとしての因果作用を確かめるのに使われた。

われわれがこの研究を行なって、双子を*5-HTT*の長いプロモーター遺伝子型によって分離したとき、実際、少なくとも一つの短い(敏感な)対立遺伝子をもった双子は出生時体重に反応することを示した双子だということがわかった。しかしわれわれが得た結果は、カスピらの素質・ストレス理論から言えそうなこととは逆だった。栄養が多い方が後のうつのリスクが下がるのではなく、高くなったのだ。もちろん、この場合の環境のストレス因子は「ランダム」に割り当てられるが、遺伝子型はそうではない。私たちは双子の対にわたる遺伝子型の効果を比べているので(一卵性双生児はそもそも同一で、その組の中に遺伝子型の効果が見られるとは思えないので)、それが本当に遺伝子×環境の相互作用であって、環境×環境の効果ではないことをどうやって知るのだろう。つまり、もしかするとわれわれは、環境の部分は正しく得て、短い方の対立遺伝子は集団層別化による何らかの環境の差の代理として動作しているのかもしれない。

この問題を処理するために、われわれは二卵性双生児を分析した。このきょうだいは子宮環境は共通だが、遺伝子型は一致していない。つまり、双子の短い*5-HTT*対立遺伝子をもっていない方と、短い*5-HTT*プロモーターを持った双子を比べて、環境と紛れることなく、遺伝子の効果がどうなっているかを見ることができる。その違い(第3章で取り上げた)は受胎のときにランダムに割り当てられるからだ。しかし私たちはそこで出生時体重が純粋に環境的ではないという問題に戻る。測定された双子の間の出生時体重の差は、着床と胎盤の構造のランダムさと、両者の遺伝的な(相異なる)成長傾向両方の結果だからだ。したがって、われわれが検出することになるのは遺伝子‐遺伝子相互作用ということもありうるだろう。*5-HTT*プロモーター対立遺伝子について測定された違いと、子宮をともにした相手との間に他にある測定されていない遺伝子型の違いとの相互作用だ。このジレ

ンマの折り合いは、両方向に、つまり一卵性双生児と二卵性双生児について、それぞれの方式にこめられている異なる前提とともに、別々に分析を行なうことでつけられる。両方の分析で同じ答えが現れれば、私たちは両方式が「本当の」効果に収束していることに、もっと確信が——100%でなくても——持てる。両方式は実際には、カスピらの発見には反する変わった結果になった。しかしわれわれは主に、本当の因果的遺伝子-環境相互作用を得るのはとてつもなく高いハードルであることの一例としてこの研究を挙げる。D. Conley and E. Rauscher, "Genetic interactions with prenatal social environment effects on academic and behavioral outcomes," *Journal of Health and Social Behavior* 54, no. 1 (2013): 109–127を参照。

★36 J. D. Angrist and A. B. Krueger, "Does compulsory school attendance affect schooling and earnings?" *Quarterly Journal of Economics* 106, no. 4 (1991): 979–1014; J. M. Fletcher, "New evidence of the effects of education on health in the US: Compulsory schooling laws revisited," *Social Science & Medicine* 127 (2015): 101–107.

★37 ある研究の成果を信じられるかどうかの鍵を握る成分としての追試の重要性は、研究分野によって深い差がある。遺伝子分析では、発見が別のデータ集合で再現されることは必須と見られる。多くの社会科学では、再現にはそれほどの価値は置かれていない。こうした研究分野の差は、因果的過程を理解する環境や状況の重みについての差を反映しているのかもしれない。遺伝学者は状況では変わらない過程がある——遺伝子Aは環境とは無関係にタンパク質Bを表す——と信じるかもしれないが、社会科学者は何よりも状況によることを信じるかもしれない。

★38 ベトナム戦争時の抽選に関するわれわれの論文(Schmitz and Conley, "Long-term consequences")は、候補遺伝子ではなく、ポリジェニック・スコアを使う遺伝子-環境相互作用の新しい研究例だ。われわれは、リスク・スコアを使うことが、近い将来もっとあたりまえになると考える。多くのデータ集合は候補遺伝子だけからゲノムワイドな遺伝子評価へとシフトしているからだ。

★39 ゲノムワイドのデータを使ってポリジェニックなリスク・スコア尺度を形成するのに加えて、PC分析(第2章)を用いることによって、そのデータを遺伝子-環境相関について統計学的な比較対照をするために使える。PCの効果を抽出してデータから集団層別化を取り除くと、私たちが測定した遺伝子効果が実際の効果である(「箸」ではなく)ことがある程度明らかになるが、そのような統計学的な手管は、人が環境を選ぶ——もしかすると私たちが相互作用を示そうとしている遺伝子効果に基

づいて——という問題を解決しない。

★40 J. M. Donohue, E. R. Berndt, M. Rosenthal, A. M. Epstein, and R. G. Frank, "Effects of pharmaceutical promotion on adherence to the treatment guidelines for depression," *Medical Care* 42, no. 12 (2004): 1176–1185.

★41 N. Tefft, "Mental health and employment: The SAD story." *Economics and Human Biology* 10, no. 3 (2012): 242–255.

★42 E. A. Muth, J. T. Haskins, J. A. Moyer, G. E. Husbands, S. T. Nielsen, and E. B. Sigg, "Anti-depressant biochemical profile of the novel bicyclic compound Wy-45,030, an ethyl cyclo-hexanol derivative," *Biochemical Pharmacology* 35, no. 24 (1986): 4493–4497.

★43 A. Brayfield, ed., "Bupropion," in *Martindale: The Complete Drug Reference* (London, UK: Pharmaceutical Press, 2013), 107–111; L. P. Dwoskin, *Emerging Targets and Therapeutics in the Treatment of Psychostimulant Abuse* (Amsterdam: Elsevier Science, 2014), 177–216.

★44 F. Chen, M. B. Larsen, C. Sánchez, and O. Wiborg, "The (*S*)-enantiomer of (*R*, *S*)-citalopram, increases inhibitor binding to the human serotonin transporter by an allosteric mechanism. Comparison with other serotonin transporter inhibitors," *European Neuropsychopharmacology* 15, no. 2 (2005): 193–198.

★45 S. P. Hamilton, "The promise of psychiatric pharmacogenomics," *Biological Psychiatry* 77, no. 1 (2015): 29–35.

★46 W. E. Evans and M. V. Relling, "Moving towards individualized medicine with pharmacogenomics," *Nature* 429, no. 6990 (2004): 464–468.

★47 喫煙治療には他の見込みもある。普及している選択肢の一つはバレニクリン（商品名はチャンティックス）で、これはニコチン受容体の部分作動薬、つまりニコチン受容体（ニコチン性アセチルコリン受容体）を刺激するが、ニコチンそのものほどは刺激しない。この受容体を刺激することによって、ニコチンの快楽作用を避け（ヘロイン依存の場合のブプレノルフィンのように）、欲求を下げようとする。特定の遺伝子を標的にすることは、この治療がこの遺伝子の特定の多様体を持つ人々に効果を上げる可能性を開く。いわゆるニコチン代替療法（NRT）という禁煙のための選択肢もある。たとえばニコチンパッチやガムなどだ。NRTは、脳のニコチンへの反応を回避するのではなく、禁断症状や欲求を減らすことによって止めようとする際に、制限された量のニコチンを与える。

★48 World Health Organization, *WHO Report on the Global Tobacco Epidemic 2008: The MPOWER Package* (Geneva, Switzerland: WHO, 2008).

★49 栄養遺伝学という新しい関連分野についても簡単に触れておく。これは治療法を、その治療の恩恵を受けられる遺伝子コードを持つ人々に向けようとする。人々は、その人の脂肪や炭水化物などの代謝に関係する遺伝による傾向に合う、最適の「食餌環境」に向けられることになる。

★50 J. M. Fletcher, "Why have tobacco control policies stalled? Using genetic moderation to examine policy impacts," *PloS One* 7, no. 12 (2012): e50576.

★51 S. E. Black, P. J. Devereux, and K. Salvanes, "From the cradle to the labor market? The effect of birth weight on adult outcomes" (working paper w11796, National Bureau of Economic Research, Cambridge, MA, 2005).

★52 D. Conley and N. G. Bennett, "Is biology destiny? Birth weight and life chances," *American Sociological Review* 65, no. 3 (2000): 458–467を参照。

★53 A. Iliadou, S. Cnattingius, and P. Lichtenstein, "Low birthweight and Type 2 diabetes: A study on 11 162 Swedish twins," *International Journal of Epidemiology* 33, no. 5 (2004): 948–953, http://ije.oxfordjournals.org/content/33/5/948.short; J. Strohmaier, J. van Dongen, G. Willemsen, D. R. Nyholt, G. Zhu, V. Codd, B. Novakovic, *et al.*, "Low birth weight in MZ twins discordant for birth weight is associated with shorter telomere length and lower IQ, but not anxiety/depression in later life," *Twin Research and Human Genetics* 18, no. 02 (2015): 198–209, http://journals.cambridge.org/action/displayAbstract?fromPage=online&aid=9657965&fileId=S1832427415000031

★54 C. J. Cook and J. M. Fletcher, "Understanding heterogeneity in the effects of birth weight on adult cognition and wages," *Journal of Health Economics* 41 (2015): 107–116.

★55 新生児に対する処置はランダムに割り当てられるわけではないので、それを評価するのは難しいのだが、経済学者は「回帰不連続デザイン」という手法を使って評価を試みている。これは、病院では出生時の体重が5.4ポンド〔約2450g〕なら低体重児とし、5.6ポンド〔約2540g〕なら正常体重とするという一般の慣行を利用する。つまり、体重差が小さくても、受ける処置の差は大きく、こうした処置に利点はあるかを問うことができる。低体重への対応を5.5ポンドで切ることの恣意性を利用して、こうした処置は費用のわりには比較的効果がなく、5.5ポンドをわずかに上回っ

た子にその後表れる結果とあまり変わらないとする証拠を示した経済学者もいる。D. Almond, J. J. Doyle Jr., A. E. Kowalski, and H. Williams, "Estimating marginal returns to medical care: Evidence from at-risk newborns" (working paper w14522, National Bureau of Economic Research, Cambridge, MA, 2008). その後の議論については、A. I. Barreca, M. Guldi, J. M. Lindo, and G. R. Waddell, "Saving babies? Revisiting the effect of very low birth weight classification," *Quarterly Journal of Economics* 126, no. 4 (2011): 2117–2123を参照。

★56 O. Thompson, "Economic background and educational attainment: The role of gene-environment interactions," *Journal of Human Resources* 49, no. 2 (2014): 263–294.

★57 R. Haveman and B. Wolfe, "The determinants of children's attainments: A review of methods and findings," *Journal of Economic Literature* 33, no. 4 (1995): 1829–1878.

★58 D. Lee, J. Brooks-Gunn, S. S. McLanahan, D. Notterman, and I. Garfinkel, "The Great Recession, genetic sensitivity, and maternal harsh parenting," *Proceedings of the National Academy of Sciences* 110, no. 34 (2013): 13780–13784, http://www.pnas.org/content/110/34/13780.short

★59 適正医療負担法(ACA、「オバマケア」)は、処置や治療を適用範囲にするかどうかの判断を決めるためのこの種の費用効果分析を明示的に禁じている。しかし多くの経済学者は特定の医療の費用利益分析を禁じるこの判断は、(とりわけ)製薬会社や医療機器会社に小切手を白紙で渡すようなもので、そうした会社はずっと、効果は低くても高価な新治療を生み出すだろうと言う。将来ACAが見直されるときは、費用を制限するために英国立医療技術評価機構(NICE)式のモデルに移行するかもしれない。

結論　ジェノトクラシーはどこへ?

★1 あるいは「あなたはおそらくアスパラガスが食べられない」とか。

★2 加えて、各社はよくある統計学的な罪も犯す。たとえば卒中になる確率(オッズではなく)が、1%から1.2%に上がる——確かにオッズは20%増しだが、それほどヒステリックな言い方にはならない——ことも伝えない。N. Eriksson, J. M. Macpherson, J. Y. Tung, L. S. Hon, B. Naughton, S. Saxonov, L. Avey, *et al.*, "Web-based, participant-driven studies yield novel genetic associations

for common traits," *PLoS Genetics* 6, no. 6 (2010): e1000993.

★3 2013年11月22日、FDAは23andMeの「パーソナル・ゲノム・サービス」に対してこの裁定を出した。"23andMe, Inc.," Inspections, Compliance, Enforcement, and Criminal Investigations, U.S. Food and Drug Administration, Silver Spring, MD, http://www.fda.gov/iceci/enforcementactions/warningletters/2013/ucm376296.htm

★4 "FDA permits marketing of first direct-to-consumer genetic carrier test for Bloom syndrome," FDA News Release, U.S. Food and Drug Administration, Silver Spring, MD, February 23, 2015, http://www.fda.gov/NewsEvents/Newsroom/PressAnnouncements/ucm435003.htm

★5 候補遺伝子評価には*APOE*や*BRCA1/2*の状況が含まれ、そうした遺伝子多様体が認知症、アルツハイマー、乳がんのリスクを大きく上げる理由について遺伝学者が得ている理解もあるので、それが有益になることはありうる。

★6 たとえば、アドヘルスのデータでは6月生まれの回答者は1月生まれの回答者より、30歳の時点で就学期間が2か月短い。

★7 http://www.babycenter.com.au/a1487/screening-for-down-syndrome

★8 『ガタカ』は1997年の、イーサン・ホーク、ユマ・サーマンが出演するSF映画で、遺伝子科学によって、社会設計と「ジェノイズム」〔遺伝子差別〕が生まれたディストピア社会を描いている。

★9 もしかすると、私たちは時間が経てば、社会が情報を集約し、親や機関が埋め合わせの調節をして、この種の胎児選別をしてもあまり意味がないことを知るかもしれない。そうなれば、この時間と金の無駄になるかもしれないことが不平等の水準を下げるという、興味深いことが導かれる。富裕層は時間と金を浪費し、貧困層はそうではないからだ(もっとも、取り残されたという感覚によってストレスがたまるかもしれないが)。

★10 少なくとも男性の同性愛については、それが集団に残るのは、ゲイ男性の姉妹は平均より多くの子を持つことを示すからだという理論がある〔ゲイになる遺伝子は女性にあれば子の数が多くなるという形で発現するので、ゲイの本人は子をなさなくても、ゲイ/子の数が多い遺伝子はなくならないということ〕。性的には相反する多面発現らしい。R. C. Pillard and J. Michael Bailey, "Human sexual orientation has a heritable component," *Human Biology* (1998): 347–365.

★11 たとえば、E. Telles, *Race in Another America: The Significance of Skin Color in Brazil* (Princeton, NJ: Princeton University Press, 2006)を参照〔エドワー

ド・E・テルズ『ブラジルの人種的不平等』伊藤秋仁・富野幹雄訳、明石書店(2011)〕。白人については、A. R. Branigan J. Freese, A. Patir, T. W. McDade, K. Liu, and C. I. Kiefe, "Skin color, sex, and educational attainment in the post-civil rights era," *Social Science Research* 42, no 6 (2013): 1659–1674を参照。

★12 E. Oster, I. Shoulson, and E. Dorsey, "Limited life expectancy, human capital and health investments: Evidence from Huntington disease" (working paper w17931, National Bureau of Economic Research, Cambridge, MA, 2012), http://www.nber.org/papers/w17931

★13 "Scientists to sequence genomes of hundreds of newborns," *Nature* newsblog, November 23, 2015, http://blogs.nature.com/news/2013/09/scientists-to-sequence-hundreds-of-newborns-genomes.html

★14 C. Humphries, "Dating sites try adaptive matchmaking," *Technology Review* (2010), http://www.technologyreview.com/news/422216/dating-sites-try-adaptive-matchmaking/

★15 J. Streib, "Explanations of how love crosses class lines: Cultural complements and the case of cross-class marriages," *Sociological Forum* vol. 30, no. 1 (2015): 18-39.

★16 精子提供者全員が厳しい要求を満たさなければならない場合、国全体で5人しか残らないかもしれない。http://www.telegraph.co.uk/news/health/news/11706863/UKs-national-sperm-bank-recruits-just-five-donors.html

生殖細胞市場に関する詳しい話については、次を参照されたい。R. Almeling, *Sex Cells: The Medical Market for Eggs and Sperm* (Berkeley: University of California Press, 2011).

★17 さらに別のレベルでの選別が、プラットフォームをまたいで存在する。長期的な方のマッチはeHarmonyで生じ、短期的な方のマッチはTinderの方で多くなるといったことだ。

★18 B. W. Domingue, J. Fletcher, D. Conley, and J. D. Boardman, "Genetic and educational assortative mating among US adults," *Proceedings of the National Academy of Sciences* 111, no. 22 (2014): 7996–8000.

★19 J. Price and K. Simon, "Patient education and the impact of new medical research," *Journal of Health Economics* 28, no. 6 (2009): 1166–1174.

★20 これは健康格差の根本原因仮説と言われる。たとえば、B. B. Link and J. Phel-

an, "Social conditions as fundamental causes of disease," *Journal of Health and Social Behavior* (1995): 80–94を参照。

★21 L. Schmitz and D. Conley, "The long-term consequences of Vietnam-era conscription and genotype on smoking behavior and health," *Behavior Genetics* 46, no. 1 (2016): 43–58を参照。

★22 J. R. Behrman, R. A. Pollak, and P. Taubman, *From Parent to Child: Intrahousehold Allocations and Intergenerational Relations in the United States* (Chicago: University of Chicago Press, 1995). また、以下も参照。S. Marcus, "College education and the midcentury GI Bills," *Quarterly Journal of Economics* 118, no. 2 (2003): 671–708; M. Page, "Father's education and children's human capital: Evidence from the World War II GI Bill" (working paper 06, 33, Department of Economics, University of California, Davis, 2006).

★23 L. L. Schmitz and D. Conley, "The impact of late-career job loss and genotype on body mass index" (working paper w22348, National Bureau of Economic Research, Cambridge, MA, 2016).

★24 集団はほとんど必ずヨーロッパ系で、そのことが別の問題群をもたらす。白人のみを元にして得られたポリジェニック・スコアを非白人集団にどう利用すべきか。こうしたスコアによって得られる予測を非白人集団に適用するのはもっとひどい。スコアは非白人環境(たとえばアフリカ)の集団を使ってできたものではないので、スコアが環境とどう相互作用するかは明らかでない。同様の問題は、新薬発見の世界にも生じている。何十年にもわたり、臨床試験には男性ばかりが用いられていた。こうした薬の効き方は(服用量やさらには主たる効果について)女性でも同じかどうかは知られていない。もっと新しいところでは、FDAやNIHなどの政府機関が、新しい医療技術は男女両方で試験するよう求めている。そのような要求は、人種民族集団にわたる遺伝子分析については存在しない。

★25 J. Yang, R. J. F. Loos, J. E. Powell, S. E. Medland, E. K. Speliotes, D. I. Chasman, L. M. Rose, *et al.*, "FTO genotype is associated with phenotypic variability of body mass index," *Nature* 490, no. 7419 (2012): 267–272.

それぞれの多形遺伝子座についての結果はネットで自由に入手できるので、可塑性スコアはDNA配列を持った人なら(23andMeなどで)、誰でも計算できる。われわれは、同じことを、家族内で可塑性を予測できる家系データを用いて行なった。D. Conley, B. Domingue, and M. Siegal, "Modeling the genetic architec-

ture of phenotypic plasticity using sibling data" (working paper, Center for Genomics and Systems Biology, New York University, 2015).

★26 L. Sweeney, A. Abu, and J. Winn, "Identifying participants in the Personal Genome Project by name" (white paper 1021–1, Harvard University, Data Privacy Lab, Cambridge, MA, April 24, 2013), http://www.forbes.com/sites/adamtanner/2013/04/25/harvard-professor-re-identifies-anonymous-volunteers-in-dna-study/#c39212d3e39f

★27 D. Lazer, *DNA and the Criminal Justice System: The Technology of Justice* (Cambridge, MA: MIT Press, 2004).

★28 M. Jinek, K. Chylinski, I. Fonfara, M. Hauer, J. A. Doudna, and E. Charpentier, "A programmable dual-RNA-guided DNA endonuclease in adaptive bacterial immunity," *Science* 337, no. 6096 (2012): 816–821; D. Baltimore, P. Berg, M. Botchan, D. Carroll, R. A. Charo, G. Church, J. E. Corn, *et al.*, "Biotechnology. A prudent path forward for genomic engineering and germline gene modification," *Science* 348, no. 6230 (2015): 36–38.

★29 E. Lanphier, F. Urnov, S. E. Haecker, M. Werner, and J. Smolenski, "Don't edit the human germ line," *Nature* 519, no. 7544(2015): 410–411.

★30 P. Liang, Y. Xu, X. Zhang, C. Ding, R. Huang, Z. Zhang, J. Lv, *et al.*, "CRISPR/Cas9-mediated gene editing in human tripronuclear zygotes," *Protein Cell* 6, no. 5 (2015): 363–372.

★31 同じ問題は、各世代の新規突然変異、めったにないが、起きるとたいてい有害な突然変異についても存在する。ここでの話は、適応度を高めることができるもっと大規模なゲノム編集のための能力(将来の)を前提にしている。

★32 R. A. Sturm, D. L. Duffy, Z. Z. Zhao, F. P. N. Leite, M. S. Stark, N. K. Hayward, N. G. Martin, and G. W. Montgomery, "A single SNP in an evolutionary conserved region within intron 86 of the *HERC2* gene determines human blue-brown eye color," *American Journal of Human Genetics* 82, no. 2 (2008): 424–431.

★33 関連する問題点として、編集することになりそうな各遺伝子の作用すべてがわかっているわけではないことがある。私たちはよく、遺伝子多様体Xが人にとって良くないのに、なぜそんなものがあるのかと問う。一つの答えは、その遺伝子多様体は、他の遺伝子と連携して動作し(エピスタシスと呼ばれる過程)、特定の病気の可能性を減らすためで、その多様体を編集すると、その波及効果で別の表現型が

だめになるかもしれない。その波及効果が何年も現れないものなら、当の遺伝子編集は実にひどく、しかも修復も難しい(不可能)かもしれない。

★34 J.-J. Rousseau, *On the Origin of Inequality*, reprint ed. (New York: Cosimo, 2005), 22.〔ジャン=ジャック・ルソー『人間不平等起源論』各種邦訳あり〕

★35 他の多くの啓蒙思想家はルソーよりは不平等に理解を示していた。ルソーは人々の間にある悪のすべての元は私有財産の登場だと考えていた。スコットランドの哲学者、アンドリュー・ファーガスンとジョン・ミラーは、私有財産と不平等は社会の進歩にとっては良いことだと考えた。それによって人々は努力して求める目標が与えられるからだ。しかし、生命の設計図に書き込まれた(書き直された)不平等については二人はどう考えるのだろうと思う。たとえば、A. Ferguson, *An Essay on the History of Civil Society*, ed. F. Oz-Saltberger (Cambridge: Cambridge University Press, 1995)〔ファーガスン『市民社會史』上下巻、大道安次郎訳、白日書院(1948)〕; and J. Millar, *Observations Concerning the Distinction of Ranks in Society*, rev. 2nd ed. (London: 1773)を参照。

エピローグ　ジェノトクラシー・ライジング、2117

★1 代理母はビジネスとしては消滅した。子宮環境のエピジェネティックな打撃(DNAメチル化やヒストンアセチル化)が、外注に出すことで冒す危険としては大きすぎると見られたからだ。

★2 S. Cohn, C. Cohn, and A. Jensen, "Myopia and intelligence: A pleiotropic relationship?," *Human Genetics* 80, no.1 (1988): 53–58, http://link.springer.com/article/10.1007/BF00451456

★3 E. M. Miller, "On the correlation of myopia and intelligence," *Genetic, Social, and General Psychology Monographs* 118, no. 4 (1992): 361–383, http://psycnet.apa.org/psycinfo/1993-22443-001

★4 J. A. Driver, A. Beiser, R. Au, B. E. Kreger, G. L. Splansky, T. Kurth, D. P. Kiel, *et al.*, "Inverse association between cancer and Alzheimer's disease: results from the Framingham Heart Study," *BMJ* 344 (2012): e1442, http://www.bmj.com/content/bmj/344/bmj.e1442.full.pdf

★5 C. M. A. Haworth, M. J. Wright, M. Luciano, N. G. Martin, E. J. de Geus, C. E. van Beijsterveldt, M. Bartels, *et al.*, "The heritability of general cognitive ability increases linearly from childhood to young adulthood," *Molecular Psychiatry* 15, no. 11 (2010): 1112–1120.

★6 C. A. Rietveld, S. E. Medland, J. Derringer, J. Yang, T. Esko, N. W. Martin, H.-J. Westra, *et al.*, "GWAS of 126,559 individuals identifies genetic variants associated with educational attainment," *Science* 340, no. 6139 (2013): 1467–1471.

付録2　再び遺伝率推定を下げる試み——GCTA法とPC法を用いる

★1 GCTAはこの分析を行なうためによく用いられる市販ソフト。J. Yang, S. H. Lee, M. E. Goddard, and P. M. Visscher, "GCTA: A tool for genome-wide complex trait analysis," *American Journal of Human Genetics* 88, no. 1 (2011): 76–82. GREMLの方はgenomic-relatedness-matrix restricted maximum likelihood estimation〔ゲノム血縁度行列による限定された最大尤度《ゆうど》推定〕を表す。

★2 私たちは近似的に1/4と言う。この数字は同類交配の程度や、両親の教育や住居が二人の間で交渉される過程によって上下するからだ。

★3 S. M. Purcell, N. R. Wray, J. L. Stone, P. M. Visscher, M. C. O'Donovan, P. F. Sullivan, P. Sklar, *et al.*, "Common polygenic variation contributes to risk of schizophrenia and bipolar disorder," *Nature* 460, no. 7256 (2009): 748–752.

★4 もっと新しい、可能性としてはもっとひどいかもしれないGCTAの問題点が、Kumar *et al.* (2016)によって提示された。この論文は、GCTA分析に必要な遺伝子血縁度尺度を生み出す際の遺伝的多様性の部分集合のみを使う現行のやり方は、この方式全体を危うくしていることを示す。生物学や社会科学の大部分では、表れる結果あるいは予測因子変数の不完全な測定は分析にとって問題になるが、破局的ではない。たとえば、教育課程の影響を分析するときには、全体的な知能に表れる結果を用いるのではなく、SATスコアが恒常的に用いられる。あるいは、家庭の資源に基づいた子どもの生活における違いを記述するための社会経済的地位の尺度を生み出す意図で、年間の家庭の所得の5年平均を用いる。いずれの場合も、尺度は不完全だが、関心を向けているもっと一般的な構造を反映するよう意図されている。しかしGCTAで用いられる個々の方法は、遺伝子的近縁度を完全に測定することを求める。ある表現型、たとえば身長について本当に原因となる多様体の数が数千になる場合には、そうした多様体を測定するわれわれの今の方法は、限界がありすぎるかもしれない。ほとんどの単一ポリヌクレオチド(SNP)チップはゲノムのほんのわずかな部分しか拾わないからだ。この論文は、原因となる変異体の取り上げ方が不完全なところがGCTA分析でよく用いられるデータ集

合の中の遺伝子的に関係する値を生み出すことと、その極端な測り間違いが、大きすぎることの多い遺伝率推定をもたらすことを示す。もしかするとゲノム全体の配列決定がこの世界の標準になるにつれて、こうしたGCTAの問題点は小さくすることができるかもしれない。S. K. Kumar, M. W. Feldman, D. H. Rehkopf, and S. Tuljapurkar, "Limitations of GCTA as a solution to the missing heritability problem," *Proceedings of the National Academy of Sciences* 113, no. 1 (2016): E61–E70.

付録3　別の試み——主成分分析を家族に基づくサンプルと組み合わせると前進できるかもしれない(まだそうなってはいないが)

★1　あなたのお母さんのある特定の領域の遺伝子型がAG-CTだとしよう。つまりしかじかの常染色体上の二つの地点でヘテロ接合になっている。あなたはそこからAとCをもらい、弟はその二地点で——たまたま——GとTをもらい、妹はAとTをもらうということもあるだろう。さしあたり、父親からの分は一定とすると、弟とは遺伝子の(その遺伝子座での)類似度は0%、妹とは50%となる。これはそれぞれの親から継承した両方の染色体と全ゲノムについて行なうと、きょうだい二人ごとの「同形性」(Identity By State = IBS)と呼ばれる血縁度の尺度が得られる。

付録4　エピジェネティクスへの切替えと、足りない遺伝率にとっての役割の可能性

★1　これは調節領域のうちの二つにすぎない。他にも、数千塩基分離れたエンハンサーなどがあるが、ほどけてユークロマチン(活発な転写可能な状態)になっているときのDNAのループや湾曲からすると、それは転写機構にタッチできる。コード領域のすぐ後にあるスリープライム非翻訳領域(3′ UTR)も、マイクロRNAとの相互作用を通じて遺伝子調節で重要な役割を演じている。

★2　「一卵性双生児からの知見」というウェブサイトの "Chromosome 3 pairs" という図を参照。"Insights from identical twins," Genetic Science Learning Center, Univ. of Utah, http://learn.genetics.utah.edu/content/epigenetics/twins/

★3　X. Wang, D. C. Miller, R. Harman, D. F. Antczak, and A. G. Clark, "Paternally expressed genes predominate in the placenta," *Proceedings of the National Academy of Sciences* 110, no. 26 (2013): 10705–10710.

★4　総説については、H. A. Lawson, J. M. Cheverud, and J. B. Wolf, "Genomic imprinting and parent-of-origin effects on complex traits," *Nature Reviews Genetics* 14, no. 9 (2013): 609–617を参照。

★5 E. B. Keverne, "Genomic imprinting in the brain," *Current Opinion in Neurobiology* 7, no. 4 (1997): 463–468.

★6 F. Ankel-Simons and J. M. Cummins, "Misconceptions about mitochondria and mammalian fertilization: Implications for theories on human evolution," *Proceedings of the National Academy of Sciences* 93, no. 24 (1996): 13859–13863.

★7 たとえば、J. Molinier, G. Ries, C. Zipfel, and B. Hohn, "Transgeneration memory of stress in plants," *Nature* 442, no. 7106 (2006): 1046–1049を参照。

★8 M. E. Pembrey, L. O. Bygren, G. Kaati, S. Edvinsson, K. Northstone, M. Sjöström, and J. Golding, "Sex-specific, male-line transgenerational responses in humans," *European Journal of Human Genetics* 14, no. 2 (2006): 159–166; G. Kaati, L. O. Bygren, M. Pembrey, and M. Sjöström, "Transgenerational response to nutrition, early life circumstances and longevity," *European Journal of Human Genetics* 15, no. 7 (2007): 784–790; M. E. Pembrey, "Male-line transgenerational responses in humans," *Human Fertility* 13, no. 4 (2010): 268–271.

★9 たとえば以下を参照。F. Torche, and K. Kleinhaus, "Prenatal stress, gestational age and secondary sex ratio: The sex-specific effects of exposure to a natural disaster in early pregnancy," *Human Reproduction* 27, no. 2 (2012): 558–567; R. Catalano, T. Bruckner, T. Hartig, and M. Ong, "Population stress and the Swedish sex ratio," *Paediatric and Perinatal Epidemiology* 19, no. 6 (2005): 413–420; R. Catalano, T. Bruckner, J. Gould, B. Eskenazi, and E. Anderson, "Sex ratios in California following the terrorist attacks of September 11, 2001," *Human Reproduction* 20, no. 5 (2005): 1221–1227; M. Fukuda, K. Fukuda, T. Shimizu, and H. Møller, "Decline in sex ratio at birth after Kobe earthquake," *Human Reproduction* 13, no. 8 (1998): 2321–2322.

付録5　合衆国の人種的不平等に対する環境の影響

★1 もちろん、黒人は合衆国ではもはや最大の少数グループではなく、南米系（ラティーノ）の方が上回っていて、こちらが人口の17％を占めている（https://www.census.gov/newsroom/facts-for-features/2015/cb15-ff18.html）。しかし南米系はきわめて幅広い民族集団の集合であり、その民族集団それぞれがいろいろな混合を

見せており、集団レベルで見ても、社会経済的な面に表れる結果も様々だ。それで白人と黒人の比較の方が、例解のためには行ないやすい。

★2 黒人は結婚生活以外で得る子どもの数が白人に比べて約2倍ある。白人女性と黒人女性の婚外出生率は、2010年の場合、1000人あたりそれぞれ32.9人と65.3人だった(Y. Kim and R. K. Raley, "Race-ethnic differences in the non-marital fertility rates in 2006–2010," *Population Research and Policy Review* 34, no. 1 [2015]: 141–159)。ヒスパニック系では婚外出生率は1000人あたり80.6人(J. A. Martin, B. E. Hamilton, S. J. Ventura, M. J. K. Osterman, E. C. Wilson, and T. J. Matthews, "Births: Final data for 2010," in *National Vital Statistics Reports* 61, no. 1 [2012], http://www.cdc.gov/nchs/data/nvsr/nvsr61/nvsr61_01.pdf)。この違いは、男性が結婚市場から除かれる投獄率が大きく違うせいでもある。白人については投獄率は10万人あたり446人(しかじかの時点で刑事司法制度の監督下にある人の割合)。黒人については何と10万人あたり2805人となっている。つまり、同じ時点で白人の6倍の数の黒人が州や連邦のレベルで投獄されている。この割合は仮釈放は含んでいない。司法統計局は収監数しか集めていない。仮釈放の数はいくつかの調査で集められているが、資料によって異なる(A. E. Carson, *Prisoners in 2013* [Washington, DC: Bureau of Justice Statistics, U.S. Department of Justice, 2014])。白人は黒人より長生きでもある。誕生時の平均余命は非ヒスパニックの黒人と白人についてはそれぞれ74.2歳と78.7歳(E. Arias, "United States Life Tables, 2009," *National Vital Statistics Reports* 62, no. 7 [2014], http://www.cdc.gov/nchs/data/nvsr/nvsr62/nvsr62_07.pdf)。しかし平均寿命の人種差は、この15年で大きく減っている。G. Firebaugh, F. Acciai, A. J. Noah, C. Prather, and C. Nau, "Why the racial gap in life expectancy is declining in the United States," *Demographic Research* 31 (2014): 975–1006を参照。

こうした統計のいずれも——他にも参照できる無数のものも——男女差は考慮していない。たとえば、黒人女性の収入は白人女性1ドルに対して84セントであり、黒人男性は白人男性1ドルに対して75セントとなっている。黒人女性と白人女性の1週間あたりの収入は、2013年の値でそれぞれ606ドルと722ドル。男性についてはこの数字は664ドルと884ドルとなる(Bureau of Labor Statistics, "Highlights of women's earnings in 2013," *BLS Reports*, no. 1051, December 2014, http://www.bls.gov/opub/reports/womens-earnings/archive/highlights-of-womens-earnings-in-2013.pdf)。それでも、合衆国社会での人種による不平等の

動かしがたい水準については全体的な感触が得られる——合法的な分離を終わらせた公民権運動後の半世紀でさえ。その何世代にもわたる人種格差の残存そのものが、その根本的原因をめぐる激しい論争を生んだ。奴隷制の時代、その後の黒人学校の時代、公民権運動が終わったばかりの時期でさえ、何十年、何世紀と続いたあからさまな人種抑圧の遺産が、まだ残っていた人種格差を説明すると論じることは容易だったが、今でも残っているのはなぜだろう。

★3 D. Conley, *Being Black, Living in the Red: Race, Wealth and Social Policy in America* (Berkeley: University of California Press, 1999)を参照。

★4 S. Fordham and John U. Ogbu, "Black students' school success: Coping with the "burden of 'acting white,'" *Urban Review* 18, no. 3 (1986): 176–206.

★5 M. S. Granovetter, "The strength of weak ties," *American Journal of Sociology* 78, no. 6 (1973): 1360–1380.

★6 M. Bertrand and S. Mullainathan, "Are Emily and Greg more employable than Lakisha and Jamal? A field experiment on labor market discrimination," *American Economic Review* 94, no. 4 (2004): 991–1013.

★7 普遍的な基準と考えられることが多い監査研究だが、批判がないわけではない。たとえば、ジェームズ・ヘックマンは、監査研究はテストする側の組合せが不適切なために、意図したものとは別の信号をすべて排除できるわけではないと論じたことがある(J. Heckman, "Detecting discrimination," *Journal of Economic Perspectives* 12, no. 2 [1998]: 101–116)。また、回答者も、通信研究(対面のやりとりが用いられず、郵便や電子通信を用いる)の場合さえ、平均差よりも分散に反応しているかもしれない。近年の研究は、住宅市場での差別が最もあからさまで、労働市場のバイアスはこうした懸念にあまり堅牢でないと説いている。たとえば、D. Neumark and J. Rich, "Do field experiments on labor and housing markets overstate discrimination? Re-examination of the evidence" (working paper w22278, National Bureau of Economic Research, Cambridge, MA, 2016)を参照。

★8 D. N. Figlio, "Names, expectations and the black-white test score gap" (working paper 11195, National Bureau of Economic Research, Cambridge, MA, 2005).

★9 A. R. McConnell and J. M. Leibold, "Relations among the Implicit Association Test, discriminatory behavior, and explicit measures of racial attitudes," *Journal of Experimental Social Psychology* 37, no. 5 (2001): 435–442.

★10 R. Rosenthal and L. Jacobson, "Pygmalion in the classroom," *Urban Review* 3, no. 1 (1968): 16–20.

★11 C. M. Steele and J. Aronson, "Stereotype threat and the intellectual test performance of African Americans," *Journal of Personality and Social Psychology* 69, no. 5 (1995): 797–811.

★12 H. Schuman, *Racial Attitudes in America: Trends and Interpretations* (Cambridge, MA: Harvard University Press, 1997).

★13 J. Citrin, D. P. Green, and D. O. Sears, "White reactions to black candidates: When does race matter?" *Public Opinion Quarterly* 54, no. 1 (1990): 74–96.

★14 J. Hopkins, "No more wilder effect, never a Whitman effect: When and why polls mislead about black and female candidates," *Journal of Politics* 71, no. 3 (2009): 769–781.

★15 J. G. Altonji and C. R. Pierret, "Employer learning and statistical discrimination" (working paper w6279, National Bureau of Economic Research, Cambridge, MA, 1997).

★16 こうした自己永続化する力学にかかわる状況で原因と結果を選別することは、きわめて難しい。20年以上前、チャールズ・マレーとリチャード・ハーンスタインが『ベルカーブ』を書いたときには、二人は実は正しかったと想定するという異端の思考実験を行なってみよう。ある「人種」——つまりアフリカ系アメリカ人——は、認知能力について欧米系の人々と比べて遺伝子的「欠陥」があるために経済的尺度で劣っているとする。ハーンスタイン=マレーの前提が現実世界を正確に写しているこの場合には、白人の(あるいはそのことなら黒人も)人種差別的姿勢と行動は、経済的能力にちゃんと基づいているかもしれない(ばりばりの効率的市場の信奉者なら、アフリカ系アメリカ人のような支払いが低く、雇用もされない集団の生産能力が同等だったなら、利にさとい企業は、そうした「安すぎる」労働者から利益を得ようと群がり、時間が経つと平衡に達して、黒人も白人も賃金[と雇用水準]がどこかに収束すると論じるかもしれない)。当面、これまで取り上げてきた、胎児、幼年、成人と進む間の環境の不平等が、遺伝子型とは無関係な現実の能力差を生むかもしれないという証拠にもかかわらず、ハーンスタインとマレーはIQを遺伝される能力の代理と考えた。しかし、私たちは今や知っているとおり、両者は同一ではない。IQは出力で、遺伝子型は入力なのだ。

付録6　インピュテーション

★1 "23andMe Research Portal Platform," https://23andme.https.internapcdn.net/res/permalink/pdf/ashg/10292014_23andMeResearchPortal.pdf

★2 当然、われわれはこのSNPをランダムに選んだ。結局、23andMeの日本パネルを用いれば、0.3r^2の下限の遺伝子1個をカバーするだけだということがわかる。しかし大きい方の論点はまだ成り立つ。

★3 B. W. Domingue, D. W. Belsky, D. Conley, K. M. Harris, and J. D. Boardman, "Polygenic influence on educational attainment," *AERA Open* 1, no. 3 (2015): 2332858415599972.

★4 J. Daw (2014). Of Kin and Kidneys: Do Kinship Networks Contribute to Racial Disparities in Living Donor Kidney Transplantation? *Social Science & Medicine* (1982), 104, 42–47. http://doi.org/10.1016/j.socscimed.2013.11.043

著者＝ダルトン・コンリー（Dalton Conley）
プリンストン大学社会学教授。著書に *Parentology: Everything You Wanted to Know about the Science of Raising Children but Were Too Exhausted to Ask* (Simon & Schuster), *You May Ask Yourself: An Introduction to Thinking Like a Sociologist* (W. W. Norton & Company) ほか多数。

ジェイソン・フレッチャー（Jason Fletcher）
ウィスコンシン大学マディソン校公共問題・社会学・農業／応用経済学・集団衛生学教授。

訳者＝松浦俊輔（まつうら・しゅんすけ）
翻訳家。名古屋学芸大学非常勤講師。おもな訳書に、S・セン『確率と統計のパラドックス――生と死のサイコロ』（青土社）、L・フィッシャー『群れはなぜ同じ方向を目指すのか？――群知能と意思決定の科学』（白揚社）、J・エレンバーグ『データを正しく見るための数学的思考――数学の言葉で世界を見る』（日経BP社）、G・グラフィン＆S・オルソン『アナーキー進化論』（柏書房）ほか多数。

THE GENOME FACTOR
by
Dalton Conley and Jason Fletcher

ゲノムで社会の謎を解く
――教育・所得格差から人種問題、国家の盛衰まで

2018年2月5日　初版第1刷印刷
2018年2月10日　初版第1刷発行

著者 ダルトン・コンリー＆ジェイソン・フレッチャー
訳者 松浦俊輔

発行者 和田 肇
発行所 株式会社作品社
〒102-0072　東京都千代田区飯田橋2-7-4
電話 03-3262-9753
ファクス 03-3262-9757
振替口座 00160-3-27183
ウェブサイト http://www.sakuhinsha.com

装幀 小川惟久
本文組版 大友哲郎
印刷・製本 シナノ印刷株式会社

ISBN978-4-86182-677-1　C0040　Printed in Japan
落丁・乱丁本はお取り替えいたします
定価はカヴァーに表示してあります